水ビジネスの世界
ポスト「石油」時代の投資戦略

Steve Hoffmann 著
種本 廣之 訳

Planet Water:
Investing in the World's Most Valuable Resource

Ohmsha

Original English language edition:
"Planet Water: Investing in the World's Most Valuable Resource" by Steve Hoffmann
Published by John Wiley & Sons, Inc., Hoboken, New Jersey.
Copyright © 2009 by Stephen J. Hoffmann. All rights reserved.

Japanese translation published by Ohmsha, Ltd., by arrangement with John Wiley & Sons International Rights, Inc. through Japan UNI Agency, Inc., Tokyo.
Copyright © 2011 by Ohmsha, Ltd. All rights reserved.

No part of this publication may be reproduced, stored in a retrieval system, or transmitted in any form or by any means, electronic, mechanical, photocopying, recording, scanning, or otherwise, without the prior written permission of the publisher.

本書を発行するにあたって，内容に誤りのないようできる限りの注意を払いましたが，本書の内容を適用した結果生じたこと，また，適用できなかった結果について，著者，出版社とも一切の責任を負いませんのでご了承ください．

　本書は，「著作権法」によって，著作権等の権利が保護されている著作物です．本書の複製権・翻訳権・上映権・譲渡権・公衆送信権（送信可能化権を含む）は著作権者が保有しています．本書の全部または一部につき，無断で転載，複写複製，電子的装置への入力等をされると，著作権等の権利侵害となる場合がありますので，ご注意ください．
　本書の無断複写は，著作権法上の制限事項を除き，禁じられています．本書の複写複製を希望される場合は，そのつど事前に下記へ連絡して許諾を得てください．

(社)出版者著作権管理機構
(電話 03-3513-6979，FAX 03-3513-6979，e-mail: info@jcopy.or.jp)

JCOPY ＜(社)出版者著作権管理機構 委託出版物＞

訳者まえがき

本書はSteve Hoffmann 著『Planet Water : Investing in the World's Most Valuable Resource』の翻訳書である。

20世紀は石油の時代であった。21世紀は水の時代になるだろうといわれている。大規模な水不足や水汚染が予想されているからだ。この問題解決のためには莫大な投資が必要だ、というのが本書の論点であり、投資が行なわれるなら、どんな企業が活躍するか、利益を得るかを著者は考察し、予想し、読者に提示している。

水は地球生物に必須である。しかし水にはさまざまな物質が溶け込むので、清潔な水を得ることは簡単ではない。汚染物質の種類も量も増えているため、それらを除去する必要があるのだ。昔は自然による水の浄化で充分であったが、現在では水を清潔し分配するための"工場"が（都市部ではとくに）必要となっている。今後ますます清潔な水を生産し分配する必要性は高まっていくだろう。また、汚染された工場排水や生活排水を浄化することも不可欠である。これらはすべて投資の対象となり、その規模が巨大になることは確実である。本書は、水を投資の観点から論じている点がユニークだ。

地球の人口が大幅に増え、水需要もそれにしたがって増えた。しかし、地球上における水の自然循環量は増えていない。生命維持のための水、食料生産のための水、工業のための水、快適な生活のための水は必要であり必要と続けるし、生活水準が向上すれば、さらに水の需要は増大す

る。すでに、地球レベルで水が不足している。水の過不足にはもちろん地域差があり、日本では水道が発達しているため「生活に必要な水が不足する」ということはめったにない。しかし、世界的には清潔な水が不足している地域が多い。また、地球温暖化の影響で、雨の少ない地域で雨がさらに少なくなり（干ばつ）、雨の多い地域で雨がさらに多くなる（洪水）、という予想がある。水不足は避けられない現実であり、その不足量は拡大しているのだ。

生命に必要な水の「価格が低い」というのは、資本主義経済の原則からすれば矛盾している。需要が増えれば価格が上がり、価格が上がれば供給が増えるはずなのだ。ところが現実は異なる。水不足地域の貧困な人びとは、品質の悪い水を高い値段で購入している場合が多いか、あるいは汚染された水を仕方なく飲んでいる。その結果、下痢性の病気が蔓延して5歳以下の子供たちが毎年百万人以上死亡している。これは悲劇である。

生きる権利としての水（無料）と、商品としての水（有料）のせめぎ合いが続いてきた。権利を叫ぶことで問題が解決するだろうか。水を商品あるいはビジネスとして扱うことで問題が解決するだろうか。さまざまな意見があるが、本書は、あえて後者の立場から水問題の現状と将来を論じている。そして水は投資対象として有望だ、というのが彼の主張である。

翻訳は、第4章までを種本廣之が、それ以後を木村文恵が行なった後、全章の監訳および調整を種本が行なった。文責は種本にある。

2011年3月

ポール、アレックス、ローレン、ケイト、テス、資源の持続可能性という課題に直面する君たちへ

序

1987年に著した「Water:The Untapped Market（水―未開拓の市場）」の中で、私は世界の水問題を市場化で解決すべきだと主張していた。資源経済学者としては、資源経済に自由市場が持ち込まれたときの可能性に大きな魅力を感じていた。当時、すでに水の需要と供給のバランスはめまぐるしく変化していて、私は水業界もやがて大きく変化するだろうと予想していた。水質悪化が進み、自然な水循環に限界がきている以上、水の有効利用を促進するにはもっと生産的なガバナンスすなわち市場化が有効だと考えたのだ。

その頃、水を管理しているのは政府や州、自治体であった。しかし私は、市場に基づく水の価格決定システムや水利権（水を使う権利）の自由な譲渡が、需要と供給の均衡を生み出すのだという信念をもっていた。たしかに水は、汚染の外部性の問題（汚した者は浄化のコストを負わない）や、公共財の問題（公共財は先に使った者勝ち）をはらんでいて、いわゆる「市場の失敗」を克服するのは大変難しいかもしれないが、政府と市場が連携すればそれは不可能なことではない、と考えていた。

20年経ち、私は実際に、市場化による水業界の根本的な変化の必要性を感じている。今日まで、他の主要産業でごく当たり前に行なわれている均衡システムは水業界にもたらされていない。水の配分は市場で決まってはいないし、価格が管理されていてもつねに水が適切に配分されるとは限らない。しかしそれは、世界的な水資源の危機が叫ばれず、魅力的な投資対象でも

vi

なかった頃までのシステムである。

転換点はもうすぐそこにきている。水の価値は、その価値を増大させて、21世紀を象徴する資源になるだろう。水の価値は、人間の健康、経済開発、資源の持続可能性をも左右し、ひいては「世界総人口の適正化」という避けられない課題にわれわれを直面させることになるだろう。

ところで、価値とはなにか？　投資家は、価値とは有用だが捉えどころがないものであるということを知っている。経済学の父アダムス・スミスも、「諸国民の富」の中で価値を論じてジレンマに陥った。彼は、価値の源泉を見出すことで経済成長を導き出そうとし、交換価値という2つの価値を認めた。そして、使用価値が高いにもかかわらず、交換価値がない場合がよくあることを観察から見出した。また反対に、交換価値が高いにもかかわらず使用価値がない場合もあることも見出した。

彼はこの奇妙な状況を、「ダイヤモンド」と「水」に例えて説明している。「ダイヤモンド」は生活には役立たないのに「水」よりずっと高価である。生きるためにどちらが必要なのだろうか？　彼はこのパラドックスを解くことができず、かわりに「労働」という興味深い価値を導入している。「価格とは、それを欲しい人が入手するために使った苦労や苦役のこと」で、価格は生産（労働）との関係で生じてくるものある、と。こうして、彼は消費者にとっての価値の問題を迂回したのだ。

資源は際限なくあると思われていたこの時代に、スミスは砂漠でのどが乾いた人にとっての水の価値は認めている。しかし、この時代にはこのようなケースは単純な需要と供給の問題で、

vii

なぜダイヤモンドの価格が水の価格より高いのかという問題の解決には19世紀後半の新古典派経済学を待たねばならないが、これは経済学の歴史でもっとも長期間解けなかった問題であり、経済と環境の間の矛盾でもあった。その解決は大したことではないように見えるが、じつに重要な出来事を含んでいる。

それは限界効用理論の導入である。この理論は、価格は「限界効用」によって決定され、労働や使用価値で決まるのではないと主張する。「効用」とは、要求を満足させるサービスや物のことで、「満足」という計測不可能な内容をいう。

たとえば水には大きな「効用」があるが、どこにでもあるものだから「限界効用」は低い。価格は限界効用で決まるため、水の価格は低くなる。なお、効用と使用価値を混同してはならない。直感的には水は絶対に必要な物質であっても、価格は限界効用によって決まるのであって必要性で決まるのではない。通常、水はどこでも入手可能なので（水をより多く入手しても、それによる満足感の増加は小さいので）水の限界効用はきわめて低い。だから水の価格は一般的に低い。この理論によって、ダイヤモンドと水の問題が解決されたのである。

今日、実質的にはすべての国が水の質と量の問題を抱えている。環境保護の観点だけでは水の総合的な「効用」は測れない。それは経済と環境の間で生じた結果であり、自然や水の使用価値はその一要素にすぎないからである。今日でも、単純な需要と供給の問題はある。地球温暖化や気候変動が環境保護の目的を理解させてくれるならそれでよいが、人類の600万年の歴史を抜きにして温室効果ガスと気候変動の関係を理解することはできないだろう。要する

に、人類の経済と自然の"経済"を統合して理解しなければならないのであり、まさにその視点で水についての再考が必要なのである。

私は意図的に、ここではいたるところでこのパラドックスを説明するために価格決定（限界効用）の詳しい説明をしなかった。なぜなら、この本ではいたるところでこのパラドックスを説明するときに非常に重要なのので、このパラドックスが必要になる場所ごとに説明をするようにした。

投資家は、この本を読み進む場合、次の４つの重要なことを念頭におく必要がある。

① 水には代替性がない
② 水の価格にはコストが含まれる
③ 交換価値はそれ自体の価値とともに交換の容易さが必要である
④ 水の総合的な効用は環境保護の観点も考慮する必要がある

ところで、われわれ人類には「地球全体という広い視野で自然を理解する能力」があるだろうか。あるいは、われわれがもたらす影響が地球規模になったらどうしたらよいのか。この視点が水問題を考えるうえで重要なのである。そもそも人類と自然環境は一体で、分離することはできない。にもかかわらず、人間の経済と自然の経済は異なると考えられている。すなわち人間は自然を利用すればよい、と。さらには労働の分業化と同じように、資源も機械化によって分離利用が進展した（たとえば、石油を燃料、潤滑用、プラスチック原料などとして使うこと）。

経済成長のために天然資源を際限なく使うことは、環境の持続可能性という観点を忘れてしまっている。

世界中で、安全な水に対する要求、自然環境が持続可能な水利用の要求、水の効率的利用の要求が増大している。一方、世界的な先例のない高い経済成長の下、環境問題は軽視されている。清潔な水という基本的な要求があるのに、なぜ水業界はもっと注目されないのか。ドナルド・ウォースター[注1]が指摘したように、なぜ人間の経済と自然の経済がこのように大きく分離されているのだろうか。

問題は、経済活動が進展するとき、自然環境への影響が無視される場合がほとんどだということだ。経済活動の進展は自然環境や地球とは関係ないといわんばかりだ。自然環境維持と経済が一体化することによって文化的パラダイムを再構成し、人間と自然環境が緊密に関係していることを理解しなければならない。社会経済学の前提には、生物学的条件が組み込まれなければならないのである。

自然環境と経済を一体的に考え、21世紀の水問題を論ずるべき時がきたのである。

注1　Donald Worster（1941-）
米カンザス大学教授。自然史家、生態学者、環境活動家。

x

水ビジネスの世界——目次

訳者まえがき …… iii

序 …… vi

第1部 水

第1章 水：生命と生活の前提条件

- 生命の前提条件としての水 …… 10
- 水の特性／水のエネルギー循環 …… 11
- 生活の前提条件としての水 …… 16
  - 水と生活の質

第2章 世界の水事情 …… 18

- 水系感染症のコスト …… 18
- 需要と供給 …… 19
- 水の地域特性 …… 20
- 水の組織と機関 …… 23
  - 規制
- 米国の水に関する規制 …… 25

安全飲料水法／水質浄化法

第3章 公共財か、商品か、資源か？

世界の水に関する規制 28
非政府組織（NGO） 29
水への投資に関係する組織 30
経済成長における水の役割 32
　生産性、経済、そして環境システム／環境容量

水とは何か？ 36
　基本的人権と水利権／水利権
公共財としての水 36
商品としての水 38
答え‥資源としての水 39
資源経済学／水の値付け／使用の限界均衡価値 41

第4章 清潔な水のためのコスト

大きさはどのくらいか 48
清潔な水のための世界コスト 48
全体から部分へ 49
需要に基づくコスト／規制（基準）のコスト 53
コストから価格へ 56

第2部　水への投資

第5章　水ビジネス … 58
浄水と排水 … 59
機能による分類 … 60
水道／水処理／分析／インフラ／資源管理／複合ビジネス（多角経営）
水関連産業 … 64
産業・商業
水業界のマーケット・ドライバー … 70
外的要因／構造的要因

第6章　水道 … 82
水道事業の成り立ち … 83
規制に縛られる水道 … 84
規制外分野 … 85
水道の未来 … 86
世界の水道 … 87
結論 … 89

第7章　集中型水処理 … 94
基礎 … 95

第8章　分散型水処理

集中処理 ……………………………………………………………………… 97
　従来の処理方法／膜分離

薬品 ………………………………………………………………………… 102
　消毒：塩素をめぐる論争／二酸化塩素／オゾン：潜在能力は高い／紫外線（UV）消毒

混合酸化剤 ………………………………………………………………… 115

活性炭 ……………………………………………………………………… 118

樹脂：イオン交換 ………………………………………………………… 120

分散処理 …………………………………………………………………… 126

分散型の開発（DDD）／分散処理か、集中処理か？／排水処理／飲料水／水の再利用／融合技術

分散処理のルーツ ………………………………………………………… 137
　家庭用水処理機器市場／水質調整／消費者用水製品のブランド化「Ⓡ」・その1／水道水の究極的処理法・POU／住宅用の水処理／小売製品としての展望・水ろ過製品／住宅用POU市場の状況／消費者用水製品のブランド化「Ⓡ」・その2／

軟水剤と塩害 ……………………………………………………………… 152
　分散型淡水化

地下水処理 ………………………………………………………………… 156

膜分離活性汚泥法（MBR）・分散処理の未来 ………………………… 159

第9章　水インフラ

配水システム ……………………………………………………………… 162
　配管網／漏水検出／水質における配水システムの重要性 …………… 163

第10章　水分析

雨水インフラ 173
　雨水規制／政策による流出／合流式下水道越流水（オーバーフロー）
パイプラインの修復 177
　非開削修復技術（トレンチレス工法）
投資分野 178
流量制御とポンプ 181
監視、測定、試験 188
　分析装置／研究所（ラボ）
資産運用（アセットマネジメント） 188
　監視制御とデータ収集（SCADA）／地理情報システム（GIS）／国土安全保障
検針 192
　　　　　　　　　　　　　　　　　　　　　　　　　　　　　　　　　　　　　199

第11章　水資源管理

水資源管理の定義 206
持続可能性の原則 207
　経済学と持続可能性／水政策と持続可能性
修復事業 207
給水源：貯水池とダム 215
　ヘッチヘッチ渓谷の教訓／ヘッチヘッチ渓谷の再検証：三峡ダム／屋上タンク：雨水の貯水
灌漑 219
　灌漑における技術革新：ローテクからハイテクへ
　　　　　　　　　　　　　　　　　　　　　　　　　　　　　　　　　　　　　223

第3部　21世紀の水

第12章　淡水化 … 228
- 淡水化への期待 … 228
- 淡水化のプロセス … 229
- かん水の供給

第13章　新たなる課題 … 238
- 未規制の汚染物質 … 239
- 汚染物質候補一覧（CCL）／ケーススタディ1：過塩素酸塩／ケーススタディ2：メチル tert-ブチルエーテル／ケーススタディ3：ヒ素
- バイオソリッド（汚泥）の管理：ヘドロがマネーを生む … 252
- バイオテクノロジー … 254
- 規制 … 255
- 非点源（ノンポイント）汚染規制 … 259
- 水の再利用 … 262
- 節水 … 266
- ナノテクノロジー … 269
- 藻類の毒素 … 270
- クロロフィルaの測定 … 272
- 医薬品と化粧品類（PPCP） … 273

第14章 資産（アセット）クラスとしての水 ……………… 276
- 水は資産クラスか？ ……………… 277
- 資産クラスとは何か？ ……………… 278
- 水のファンド／上場投資信託（ETF）

第15章 気候変動と水の（再）循環 ……………… 290
- 不確実性への対応計画 ……………… 290
- 水質への影響 ……………… 291
- 干ばつの出現 ……………… 294
- 干ばつへの投資 ……………… 297

第16章 水投資家のための展望 ……………… 298
- 水は次の石油になるか？ ……………… 299
- 水不足という「神話」／混ざりあう水と石油
- 水と世界的経済危機 ……………… 305
- 「水株」を選ぶ ……………… 315
- 文化的な収容能力／水の制度的次元／水インフラの資金調達／グローバル化する水政策
- 内在的価値
- エコロジーの時代—再来か、終焉か ……………… 320

水質汚染物質一覧 ……………… 329
略語一覧 ……………… 331

単位について
　ガロン、エーカーなどの単位は、それぞれリットル（ℓ）、平方キロメートル（km²）に換算または両方を併記した。
　ドル、ユーロなどの通貨単位は、いずれも円に換算または両方を併記した。換算レートはおおむね翻訳時のもので日時を特定しないが、本文文脈では大きな影響を生じない。

本書脚注について
★　原著巻末 Notes に同じ。参考文献については英文のまま同一個所に記し、著者による解説については日本語に翻訳したうえで付記した。

注　訳者による注釈・解説。略語のスペルアウトに加え、証券・株式用語、物理・化学用語、工業・技術用語、水質・環境用語などについては、それぞれの専門家でなくても理解できるよう訳者による解説を加えた。なお、水質関係の用語ならびに団体の名称は日本国内の関連機関における邦訳例および慣例、各文献委員会におけるテクニカルタームに関する取り決めなどを参考にしたが、必ずしもそれらに準拠しているものではない。

1
水
WATER

第1部 水

第1章 水：生命と生活の前提条件
Water: Prerequisite for Life and Living

地球のあらゆるところに水がある。宇宙から地球を眺めると、まるで水が地球を覆っているかのようである。われわれがその姿に感動し、地球をブルー・プラネット（青い惑星）と呼ぶのは、その色が宇宙ではとても珍しいものだからだ。人類が宇宙から地球をみることが可能になるまでは、あるいは惑星の運動を知ることが可能になるまで、実際に地球をつくっているのは水である。水が地形をつくるのであり、その貴重な水によって生命が支えられている。現代の視点では、地球はプラネット・ウォーター（水の惑星）と呼ぶのがふさわしい。

地球が形成された初期段階から38億年の間、大量の水が地球を覆っていたとされている。地球に水が豊富にあることと、生命が存在することは決して偶然ではない。水は地球のほぼすべての命あるものにとって、必要不可欠な物質なのである。ケンブリッジ大学のフェリックス・フランクが命あるものを称して「水を除けばそれは化学であり、水を加えればそれは生物学となる」といったように、水は生命の前提条件なのだ。さらに、生命の成長と持続を支える水分子の複雑さを理解するということは、水のもつ経済的な潜在能力を理解するということにもつながっている。なぜなら人類の水利用が急激に増加したとき、社会経済における健康的な市民

第1章 水：生命と生活の前提条件

生活は制約を受けることになるからである。

ところで、投資に成功するための鍵の1つは、投資しようとするビジネスを徹底的に埋解することである。とはいえ、生きるためには水が必要だから水に対する需要も確かにだろう、という程度の理解では物足りない。水の存在するさまざまな状況を知ったところで充分とはいえないのであって、投資家はまず水を科学的に理解しなければならない。水を理解するには、目的に沿った技術、解決策としての経済学、持続利用を支える政治学などがとりわけ必要となる。すなわち、「水とは何か」の理解、とくに、水はかけがえのない（代替性がない）ものであるということを認識することではじめて投資機会が生まれてくるのである。

生命の前提条件としての水

水の化合物としての構造的特性と、生物地球化学的循環[注1]で果たす役割によって、地球上の生命の複雑性が形づくられている。生命は水のもつ特性に依存しているとさえいわれるほどであり、タンパク質や核酸や細胞も水によって構成されている。このように水は生命に必要不可欠な物質であり、水のもつ役割や機能がずいぶん研究されてきたにもかかわらず、完全に理解されたというにはほど遠い。

──水の特性

水の分子構造そのものは単純である。しかし、この単純な構造から電気化学的な特徴が生まれてくる。水は、軽い2つの水素原子と、比較的重い1つの酸素原子がV型に結合してできて

注1　生物地球化学的循環（Biogeochemical cycle）

いる。酸素はV型の交点に位置していて、それぞれの原子の質量の違いが水分子の回転と水素原子核の恒常的な運動をもたらしている。水素と酸素の結合状態も特徴的で、水では原子同士で電子を共有結合しているため電子が「片寄って」存在する。その結果、酸素原子は水素原子より電子を強く引きつける。この帯電の非対称性（有極性）が水素側に（＋）プラスの帯電を生じさせ、酸素側に（−）マイナスの帯電を生じさせる。さらに水素結合はおたがいの水分子を引き寄せ、「水の強い結合状態」がもたらされる。

酸素原子が他の原子核に強い親和性もっているということは、化学反応にもさまざまな特性を生む。また水素結合によって水は溶質分子を取り込むことができる。水分子のマイナス部分は、溶質のプラス部分を引きつけ、その反対のことも起こる。この、帯電の非対称性が「水にいろいろな物質が溶ける」原因だ（石油には非対称性がないので、水に溶けない）。実際、水は万能の溶剤として知られており、それは同時に水処理に金が掛かってしまう理由ともなる。つまり、あらゆる溶質を取り去らなければ、利用者にとっては使える水にならないのである。飲み水ならなおさらである。水への投資は、表流水、台風などの雨水、地下水について、また、浄水や汚水の処理のすべてを考慮しなければならない。これが、水処理を抜きにして投資が語れない理由であり、各地域ごとに異なる水処理が行なわれている理由でもある。

物質が水に溶けている状態は生命にとって重要である。なぜなら、多くの生物化学的な反応は物質が水に溶けている状態で起こり、生命に必要な物質も水に溶けている状態で生体組織に運ばれるからである。また、水がまれにしか水素イオン指数（pH）の中性値である7を示さないのも物質が溶けているためだ。酸性でもなくアルカリ性でもない水とは、いわゆる「純水」

注2 水分子の結合

―― 共有結合
…… 水素結合

12

第1章 水：生命と生活の前提条件

と呼ばれるものだけである（たとえば酸性雨はpH2.3にもなる。これは、レモンジュースと同じ位である）。

分子間の水素結合が強いため、水は分子として最大の熱容量をもち（アンモニアを除く）、気化には大きな熱量を必要とする。これらの特性によって地球の気温変化は小さくなり、気候も穏やかになっている。海が非常に大きな熱吸収・熱放出機能となっているからだ。地球温暖化にもこの特性が大きく関係している。また、生命の体温維持にもひと役買っている。生命に役立つ水のもう1つの特性は、表面張力が大きいことだ（金属以外の物質でもっとも大きい）。水滴の安定性（表面張力が大きいのでバラバラになりにくい）は、植物が水を根から吸い上げ、幹を通り、葉に送るために必要なのだ。毛細管現象も表面張力の大きさからくる。この毛細管現象によって栄養分を含んだ血が血管を通じて運ばれ、生命を維持するのに役立っている。

さらに、水が凍るときの興味深い特性も水素結合に由来する。水が凍って液体から固体になるとき、すなわちエネルギー量を下げるとき、水素結合が水分子を六方晶形に整列させる。六方晶形になることで氷は液体の水より体積が大きくなり、水に浮かぶ。これは他の物質とは違う性質であり、地球環境にも重大な影響を及ぼしている。もし氷が水より重かったら、この影響を受けやすい湖や川、南極海や北極海は凍りついてしまい、水温が層をなすことによる水面下の生態系はまったく違ったものになるだろう。

このように、水の特性はさまざまな面で地球上の生命に影響している。最近では、水は分子熱動系としては安定しているが、量子物理学的レベル（ナノスケール）では振る舞いが異なる可能性があると水温の高低による両極性から生命を構成する高分子との水素結合にいたるまで、

いう研究もある。非常に短い時間の中では、水の構造安定性が危うくなるというのだ。それはともかく、水の科学は、水が生命の前提条件であることを教えてくれる。これは決して大げさな言い方ではないし、投資の視点からも無視できないことだ。ただし、地球上で水が循環するとき、それは社会的な観点から見た有用性と利便性を決定付けることとなる。

——水のエネルギー循環

　水の循環は生命を維持する生物地球化学的循環の1つである。それは、きわめて重要な自然のプロセスで、水は、非生命的な環境と生命組織との間を行き来する。この循環は太陽エネルギーと物体の運動エネルギーによる事実上閉じられたシステムとされている。

　水は地球表面に大量にある物質だ。地球表面では相対的に狭い範囲の温度と圧力のもとで、気体、液体、固体の物理的な三相で存在しているただ1つの物質である。水は地表の液体あるいは固体の物質のほぼ75％を占め、水蒸気としては気体で3番目に多い物質となる。さらに、空間的にも時間的にも濃度はさまざまだが、空気の構成要素としては水蒸気がもっとも豊富である。水蒸気は、大気中のガスの変動的構成物としては相対的に少量だが、天気と気候に大きく影響する。水蒸気は集まると雨になり、また温室効果ガスの1つとして潜熱エネルギーの交換によって大気を暖め、地球の熱エネルギーをいわば再配置しているのだ。

　水の循環モデルは通常、蒸散、凝縮、降雨、集積で構成される。それは恒常的なシステムと見なされて、水分子は決まった過程を連続的に循環するとされている。しかしその均一性は、人類史上の環境システムによって、しだいに決定論とカオスとの間で揺れ動くようになってい

第1章　水：生命と生活の前提条件

る。水の総量は変わらないが、人類史上では間接的あるいは直接的に、また空間的あるいは時間的に、われわれは水の再配置（分配）に影響を与えている。別の言い方をすれば人間は水の循環に影響している。われわれは、地下水を使い、川の水を転用し、流水を汚し、しかも炭素循環を変えることで（石油を使うことで）水の循環にも影響を及ぼし、商品の内部に水を閉じこめている（たとえば、穀物中や缶詰中に）。実感が湧かないかもしれないが、「持続可能な水資源管理」は急速に困難になりつつあるというのが実態である。

経済発展による人口爆発が起これば、生命の前提条件としての水、生活に必要な水としての水の役割が、地球全体としての水分配とぶつかりあうことになるだろう。水の循環は生命圏（地球の生命全体）と人間生活の向上とを結ぶものである。したがって人間の活動が全世界的に（グローバルに）なればなるほど、この生命維持システムにますます多くの影響を与えるようになる。経済は世界的に拡大しているが、生命圏は拡大していないからだ。

人間の活動は、生命地球化学的循環にさまざまな影響を与える。たとえば、リンの循環は大変遅く、人類史上では、リンは一方的に陸地から海に流れ込んでいる。他方、炭素の循環はちょっと変わっている。植物の炭素に由来する石油の形成には数百万年かかるけれども人間が使うので相対的に早く変化する。炭素循環には二酸化炭素が含まれる。大気中の二酸化炭素が少なければ地球の温度が下がり、多ければ温度が上がるので、地球の気温を調節していることになる。人間の活動が大気中の二酸化炭素の量を増やしている一方、人類史上では石油は再生されない。加えて、水不足が経済発展を制限するようになってきた。水は生活の前提条件にもなっている。

15

生活の前提条件としての水

生活の前提条件という意味は、水は健康的な生活と生活の質に欠くべからざるものだということだ。より良い生活のために必要なものは何か、という世論調査で「水」が収入の次に（第2位に）ランクされている。水はあらゆる使い方をされるが、そのすべての側面は実際、社会経済学の要素に関係しており、われわれの生活に影響している。使える品質でなかったり、適切な品質でなかったりして水が使えないことは、貧困、食品への不安、病気、経済発展の遅れ、そして究極的には地域紛争のおもな原因になる。水が世界的な問題となり、生活の前提条件として脚光を浴びるようになったのは、こうしたことが急速に深刻になったからだ。

——水と生活の質

もし水が人間の健康や経済開発のために重要であるなら、水が不足している地域はその問題に向き合わなくてはならない。そして、実際その通りなのだ。人口が増え、経済が発展すると、単純な「需要と供給」で決められること以外にもあらゆる側面で水が問題になってくる。したがって、水が空間的および時間的に変動するときの社会との関係を知ることが重要である。英国（CEH）注3の水不足指数（WPI）注4はこの目的のためにつくられていて、水との関係における貧困の程度を表わすように設計されている。WPIは数値で表わされるので、水に関する政策を決める人たちにとっては利用しやすい。WPIは、標準的枠組みを決めることで、生命の質に関係している複雑な水資源管理を捉える1つの方法となっている。しかし、われわれの現

注3　the Center for Ecology and Hydrology
注4　Water Poverty Index

16

第1章 水：生命と生活の前提条件

在の目的である、水資源と「社会経済学な、貧困を示す指数」——私の言葉では「生活の質」——との関係を知ることに役立つのは、WPIの論理である。

水不足が貧困を招くわけではないが、貧困にはほとんどつねに水不足がつきまとう。貧困は、標準的な生活があるように計測可能な定義をすること（数値化）ができるが、生活の質は相対的なもので数値化は困難である。したがって水を生活の前提条件として見る場合、量より質に絞ったほうがよい。生活の質を良くするためには「暮らしの選択」をする能力が必要であり、貧困の原因が能力の不足にある場合もある。地域で使う水、および生産に使う水が適切に得られないのは、能力の欠如ともいえる。デサイー（1995）は、適切な暮らしの選択をするために5つの能力が必要であると主張した。[1]

① 長寿を楽しんで生活する能力
② 生物的再生産を確実に行なう能力
③ 健康的生活をする能力
④ 社会的交流をする能力
⑤ 知識と表現の自由をもち考える能力

水は、これらすべてに関係している。水は生命と生活の前提条件であるから、水に投資する場合は、世界の水の状況の基本的知識と、世界的な水の将来の見通しが必要だ。

★1　C.A.Sullivan, J.R.Meigh, and T.S.Fediw : "Derivation and Testing of the Water Poverty Index Phase 1." Final Report (May 2002), Volume 1, Centre for Ecology and Hydrology (CEH); Natural Environment Research Council for the Department for International Development.

第1部 水

第2章 世界の水事情
The Global Water Condition

世界保健機関（WHO）の統計によれば、地球上の11億人が良質な飲料水を得られず、26億人（世界人口の40％に当たる）が適切な衛生状態にないとされている。世界の病院のベッドの半数は、汚染された水による病気や水を介した病気の人たちで占められていて、「遠くにある水源」から水を運ぶために女性と子供の1000万（人・年）の時間と労力が毎年消費されている。仮にもっと便利な場所に安全な飲料水の水源があればその収入額は年間6・35兆円に相当する。統計資料が増えたことで、飲料水の不足と不衛生による影響の広さと深さを世界的に把握することができるようになった。水不足は荒廃をもたらし、貧困を拡大し、食品の危険性を増し、摩擦を起こし、病人を増やしている。しかし、これらとて、水不足と不衛生のために毎日4500人の子供が死んでいるという事実の恐ろしさには及ばない。

水系感染症のコスト

人間の生命を奪う別の生命がいるということほど、悲劇的なことはそうないだろう。しかし、それは毎日起きていることなのだ。汚染された水を飲んだり、汚染された水に触れたりして伝

第2章 世界の水事情

染病になってしまう。水によって伝染する水系感染症は、世界中の人間の健康の最大の脅威となっている。より具体的には、人間あるいは動物の汚物に潜む病原菌に汚染された水を飲むことによって伝染する次のような病気だ。コレラ、腸チフス、赤痢、さまざまな下痢症。より広義には、水系感染症には、不衛生や、皮膚や目が汚染水に接触することによる病気がある。疥癬、トラコーマ、ノミやシラミやダニが媒介する次のような病気がある。水中に住む中間宿主を経る次のような病気もある。メジナ虫症、住血吸虫症、ぜん虫症。また、水中で繁殖する虫の媒介による次のような病気の中には、デング熱、フィラリア、マラリア、オンコケルカ症、トリパノゾーマ症、黄熱病。

世界の死亡率はいろいろであるが、水による病気での犠牲は受け入れがたい。毎年、下痢性の病気のみで約180万人が死んでいる。そして、その90％が開発途上国の5歳以下の子供である。WHOの調査によると、毎年、下痢症が約4000万件発生している。その原因は、次のような病原体である。シゲラ（赤痢）菌、カンピロバクター・ジェジュニ、人腸菌、サルモネラ菌、ビブリオ・コレラ。バングラデシュだけでも、下痢性の病気で毎年10万人の子供が命を落としている。これには急速な都市化と、密集し混雑したダッカのスラムの悪状況が罹患率に大きく影響している。また、同様なことが世界各地、たとえば、エチオピア、インド、ケニア、グアテマラ、ナイジェリア、ホンジュラスなどで起こっている。

需要と供給

地球全体で考えてみれば、水不足は存在しない。基本的に今も数百万年前と同量の水がある。

それは大量であり、約13・9億km³もある。ただ残念なことに、世界の67億の人間にとって大部分の水は消費するのに適していない。

図2‐1に示すように、水の97％は海にある。淡水は3％しかない。その淡水のうち表流水はたった1％である。残りは冠氷、氷河、万年雪、すぐに枯渇してしまう地下水である。結局、湖や河川にあるのは、地球の水の0・036％にすぎない。どこにどれだけの水があるかについては研究者によって見解が異なっているが、簡単に手に入る淡水はほんの少しだといってよいだろう。

世界の水供給量はほぼ一定で変化していない。ところが、世界の水需要量は前世紀間に6倍になった。人口増加の2倍以上である。今現在、26億人が水不足の状態にある。これは世界人口の60％を占め、その数は2025年には少なくとも60％になると予想されている。もし1人当たりの水消費量が現在の増加率で増加し続けると、2025年には人類が淡水の90％以上を使うことになるのである。

水の地域特性

WHOとUNICEFが共同で「水供給と衛生」を調査した結果、品質が良く衛生的な水が得られるか否かは、先進国と開発途上国、豊かな国と貧しい国、都市と田舎で目立った違いがあった。その克服課題は次のようなものである。

・開発途上国の改善された状態を維持すること（悪い方向にもどらないように）

20

第2章 世界の水事情

図2-1 地球の水資源

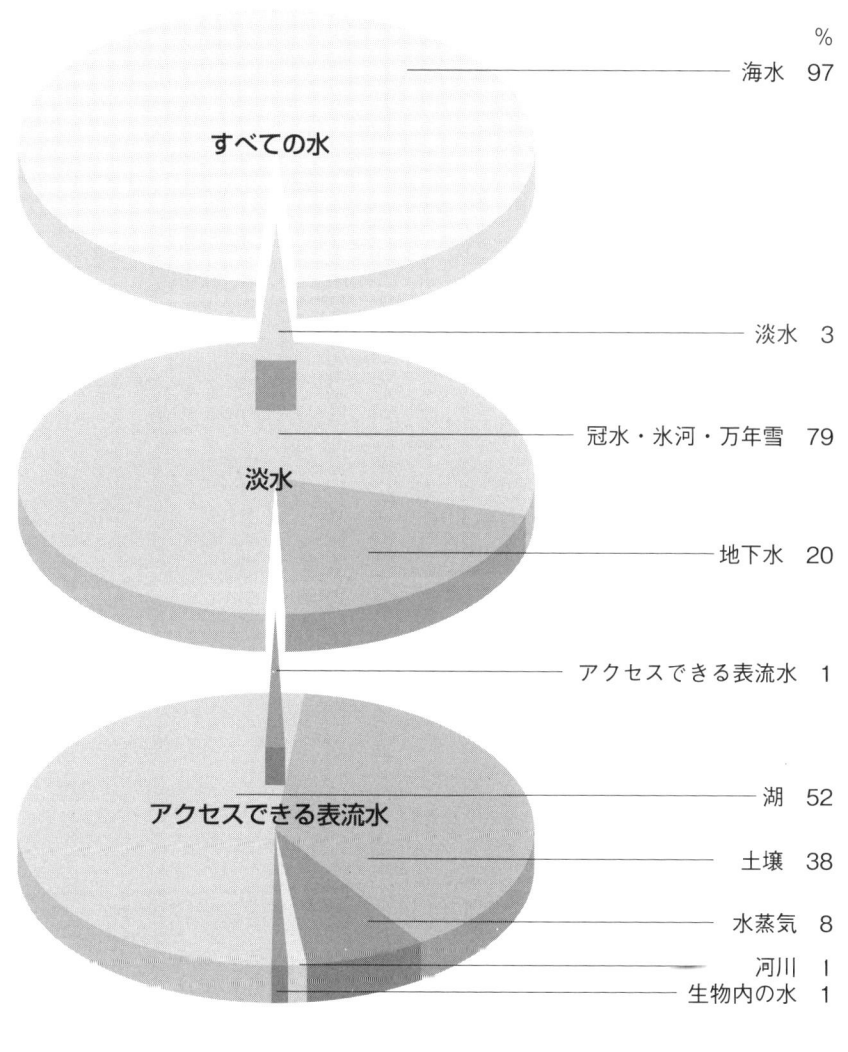

21

- 水の供給がない田舎に住んでいる数十億人の人びとに水を供給すること
- 低所得者と障害者に焦点を絞り、急速な人口増加に対応して田舎での供給に努力すること

　人口増加が加速している地域では、進展してはいるが、ミレニアム開発目標[注1]（MDGs）が達成される見通しは暗い。

　中でも、アフリカのサブ・サハラ地域が、もっとも懸念されている。WHOが行なった「世界の水供給と衛生の調査」は、都市人口が15年間で85％増加する一方、水が供給されない人口は倍増すると報告している。農村部で品質の良い飲料水を得られない人口は、都市部の人口の5倍であるとも報告している。また、適切な衛生状態にない農村部の人口は、都市の3倍になるとしている。さらにアフリカの都市人口は、来たる25年間で倍増すると予想している。なおサブ・サハラに加え、衛生が得られない世界の人口の80％は、東アジアと南アジアに集中している。自宅に水道が来ているのは、サブ・サハラで16％、南アジアで20％、南東アジアで28％にすぎない。ラテンアメリカとカリブ海地域の都市人口は、2025年までに50％増加すると予想され、この人びとも適切な飲料水と衛生が得られない可能性がある。

　世界の水の状況を冷静にみると、悲惨な、また逃れようのない結論に直面せざるを得ない。もし何もしなければ、水不足と水汚染による死亡率は劇的に上昇するだろう。この最悪の道を避けるためには、技術的、財政的、組織的な改革が必要である。

注1　Millennium Development Goals.
　ミレニアム開発目標とは、国際連合が2000年に定めた「悲惨と貧困をなくすための目標」である。

22

水の組織と機関

　水は広く多くの組織に関係しているので、思いもかけない組織が関与している場合がある。また、水を管理する組織は、社会や文化に関係した巨大な組織で、1つの組織を越えて存在する場合がある。世界保健機関（WHO）、世界銀行、国連児童基金（UNICEF）、国際通貨基金（IMF）などは世界的な組織であり、世界の水問題に大きく関与している。米国環境保護庁（EPA）、欧州委員会、中華人民共和国水資源省、欧州連合（EU）枠組み指令などは国家的な組織も含んでいる。

　水の将来を担う多くの重要な組織は、それぞれ「水に関する業務全体」の一部を担当している。これは、多数の組織が相互に関係しているということを示している。そして、市場と政府は多数の伝統的な組織体系によって関連付けられており、水業界の規則はそれらの組織によってつくられている。水の規則や法律は、総合的な水ビジネスの将来性の鍵となるし、投資家の判断に影響するポイントである。

　規制は水道局や下水道局などを通じてつくられ、その規制が浄水（上水）や排水（下水）や雨水を管理する。この点は9章で議論するが、現状の、あるいは将来の、自治体、社会、文明が望む「規制の枠組み」が、世界の水の状況を決めるのだ。環境に関わる規制については、先進国と開発途上国で大きな違いがある。一般的に、急速に工業化している開発途上国には、汚染の深刻化を規制する組織がない。あるいは、規制や基準があったとしても監視されていないし、守る努力もされていない。結局、規制は遵守されていないのだ。さらに世界的合意が形成

規制

水業界にとって規制は重要だ。だから、特定の水関連企業への投資を考える場合にも重要である。本書の主要な目標は「戦略的テーマとしての水への投資の指針」を示すことである。水に投資することのメリットについて議論する場合には、さまざまな規制組織についても議論する必要がある。

「規制と投資機会の関係」の詳細な分析が重要なのに、残念ながら、ほとんどの水に関わる分析は「規制が大きく影響する」という点を見落している。それには次のような理由がある。

- 開発途上国の規制の現状は、少なく見積もっても米国や先進国の規制より20年から30年遅れている。これは、「水質浄化法（CWA）[注2]」に始まる米国の規制の発展の歴史と比べてみれば推測できる。
- 米国では、CWAにしたがってつくられた浄水と排水に関わる多くのシステムが寿命を終えようとしている。これは、水インフラに関わる企業が、将来、基本的に好成績をあげる見みがあることを示している。
- 先進国は、水を高度に処理する状態になりつつある。それは、多くの汚染物質の除去、病原

されていても（たとえば、二酸化炭素に関する京都合意）、環境に関する規制は、各国でばらばらに決められている。ここに問題がある。それは、自然の水は国境を越えて存在しているのに、規則や規制はそれぞれの国で異なっているということだ。また、規則や規制を厳格に守るかどうか、どのように取り組むかにも国によって違いがある。

注2　Crean Water Act

24

米国の水に関する規制

すなわち、「今ある規制、作成中の規制、あるいは将来の規制」と「世界的な規制の方向性」を詳細に分析することが、水への投資機会を考える場合に必要になってくる。水に関わる規制とその規制をつくっている組織の重要性は、市場の影響とともに、社会経済的に重要になってきたのである。

世界的な水の規制は、それぞれに異なる国家間と組織間の複雑な関係からつくられている。しかしながら、根本的には、人間の健康を守り、環境を保全するための「水質基準をどうするか」に帰結する。

米国では、水に関する政策は、国と州に分割されている。ニクソン大統領が1970年に設立した環境保護庁（EPA）の使命は、国家的な環境保護の目標に対して具体的な基準をつくることであり、同時に多種多様な環境規制を1つの組織に受けもたせるために設立された。米国ではこの再編成は40年前に行なわれたのだが、開発途上国や発展中の国ではこれから行なわれることになる。

——安全飲料水法

EPAの10個の環境保護法のうち、数個は水だけに特化している。安全飲料水法（SDWA）[注3]

注3　The Safe Drinking Water Act

は、EPAがつくった基準に準じ、公共水道が守らなければならない基準（最大汚染物質含有量）を設定している。州政府には、その州の公共水道についての執行責任がある。たとえば、次のようなことである。

・州政府の基準は、EPAの基準を下回らないこと。
・州政府は、EPAが新たに定めた基準を2年以内に州の基準とすること。
・州政府は、州政府によって新しくつくられた、あるいは変更された何らかの基準が飲料水の基準からみても問題がないことを検証する能力をもたなければならないこと。
・州政府には、公共水道事業体に対して、国家第一種飲料水規制（NPDWR）[注4]に従うように強制する権限があること。
・もし、州政府が変更や免除を認める場合には、EPAと同等かより厳しいものであること。

EPAは、州や地方自治体と協力して飲料水の基準を開発している。大部分の州は、その州の境界内だけで浄水や排水を監視している。州政府の重要な役割は、その州の基準を守るための方法を開発することだ。許諾された方法に違反したら処罰しなければならない。

安全飲料水法（SDWA）はEPAに、公共飲料水に含まれる健康に影響する汚染物質を規制するように求めており、これによりEPAは、物理的、化学的、微生物、放射線に関する水質基準を定めている。たとえば、物理的基準には、固形物（全体量、浮遊量、溶解量）、透明度、味、色、臭いなどがある。これらの基準は、それを検査し、測定し、監視する機器の製造業者にも影響を与える。化学的基準および微生物基準は、水を処理するビジネスに影響する上

注4　National Primary Drinking Water Regulations

第2章　世界の水事情

限汚染量を決めている。水処理とは、伝統的な一次処理や二次処理だけでなく、革新的な処理方法や新たな汚染に対処する先進的技術も含んでいる。世界で深刻化する水汚染問題については第13章で取り上げるが、この対処に関係する企業は有力な投資先である。実際、SDWAの1986年の改訂は、水処理ビジネスを発展させた。それによって、鉛や銅の基準、表流水の処理基準、大腸菌の基準など、数多くの代表的な基準も導入された。EPAは、総合的研究、監視、基準の設定、組織的監視の効率的なしくみの導入を行なっている。各州は国家基準を守り、自己の規則や規制を守る管理組織をもっている。州政府が積極的に独自基準をつくる場合もある。たとえば、カリフォルニア州は、水の先進的な汚染規制に積極的であり、国よりも厳しい基準をもっている（たとえば、過塩素酸塩）。

── 水質浄化法

米国には、1972年に制定された水質浄化法（CWA）という法律があり、多数の改訂を重ねてきた。CWAは表流水の品質規制の土台をつくったが、地下水については直接的に規制してはいない。CWAは、点源（特定の地点、たとえば工場）から排水が流れ込む場所を規制することで、国の水についての統合的な規制を適切に維持している。統合性という目標を達成するためのしくみが、国家汚染物質排出除去制度（NPDES[注5]）である。この枠組みで日次最大負荷量（TMDL[注6]）が導入されたことで、汚染レベルと水質が矛盾しないようになった。導入初期には、化学物質の廃棄に焦点が当てられたが、近年、非点源汚染（汚染源が特定されない汚染）規制の導入、物理的規制や生物学的規制の拡大、また、より総合的な水域に対する規

注5　National Pollutant Discharge Elimination System
注6　Total Maximum Daily Load

制が始まっている。

世界の水に関する規制

経済協力開発機構（OECD）諸国の中では米国の規制がもっとも広範囲になっているが、長らくヨーロッパが「水の基準」を決めてきた。多くの先進的技術、とくに殺菌やオゾン処理は米国でも長年広く使われている。欧州連合（EU）の水の基準は、飲料水指令（DWDs）であるが、これは成熟した統合的法律となっている。もっとも発展した地域では、今後、流域での水の管理と保護、持続可能な水の使用を法律化するようになるだろう。

他の多くの国では、パッチワークのようにばらばらな水に関する法律を、統合的な法律に取りまとめる必要がある。たとえば、カナダは州による水政策ではなく、国による水政策を進展させるのが望ましい。水に関する組織や基準や規制は、国によって大きく異なり、数も量も多いので、それらをこの本で取り上げることができない。とはいえ、一般的には中央政府が水の基準を決めている場合が多い。そして、モザイク状の組織のそれぞれが、孤立した基準をもっている。たとえば、中国では、地方自治体の議会、地方自治体の環境保護行政部、健康保健庁、水源庁、人民会議などである。

しかし、多くの主要な開発途上国は水質基準を厳しくしつつある。そして、先進国がすでに経験した行程をたどっている。幸いにも、先進国の過去の経験から学べば、地球は悪しき経験を繰り返さずに済むだろう。

たとえば、米国では非点源の水質規制を導入するのに時間がかかったが、中国はすでにその

非政府組織（NGO）

清潔な水に関するNGOは世界に多数ある。多数あるということからも、水が世界でもっとも価値ある資源であることがわかる。それぞれのNGOで水はさまざまな観点で取り上げられており、水道の民営化に賛成のNGOもあれば、反対のNGOもある。水と貧困、水と経済発展、水と衛生、水と環境のような取り上げられ方をしている。

通常、NGOは政府から独立しており、世界的に広がり、水資源管理と水政策により深く関わるようになってきている。NGOは、特定の水問題を新鮮な目で取り上げるばかりでなく、国家間の水問題の解決に対して橋渡しをしている。NGOは国あるいは国際的なコミュニティに根ざしていて、運用と調査を指向している場合が多い。また、主張がはっきりしている場合が多い。

国際連合（UN）はNGOではないが、世界の国家の連合体として、世界的に水の問題や水の政策に取り組んでいる点でNGOに似ている。国際連合の関連組織には、水に関係している組織が多数あり、UNICEF、WHO、UNESCO、世界銀行などがそれだ。実際、NGOが国際連合の設立を助けたし、国連憲章はNGOのコンサルティングを正式に認めている。NGOは国際連合の協力組織として一般的になってきた。WHOは開発途上国が水の基準を

くる際に協力しているし、EUの飲料水指令にも参画しているが、WHOはNGOのサポートを得ているため、NGOはWHOにかなりの影響力をもっている。国連のミレニアム開発目標の1つである「安全な飲料水を得られない人口を半減する」という文言は、世界中に水問題への取組みを刺激した。

伝統的にNGOは民主主義に熱心だが、どんなフォーラムにも参加できることが強みである。水政策について熱心なNGOは世界的に増えており、特定の国で水資源管理を目指して活動しているNGOには、エチオピアのWater Action、ネパールのNewah、南アフリカのMvula Trust、ガーナのProNetなどがある。また、効果的な水政策を開発するための技術情報や専門知識を広める活動をしているNGOや、国際的な水の研究をしているNGOもある。たとえば「the Water for People」というNGOは米国水道協会（AWWA）注7と親密な関係にある。

NGOは、水政策をつくる際に、いろいろな方法で貢献している。コミュニティでは水問題についての共通理解を形成するために活動し、地域の政治家に働きかけをしたりする。また、シンクタンクとして革新的アイデアを生み出して水政策に関わる場合もある。専門技術をもち、水の基準を守る処理技術の基本を教えるNGOもある。このように、水に関する法律や基準をつくったり強化したりするNGOは、世界的な水ビジネスの発展に影響を与えているのだ。

水への投資に関係する組織

資本や労働力がグローバル化している中では、地球的な水循環を考慮した世界的な基準の「標準化」が重要だ。残念ながら、しばらくの間は、水の経済的価値が大きいので、水に関する地

注7　American Water Works Association

第2章 世界の水事情

投資家にとって重要なことは、水に関する紛争が予想されているのと同様に、域的権利あるいは狭く限定された政治的境界内での権利が優先されてしまうだろう。これは、

① 水業界の組織構造
② 特定の規制
③ 技術が市場に導入されるしくみ
④ 水政策としての法律の遵守要求

である。新基準が技術革新をもたらす場合があり、技術革新が新基準をもたらす場合もあるので、新基準と技術革新の相互関係が水ビジネス全体を動かすことになる。たとえば、米国の基準は、通常、経済的に見合う最善技術（BAT）[注8]を使うことを求めている。経済性と技術との最適化が、ますます重要になってきている。

興味深いことに、技術が基準に影響することが（技術が基準を決めることが）多くなっている。これは、とくに先進国に当てはまる。技術進歩が基準の改善を促すのだ。たとえば、汚染物質の分析精度が上がれば、一兆に数個というかすかな汚染も基準の対象になる場合があるだろう。基準がつくられるかもしれないし、つくられないかもしれないが、長期的な健康への影響があるときは基準がつくられる可能性がある。急速に発展しつつある国では、基準が厳しくない場合もあるし、基準があっても守られていない場合もあるが、水処理技術や水資源管理技

注8　Best Available Technology

術は大体定着している。ただし技術が定着しても、組織が追いついていない場合がある。これは、汚染物質の検査や、病原菌の除去や、排水の適切な処置とは異なる課題だ。

経済成長における水の役割

経済開発には水が不可欠だ。水は、エネルギーと同じく、国のマクロ経済の指標であり、投資に興味がある投資家たちの大きな関心事である。しかし、石炭や石油の活用が産業革命を導いたことと異なり、水は生命に不可欠なので切迫した世界的問題となっている。水資源が活用されなかったとはいわない（事実それら炭素資源よりもはるかに長く活用されてきた）が、生命に関わるとなれば話は違ってくる。

私はよく、いつ水に関する興味をもったのか、と尋ねられる。水資源の問題は古くからあるが、ウォール街（米国の投資銀行が集まっている界隈）の関心を引いたのは最近のことだ。環境問題に関して、地球温暖化や気候変動、エネルギーの他国への非依存性、代替エネルギー、エタノールの大流行、クリーンエネルギーへの投資意欲の高まりなどの多数の話題があるが、水の問題は基本的に破壊的な問題なのだ。皮肉にも、米国では汚染はまれにしか問題にならず、予防のために「水を沸かしてから飲むように」という指示が出ることがあるが、投資家が注目するまでにはならない。ワシントンDCで、飲料水に溶けだした鉛の濃度が危険なほど高かったことがあるが、これも地域的な関心に終わった。近年で最大の水の事件は、1933年にミルウォーキーで発生したクリプトスポリジウムによる被害である。しかし、これは、水処理の技術が発達し、投資が自覚的に行なわれる前のことだった。現在の潮流は、水の経済的価値が急

速に上がっているところにある。人間の健康、経済発展、資源の維持可能性に関連して、世界人口の調整問題が浮上してくるだろう。

生産性、経済、そして環境システム

経済の効率性を計るうえで、「生産性」という1つの指標がきわめて重要であることを投資家は知っている。生産性とは、入力が出力に変換される割合のことだ。どれだけの物やエネルギーや労働などが投入され、どれだけの製品やサービスが生産されたかの比率だ。生産性の向上とは、より少ない投入に対してより多い生産物がつくられることであり、利益の源泉である。生産性の向上は生活の質の向上の鍵だ。たとえば、中国ではこの10年間、毎年平均20・4％も生産性が向上している。通貨の上昇ばかりでなく給料の上昇やエネルギーコストの上昇というマイナス要因を差し引いても、生産性の向上によるプラス効果は充分に大きかった。BRIC（ブラジル、ロシア、インド、中国）の実質収入の上昇は、継続的に経済を成功させる決め手である。1人当たりの収入上昇を長期的に継続するためには、労働者1人当たりの生産量を増やすことが必要である。すなわち、労働生産性を向上させることだ。

労働生産性は、生産性の主要な要素であり、投入労働時間に対する生産量の比率で定義される。財務分析をするとき、われわれは一時的な経済状態のみに注目しがちだ。たとえば、ビジネス・サイクルの中での、消費の落ち込みの影響、金利の景気への影響、インフレ時の石油価格の上昇の影響、通貨価値の変動による国際的富の再配分などである。こうして経済は揺れ動くが、それでもずっと拡大してきた。

しかし、経済は「地球の資源量」から制限を受ける。一方で、地球の資源量は増えない。もちろん、変動はするが、いずれにしても、長期的経済成長のようには拡大しない。必然的に、人間の経済は、地球の環境システムに比べて相対的にどんどん大きくなっている。この現実は、天然資源の絶対的な使用量と継続可能な使用量とに関係していて、とくに「水」が問題になる。経済と環境システムは相対的に最適化されなければならないのだ。

もし、本当に持続性を望むのなら、経済への指標の中に、環境影響を組み込む必要がある。労働生産性に対応する環境の言葉は「一次生産性」だ。特徴のない言葉だが、植物や植物プランクトンが光合成によって生産する地球上の生命体のエネルギーを意味する。光合成は地球の労働であるともいえ、その生産性が問題になる。光合成が生産者であり、これ以外の生物は消費者あるいは分解者であって、直接的あるいは間接的に生産者に依存している。

環境容量

環境システムの全体的一次生産量は、太陽光のエネルギーを化学的エネルギーに変換する生産量、あるいは生物量である。正味一次生産量（NPP）[注9]は、一次生産量から生産工程で使われた生物量を差し引いた量であり、地球のすべての食料源である。NPPは、地球上で生活する人間や動物やその他の消費者の数量の上限を決定する。研究者は、人間が使っている潜在的NPPを推定したが、その結果は気のはずむものではなかった。人間が使っているNPPは、おおよそ60％から100％の間のことだ。[★1][★2][★3] ホモサピエンス（人類）は、知られている2万種を超える動物種に比べて、極端に多くの地球資源を使っている。幾何級数的な人口増加と経済

注9　Net Primary Productivity
★1　The pioneering work on estimating the human appropriation of NNP is attributed to P. M. Vitousek, P. R. Ehrlich, A. H. Ehrlich, and P. A. Matson：" Human Appropriation of the Products of Photosynthesis." Bioscience 36(1986)368～373.
★2　A subsequent study by H. Haberl, K. H. Erb, F. Krausmann, et al.：" Quantifying and Mapping the Human Appropriation of Net Primary Production in Earth's Terrestrial Ecosystems." Proc Natl Acad Sci USA 104(2007)12942～12947, extended the global-aggregate approach to a more detailed analysis based on terrestrial grid cells.
★3　同前．

成長、そして生物に起源するエネルギー資源（石油も含まれる）の大量使用は人間の活動の影響を加速させる。水の利用可能性と水の配分は、環境システムのNPPを算出する場合の鍵となる要素だ。人間の水資源の利用の結果（水の開発、枯渇、品質低下を含む）は、地球の多くの生命を脅かしている。使用量には究極的な限界があるので、水資源の徹底的な管理が必要になり、水への投資が促進されることになるだろう。

マクロの尺度により多くの注意を払うことで、ミクロの尺度についても学ぶことができる。地球の規模で見るなら、水の循環は途切れない。地球上には、一定量の水が閉鎖システムとして循環しているからだ。水は循環することで自然に浄化され、生命が維持されてきた。土壌が表流水のフィルターとなって地下水が形成され、湿地が水を浄化して地下水に再充填しているのだが、米国では湿地の50％が失なわれてしまった。水は蒸発することでさらに浄化される。また、海水が凍るとき、塩分はその凍る途中で氷から排除される。しかし、人口増加によって水の需要が加速度的に増大したことで汚染が進み、清浄な水を供給するためのバランスは失なわれてしまった。われわれは、今、曲がり角にいるのだ。

地球上のあらゆる事象は水に関係している。世界の水の状態に関する多くの情報や報告があるが、データとして生産されているだけで知識にはなっていない。本質的かつ重要な問いは、「文明は水をどうするのか？」なのである。

第1部 水

第3章 公共財か、商品か、資源か？ *Public Good, Commodity, or Resource?*

水はさまざまな表現で例えられる。たとえば、「重要な資源」とか、「青い金」とか、「21世紀の石油」、「生命に必要な日用品」など。これらは、新聞の見出しには使えるだろうが実務的にはあまり役立たない。ニュアンスに欠けるし、市場化で解決すべき課題を妨げてしまう。もし水が生命に必要な公共財だとしたら、公平に分配するために政府が介入するであろう。だが、水が商品だとしたら、最適な配分のためには「市場」がもっとも有効になる。

このような議論は先入観に基づいているのではないか、と疑われるかもしれないが、水を公共財、商品、あるいは資源のどれと見るかは、地球上の水の持続可能な管理に影響するばかりでなく、投資の観点にも根本的に影響する。水は生命に必須な単純な分子であると同時に、化学的、物理的、経済的、政治的に、非常に複雑な存在である。

水とは何か？

社会的な有用性を考えるなら、水を「資源管理の意志決定に役立つ」ように定義しなければならない。

何人かの経済学者は、水は公共財であり、かつ、私有財でもあると定義している。非常に複

36

基本的人権と水利権

水に対する基本的人権を理解することは重要だ。水、とくに衛生的な水のどこまでを「地球上のすべての人の基本的権利である」とするのか。この問題は、気軽に取り上げることも、捨て去ることもできない。また、水の経済価値も無視できない。私の見解では、自由な市場（神の見えざる手）こそが切り札になる。しかし、同時に、水に関する人間の権利を拡大することが、持続可能な水資源を守ることを後退させてはならない。そして、事実、持続可能性は、市場の影響力を必要としている。

水利権

水の私的所有（すなわち、水利権）は、水に対する基本的人権と対立する。しかし、実務的に言うならば、両者は調和されなければならない。そして、両者が不可避的に調和されることによって、21世紀後半とそれ以後のもっとも注目すべき投資機会の1つが実現するだろう。

水利権は、高度に専門的な資産である。水利権をもっているのは、政府、自治体、企業などであるが、水に対する基本的人権の側に立つ人びとからしばしば軽蔑されているのは、水利権

の私的所有者か権利を所有する投資家である。水を市場化しようとすると、水利権の騒々しい物議がわき起こる。水の所有権は取引されにくい。私的権利所有者の意向が、政府の意向と対立する場合がある。別の言い方をするなら、私的に所有されている権利であっても、社会的に問題とされる場合があるのだ。いずれにしても所有権取引の制限は経済効率の低下を伴うだろう。水のマーケティングは、今のところ、投資対象とはなっていないが、水ビジネスの重要な一部であり、投資家は注目しておく必要がある。

公共財としての水

　公共財という範疇に厳密に当てはまる物や商品はなく、公共財ともいえる、といったところが通常だ。ある物が市場システムを通して手に入らないなら、それは公共財であって、公共的組織によって供給されなければならない。この意味で、その物は、市場の失敗や市場の非効率性とは関係がない。さらに、市場が「失敗」したかどうかは主観的判断であり、いつも議論がわき起こることである。政府の役割は、コミュニティの間の政治的あるいは社会的な状況によって決まると考えるのが実際的であろう。

　自治体で水の価格体系を設計する新進の資源経済学者として、私が最初に学んだことは、もっとも洗練された計量経済モデルも政治には勝てない、ということだ。政治家にとって、水の価格モデルはブラックボックスなのだ。そのモデルから導き出された結果が政治家にとって望ましい場合は受け入れられるが、結果が微妙な場合には、現実からかけ離れているとされてし

第3章 公共財か、商品か、資源か？

まう。経済学者にとっては、すべてが微妙なのだが。ゴルフ場のメンバーに水の限界費用について説明しようとすると、突然、ゴルフ場の会員権価格は重要でなくなり、水の価格が上がらないほうが良い。公共財なら基本的に価格は安価に保たれやすい）。（ゴルフ場では、水を大量に使うので、水の価格が上がらないほうが良い。公共財なら基本的に価格は安価に保たれやすい）。

歴史的には、どういうわけか「水は特別な物だ」と信じられている。特別だから自治体が管理しなければならず、私物とすると問題となるし、見えざる手（市場）は機能しないとされる。水の配分に関する分散的な意志決定は（市場による水の取引は）、適切な配分をもたらさないと政府は考えている。それは、水が公共財だからだ。水の政治性あるいは社会性はここに起因する。水を完全な公共財とすると（とくに、世界の公共財とすると）問題になることは、水が、空気の特性（無料、所有権なし、どこにでもある）と石油の特性（有料、所有権あり、油田のある場所は限られている）の間のどこに位置するかだ。私が空気を吸ってもあなたの呼吸には影響がないが、私が1ℓのガソリンを使ったとするとあなたはその1ℓを使えない（私が消費してしまうから）。水は、一度使ったら他の人が使えないという特性（排他性）と、使えるという特性（非排他性）の両方をもっている。これが問題だ。水が本当に公共財なら、自然に解決するはずだ。

商品としての水

水が商品として分析されるとき、現状は「商品クラス」としての水に焦点が当てられていない。とくに価格については「経済物としての特性」に焦点が当てられている。（資産クラスの問題

は投資家にとって重要であり、水業界の理解が深まった後、14章で取り上げる）。商品あるいは一般消費財とは、物理的に均一な物資で、他の類似した商品と交換可能であり、市場において（需要と供給によって）価格が決まる物である。この定義に基づくと、水は商品ではない。

実際、水の現状は、商品とは反対の状態にある。水の品質は均一ではないし、代替物はないし、価格は需要と供給で決まってはいないし、取引市場もない。それでも、水をより商品に近づける経済的な力が働いている。

水のコストが上がると、水は、普通の商品に似てくる（公共財ではなくなる）。なぜなら、そうなると、供給と需要と価格が生まれ、需要と供給のバランスを取るしくみができるからだ。この変化を、水の「商品化」という。市場経済は、私有物を効率的に配分する。消費者は、買いたいものに値を付けることで、自分がどれほど買いたいかを示す。水のコストと価格が不可避的に上昇することが、この変化をうながす。

私は、水が高価格になることが、水の世界的問題を解決する万能薬だ、とほのめかしているのではない。もし水が商品なら、通常、供給量が増えれば価格が下がる。この法則が、今となっては古臭くなった「使用量が増えると価格が高くなる料金体系」を変えることになる。水道局は水の価格に「規模の経済性」を適用しようと努力してきた。それは、「固定費用をより多くの人びとに分担してもらえば価格が下がる」という考え方に基づいた「使用量が増えると価格が安くなる価格体系」の実現である。これは、もしコストがきちんと計算できればの話である。もし、漏水があったり、供給に関する限界費用の増加を含んでいなかったり、設備の更新費用を価格に含めなかった。その結果「水はこのような状態にあり、設備の更新費用を価格に含めなかった。その結果「水えない。水道局はこのような状態にあり、設備の更新費用を価格に含めなかった。その結果「水

第3章 公共財か、商品か、資源か？

道インフラ設備更新費用の不足が1兆ドル」という事態を招いてしまった。水の商品化は、水が商品なら、需要と供給を均衡させる、適切な市場がなければならない。市場での価格の変動が、海水淡水化の実現可能性、投資家にとって非常に大きな意味がある。リアルタイム計量の必要性、民営化、再利用、持続可能な水利用など、すべての水業界に影響する。物理的な分子としての水はどこにでもあるが、清潔な水はそうではない。その清潔な水こそが問題なのだ。だから、世界的な水業界の現状においては、水は資源経済学の原則が適用されるべき資源である。

答え：資源としての水

世界での「水の在り方」をみると、2つの際立った特徴がある。第1に、すぐに使える淡水は、地球上の水全体からすると非常に少ないことだ。第2に、水は均一ではなく、いろいろな形を取ることだ。たとえば、海水、塩（かん）水、地下水、表流水、氷河などだ。また、再生水、涵養水、グレー・ウォーター（清潔でもなく、汚くもない、中程度の品質の水）といった水もある。また、再生され、再循環され、再充填される水もある。それぞれが水資源である。

——資源経済学

水の問題を考えるとき、水には「どんな区分があるか」を思い起こす必要がある。水の分配の効率性は、適切な枠組み（フレームワーク）に依存する。たとえば、使用者に表流水を分配する場合、効率が重要なのはすぐわかる。経済学者の説明は、水は限界総合利益均衡によって配

分されるべきだ、となる。

トム・ティエテンバーグは次のように主張している。

　もし、限界総合利益が均衡化されていなければ、低限界総合利益のところに利益を移動させることが可能である。水を限界利益の高い所に輸送すれば、水のもたらす総合利益は増大する。すなわち、同じ量の水であっても、水を提供する人たちは、水を受け取る人たちにとっての価値増加分より少ない価値で水を提供することができる。もし、限界利益が均衡化されていれば、このようなことは起こらない。★1

　このトム・ティエテンバーグの理論では、現実的な水の分配を説明できない。代わりに、(不適切な)自治体の水の定義と、需要と供給を均衡させる市場がないことによって、価格体系がゆがんでしまっている。

　不幸にも、水を管理する組織や水に関連する組織は、事実と価値を区別できていない、また、これらを的確に判断できる人がいないようだ。★2　そしてこれは、自由市場の魔法で処理できることではない。実際「価格と市場」の効果に期待しすぎると、供給の不効率をなくすことより、人為的な水不足を解決できないことになってしまう。これは、単純なことだ。すなわち、現在、水資源の配分を管理する組織は「効率」という経済法則に基づいていないからだ。水を、公共財とするか、一般消費財とするか、あるいは、資源とするかは、水を効率的に配分するか、非効率的に配分するかに影響する。石油の配分戦力は政治イデオロギーに基づいて配置される。

★1　Tom Tietenberg：Environmental and Natural Resource Economics, Second Edition(Scott Foresman and Company, 1988.)
★2　Terry Anderson：Water Crisis：Ending the Policy Drought (Cato Institute, 1983.)

第3章　公共財か、商品か、資源か？

は価格に基づく。そして、水は、配置と配分の両方が必要な状態にある。自治体の組織構成の枠組みの中で、水は市場の力を必要とする資源なのである。

――水の値付け

　私は、大多数の自治体では政治が事を左右するとほのめかした。水の価格を決める仕事をしている者は「つくられているところを見たくないものが2つある。1つは水の価格だ。」という皮肉をよく聞く。水の価格理論が、クラス別の（たとえば、住宅、アパート、商業、工業、灌漑）「サービスとコストのモデル」を提供する。しかし、実際には、あるクラスに属す、個別の限界費用をもつ消費者の支払額をモデルが決定する。選挙で選ばれた自治体の水監視委員会が「本質的に異なる水使用者（クラス）」の妥協点を探っていることと合致するはずがない（求めていることが違うから）。ゴルフコースの管理者、灌漑地域の人、居住者、中小企業には、それぞれの利益があり、水料金を上げる場合に考慮せざるを得ないのだ。水の料金が生む政治的騒乱は、注目されなければならない。私は読者に、居住地の自治体あるいは企業が開催する、上下水の料金の公聴会に参加することをお勧めする。

　資源経済学を始めた頃に、私は、居住者の水需要を推計する実験に参加したことがある。水の価格が、水の需要にどう影響するかを経済学的に検証しようとしたのだ。そして、その地域における水の価格は、消費者の行動に影響するほど高くはないとの結果を得た。水道局の価格政策につきものの騒乱から判断すれば、経済原則を水資源の問題に適用するのは困難だ。水の

料金の改訂は、単なる請求額の変更だけではなく、目標や価格政策の作成に参加した人たちの政治の影響の結果でもある。このようにして、水は公共財となり、市場システムの対象ではなくなってしまう。そして、均衡をもたらす市場のしくみがないのなら、自治体が最適化を主導することになる。

――使用の限界均衡価値

　水の獲得と供給にコストが発生する場合、限界均衡価値の法則と限界価格の法則が合わさって、これらの経済法則が資源分配を支配する。より多くの資源を獲得し、輸送できるなら、いつでも水を「追加的な限界費用」で使うことができる（受け入れられないかも知れないが）。いどこで供給の増加が止まるかという問題は、配分をどの時点で、どのようにするかという問題を生み出す。効率を重視する立場では、消費者が増加分の（限界分の）費用を支払うつもりなら、水は供給されるべきである。水使用の限界均衡を実現するには、皆同じ限界費用状態の下で、クラス中のすべての消費者に対して同じ価格でなければならない。限界価格は、水の供給業界で広く喧伝されている。しかし、これを価格計画で考慮している水道局は数えるほどだ。収入の安定性と平衡性への関心は、サービスの本当のコストを徴収する論理よりも強いのだ。地域、使い方、サービスの類型を実際的に考慮せざるを得ない。それは、水のすべての消費者の限界費用は同じではないからだ。居住者の水消費には、特定の需要パターンがあることから、費用を回収するためには、水の価格を上げる必要があることを示している。この考え方は、水を節約をしてもらえるような価格体系をつくることを推進する。

第3章 公共財か、商品か、資源か？

規則によって水供給の現実のコストが高くなることが予想され、それによる水の節約の動きが想定される。価格設定をうまく使うと、それが需要と供給に影響し、劇的な効果がある。そうなれば、蛇口から水を汲むという伝統方式に代替案が生まれる。現在、「蛇口からの水」を置き換える傾向（ペットボトルの水など）を生んでいる非価格的な要素（品質など）に加えて、価格が需要の移動を導く。この点で、だれが水の節約から利益を得るのか、という質問への回答は、蛇口に設置する浄水機メーカーが利益を得るだろう、ということだ。水供給業界にとっては不本意だろうけれども。

公共財としての水を効果的に配分することに失敗してから、市場による解決への移行が始まった。水の需要が増加するにつれて、容易に開発できる水資源も少なくなった。そして、追加の開発コストも高くなってきた。水のコストが高くなると、水資源は他の普通の商品に似てくる。そこでは、需要、供給、需要と供給をバランスさせる価格設定とマーケティングが重要だ。消費者、供給業者および規制機関は、水は複雑な資源であることを知っている——法的にも、水自体としても、経済的にも。

実際の水の価格は、いくつかの要素により、数十年間の下落の後、相当増加するだろう。その理由は、第1に、水は未だに規制の強い業界である。規制はコストを押し上げる。第2に、非常に大きな費用がかかる「設備の更新」が必要になるだろう。そして最後に、第3に、水不足に対処するためのコストは、水の価格に組み入れなければならない。そして最後に、水の問題に対応した水関連の技術はますます重要になり、経済的魅力が投資を促すだろう。価格設定が、「供給を管理すること」から「変化を管

45

理すること」への移行をもたらす。歴史的には、水の価格上昇はインフレーションより小さく、限界費用の上昇分だけだった。世界のそれぞれの地域のそれぞれの変化が、劇的な価格上昇をもたらすだろう。とくに下水料金とその処理コストの相違は大きいため、それを埋めるためには、長期的に2桁の値上げが必要になるだろう。

水業界は、他の業界と同じく、変化に対応しなければならない。技術的変化、環境的変化、社会的変化、および規制の変化が水の供給に影響する。水の供給に伴なう、経済的、環境的コストが上昇するにつれて水の価格が上がり、上昇分を吸収する効率化を要求されて、水道局は政治的圧迫を受けるだろう。効率が水の価格に影響すると、伝統的サービスを提供している者は、より低いコストを追求する新たな参入者に取って替わられるだろう。水の商品化は、水業界の伝統的な構成でのサービスを分解するだろう。市場は、需要と供給の差異を埋める。自治体は要求と必要性の差異を埋める。前者は配分し、後者は分配する。

水業界は付加価値基準で分割されるだろう。そして、新たな参入者、あるいは既存業者が、新たな役割で新たに分割されたサービスを提供するだろう。それはたとえば民営化である。2010年には8700億ドルと予想されている水の品質維持コストは、市場にとって、コスト抑制と技術移転の動機となる。水の品質を維持するための支出は、自治体の工業廃水の管理費用と、汚染処理施設の建設とその運営費用がおもな内訳である。経済の変化が投資機会に変換されるしくみは、変化を促進する金融のしくみと関連している。

資本の移転はどんな道筋を通るだろうか、そして投資はどうなるだろうか？　経済的基本構造に変革が起こるときはいつも、どんな業界でも、経済的発展の大きなチャンスがある。他の

46

業界をみてみよう。たとえば健康管理のしくみの再編成は、病院のベッドの過剰をもたらし、病院管理の業界の大幅な流動化をもたらした。生命科学技術の商業化は、成長と投資の機会を生んだ。天然ガス業界の規制強化と供給過剰は供給とサービスとの分離をもたらした。

不足、汚染、補助金は、水資源の問題ではない、といっていいだろう。水の問題は、経済の問題なのだ。自治体の組織は、水の配分を経済効率的に行なうことに失敗した。水は他の商品と同じように、需要、供給、そして需要と供給をバランスさせる市場に委ねるべきだ。そうなるには、何十年もかかるだろう。しかし資源としての水は、投資家にとって大変魅力的であり、水への投資を引きつける。その際、水の価格から、清潔な水を得るための費用という見方に変えることが不可避である。世界の水の需要に見合うコストの推定は、不確かだが莫大な投資機会を秘めている。

第1部 水

第4章 清潔な水のためのコスト
The Cost of Clean Water

清潔な水を得るためのコストの推測値はいくつもあり、どれが正しいかはわからない。国際的な組織は人類愛的あるいは経済的観点から、規制組織はその組織自身の目標から、あるいは非政府組織（NGO）はその目的から、統計資料をつくっている。水業界の指標には、資金、コスト、ニーズ、市場規模など多数があり、それらは世界的水問題のコストの一部である。規制、設備や施設（インフラ）の老朽化、経済成長国の需要、水業界の部門別、市場規模、水処理方法などに関係するコストもある。天然資源の保全に必要な資金量が指数関数的に上昇していることを示すグラフがある。世界人口時計と同じように、水の需要を満たすためのコストは増え続けているのだ。

大きさはどのくらいか

制約付きではあるが、なんとか使える「清潔な水を得るための世界コスト」の推定値はある。水業界は巨大であるうえに、世界中にあるので、精確な答えを出すのは困難なのだ。

さて、清潔な水のためのコストとは何だろう。われわれの目的から考えると、清潔な水のコストは、水、排水、雨水、再生水などに関係し、それらすべてに関連する活動や利用からなる。

第4章　清潔な水のためのコスト

これからの議論では、コスト、ニーズ、支出、市場規模などを部門別に区分して考える。そうすることでコスト推定の精度が上がり、投資機会の分析の精度も上がる。たとえば、海水淡水化のコスト、米国基準のヒ素規制を満たすためのコスト、イオン交換樹脂の市場規模、設備修理の需要などである。もう一方のコストは売上である。これが、水への投資の動機だ。

清潔な水のための世界コスト

このコスト算出は、私が高校生の時の物理学の演習を思い出させる。その演習は「地球上の砂粒の数を算出せよ」だった。演習の目的は回答にあるのではなく、回答を出す過程にある。私は、この演習で、言葉で言い表わせないほどに多い物でも見積もることができることを学んだ。

もちろん、外挿は初期条件に強く影響されるので、この点は慎重でなければならない。ここでは、実証可能な研究ではなく、学術文献の調査から清潔な水のための世界コストを導き出す。

経済協力開発機構（OECD）は、世界の水インフラと水関連サービスのコスト推計を、「2030年までのインフラストラクチャー」の改訂版に掲載している。[★1] しかし、この報告書の推計は、OECD20カ国とブラジル、ロシア、インド、中国（BRIC）についての推計で、世界全体の推計ではない。その推計値は、2008年から2025年までで14・80兆ドルである。（水業界にはより長期の推計もあるが、ここでは2025年まで充分である。）OECDの報告書は、意図的に非OECD国（BRICは除く）を推計から外しているのだ。外された国ぐにの地域は、ラテンアメリカ、南アメリカ、東欧、アジア、アフリカ、中東である。BRICが含まれているのでギャップは小さくなっているが、開発途上国の苦境はコスト算出の重

[★1] Infrastructure to 2030 : Telecom, Land Transport, Water and Electricity (Organization for Economic Co - operation and Development, July 2006; ISBN 9789264023987).

要な部分である。

世界保健機関（WHO）は、ミレニアム開発目標（MDGs）中の「清潔な水の供給と衛生の目標」達成のためのコストを推定している。水系感染症による病気が脅威となっている開発途上国で、MDGsは有効に作用している。WHOの調査は、OECDの報告の欠落を補う推計値を提供する。MDGsの目標10番は「2015年までに、安全な飲料水と基本的な衛生状態を得られない人びとの数を半減する」である。この目標の対象地域は、事実上、開発途上国だ。

さて、WHOの調査は、開発途上国でMDGsを達成するために必要な上下水コストを推計している。それは、160の国からなる11の地域での数値である。この調査の特徴は、現状を維持するためのコストも推定していることだ。他の調査や報告書で使われている限界費用、追加的支出あるいは支出ギャップではなく、総合的コストを算出している。

OECDとWHOの報告書には重複している部分がある。OECDの報告書は、MDGs目標対象国でもあるブラジル、ロシア、インド、中国（BRIC）を含んでいる。WHOの報告書は、11の地域とそれに含まれる国ぐにを、OECD国や非OECD国に関係なく、すべて含んでいる。BRICは、経済規模が大きく、かつMDGsの対象国どうかにも関係なく、非OECD国の推定人口の約90％を含んでいるのでWHOの報告に取り上げられている。これを考慮して、MDGs目標の成果を調整し、WHOの報告書にある可能性の高い基本コスト予想を使い、OECDの報告書の2008年から2025年の間の約1.1兆ドルの増加コストを使って計算すると、2008年から2025年の間の世界の水のコストは16兆ドルになる。

この値を導き出した目的は、次の2つだ。

★2 Regional and Global Costs of Attaining the Water Supply and Sanitation Target(Target 10) of the Millennium Development Goals (World Health Organization, 2008).

第4章 清潔な水のためのコスト

① コストの数値的大きさを知ってもらい、水関連組織が対策を取るためのきっかけとなること

② 投資の視点から、さまざまな市場規模あるいは支出や費用の推定値の精度を上げること

将来の追加的需要ばかりでなく、現状を維持するコスト（すなわち、運用、維持管理、監視、設備保守のコスト）も計算に入れて、18年間の水のコストは推定で約16兆ドルになる。1年間に換算すれば8300億ドル（あるいは最低限の支出）となり、現状の水業界の推定規模とかなりの差がある。最低限というのは、21世紀の水の現実からすると、支出内容に漏れている点がいろいろあるからだ。これを考慮すると、おおむね1・15倍する必要があるだろう。今後議論するが、皮肉にも、この漏れの部分が非常に大きな潜在的投資対象になる。開発途上国と先進国で分類すると、次の要素が推定内容から漏れている。

〈開発途上国〉
・新規に水を供給する限界費用
・配水および貯蔵システム
・BRICに続く国（ラテンアメリカ、アフリカ、東欧）の推定値が低く見積もられている
・財政コスト
・支出不足

〈先進国〉
・水供給の限界費用（水不足への対処として）

51

- 新たな規制を満たすためのコスト
- 統合的水管理（持続可能性に関わる）
- 財政コスト
- 支出不足

コスト推定の漏れや単純化した前提の他に、時間に関係した混乱がよくある。データを集め、分析し、推計するには時間がかかる。また、気候変動の未来をどう推計するかも問題になる。すなわち、水資源工学の進展や水に関する自然変動を「どう計画に組み込むかの考え方」が問題になる。年間河川流量、冠雪量、洪水は、歴史的な経験値に基づいた確率密度関数の変数だ。人間の活動が水循環に影響を与えると、既存の前提が狂い、水インフラへの支出額や水質などの基準値が変わってくる。

教育、収入の増加、健康管理、生産性の向上などは数値化できる。しかし、人間の生命の価値（死亡を防ぐこと）、人間の尊厳、環境維持などは、数値化が困難なので目標としては不適切だ。世界で地域別に異なるが、飲料水の品質を上げるための1ドルの投資は3ドルから34ドルの成果を生むとWHOの報告書が推定していることを投資家は知るべきだ。報告書によれば、投資収益率は開発途上地域でもっとも高い。水くみの時間を少なくし、より良い水供給と衛生状態が実現できることの有益性が高いからだ。

★3 Guy Hutton and Laurence Haller: Evaluation of the Costs and Benefits of Water and Sanitation Improvements at the Global Level (World Health Organization, 2004).

第4章　清潔な水のためのコスト

全体から部分へ

水資源の需要に対応するための非常に大きな支出を前提として、部分的な個々の支出を検討する。世界の水需要を分解することは、投資家が水業界のダイナミックな動きを理解することでもある。世界の水のコストを分解する場合の4つの要点は次のようなことだ。

① 水に関するどんなコスト推計にも（たとえば、世界的、技術的、機能的、製品について、サービスについて、規制について）戦略的投資に役立つ何らかの情報が含まれている
② 投資家が「コスト分解方法の意味」を理解することは重要である
③ 世界の水業界が非常に細かく分かれていることは非効率であるが、コストが分解され次に結合されること（業界の再編成）は水への投資のテーマとなる
④ 特定のコスト分解方法は、投資対象である水業界の企業の将来性を判断する枠組みとなる

需要に基づくコスト

米国環境保護庁（EPA）の報告書[★4]によれば、資料を集計すると、米国の公共下水施設（POTWs[注1]）全体の必要投資額は2025億ドルである。この投資の対象は次のようなものである。廃水の収集、廃水処理、雨水管理、再生水の配水、およびPOTWが行なうその他のすべての業務。POTWは州立の場合も市立の場合もある。なお公立（所有者が自治体）であることと公的に運用されていること（所有とは無関係）とは同じではない。[★5]

この報告書は、米国、地方自治体の下水処理施設、その他の資料にある必要額に焦点を当て

★4　Clean Watersheds Needs Survey 2004 ; Report to Congress (U.S. EPA, January 2008).
注1　Publicly Owned Tretment Works

★5　この区別は、民営化した公共水事業との混乱を避けるために使用されている（たとえば、国営マレーシア水道）。政府が公共水事業を民営化しているなら、所有権は証券取引所を通じて国民すなわち投資家へ提供されることになる。

ている。たいへん狭い範囲の分析結果であっても、非常に大きなコストであることがわかる。表4-1にその集計結果を示す。

これらの資料からまず注目すべき点は、米国の廃水処理に関わる支出は、飲料水にするための処理の支出より速く増加することである。加えて、二次処理の拡大はさほど大きくないが、高度処理は劇的に増大することである。また、水処理の一般的な企業よりも、廃水処理企業や狭いけれども成長している分野（たとえば、雨水管理や越流水対策）の企業が投資先として有力なことがわかる。雨水管理関連の支出には、国家汚染物質排出除去制度（NPDES）の雨水対策に関する部分がある。さらに、あふれた下水の処理だけで27・1％に上る。中でも、気候変動が関係する「豪雨対策」の支出が目立っている。新しい分野である再生水の配水は、水の再生処理や水の再利用の増加によって必要になってく

表4-1 POTWの支出

項目	必要額（億ドル）	割合（％）
下水二次処理	446	22.0
下水高度処理	245	12.1
浸透・流入水対策	103	5.1
下水管の更新・再生	210	10.4
集水管	168	8.3
遮集管渠	172	8.5
合流式下水道越流水対策	548	27.1
豪雨・浸水対策	90	4.4
再生水の配水	43	2.1
合計	2025	100.0

規制（基準）のコスト

清潔な水に関する「規制のコスト」は明確にならないが、厳しい規制に対応するための財務支出は人びとの大きな関心事である。規制の程度を一次的な問題とするなら、コストの増加は二次的な問題である（コストは、規制の程度に依存する）。水業界にとっては、水道価格の値上がりによる経済的変化をいかに小さくするかが課題だ。

最大水供給量

次に示す「特定の規制のコストの例」が有益である。米国環境保護庁（EPA）は積極的にコストのデータを公表しているが、これは米国の法規がそれを求めているからだ。日次最大負荷量（TMDL）基準は、特定汚染源が規制の最小レベルに管理されるようになった後でも、水の基準を満たしていない40の米国の水道組織（水道局）が、早く基準を満たすように努力せざるを得ないように設計されている。すなわち、EPAは、2万以上の川、湖、河口が関係していると表明している。EPAによれば、2億1800万人が悪質な水から16km以内の地域に住んでいる。水質浄化法（CWA）の303条d項目は、TMDLに関する資料をつくるように求めている。

TMDLは、汚染を受けても水の基準が守れる「汚染の最大量」を決めている。TMDLは、

すべての点源（工場廃水や生活廃水）および非点源（農耕地や郊外での廃水）からの汚染廃水負荷を合計した値を規制しているので、流域管理計画上で重要になってきている。TMDLの基準は、より広域での水源管理、水源保護、雨水管理を求めている。さらに、これらを管理することで、廃水全体を管理しているNPDESのもとで、流域基準での規制が実現される。

TMDLはCWAの枠組みの一部である。EPAは、悪質な水全体を処理するためのコストを10.4億ドルと見積もっている。最大で、すべての対策（予防保全と処理）には年間43億ドルかかるとのことだ。これらはおもに廃水に関するコストである。これらの受益者は、水資源エンジニアリング企業、コンサルティング企業、廃水処理企業であり、これらの企業にとってTMDLはもてる技術を適用する新たな機会である。43億ドルといってもかなりの額だが、それは米国の清潔な水に関する支出のほんの一部だ。

コストから価格へ

経済の基礎的要素の変化による、業界の再編成が起こる時、そこには、巨大な潜在的経済成長の機会がある。たとえば、病院の病床の過多に対応した健康管理システムの合理化は、病院管理の業界再編をもたらした。バイオテクノロジー業界における商品化の進展は、大きな変化をもたらした。ガス業界の基準の激変と供給過剰は、サービスの分離をうながした。ITは、それぞれ独自であった技術業界を統合した。水のコストが不可避的に上がること、すなわち価格が上がることは業界の変化の引き金になる。この約束された変化は、21世紀の「先例のない投資機会（水ビジネス）」となるだろう。

2

水への投資
INVESTING IN WATER

第2部 水への投資

第5章 水ビジネス
The Business of Water

水ビジネスは、石油・ガスの生産、発電に次ぐ第3の規模をもつ産業である。水ビジネスとは、水が関係するほとんどあらゆる活動を意味し、家内工業のように小規模なものから巨大淡水化プラントのように大規模なものまである。その定義は非常に断片的で不明確だ。

水はいまや商品になりつつある一方、生態学的には最高の価値をもつ資源である。つまり水業界は、飲料水から食料を含むあらゆる物の生産に関わっているというだけではなく、環境との両立をはかりながら経済発展を進めていくうえでの資源の持続可能性という問題にも関わっている。良質な水の供給は、人間による消費から環境保護、半導体生産、灌漑まで、一個の生命体の存続とメガシティの未来に劇的な変化をもたらすポテンシャルをもちはじめたのだ。

一度は成熟した水業界が大きな構造改革へと向かっている。水業界は経済的視点に基づいた戦略的な業界になりつつある。この構造改革は今までにない規模の資金を必要としていて、関連投資はようやく始まったばかりなのだ。この変化は、業界内の小さな分野の統合、加速的な企業買収、合併活動、株式公開など、一貫した潮流となって現われてきている。この移行の規模はかつてない大きさであり、今後明らかな勝者と敗者が出現すると見られる。

第5章　水ビジネス

浄水と排水

水ビジネスあるいは水関連産業といえば、浄水（上水）と排水（下水）が思い浮かぶ。米国ではその2つを代表する次のような組織があり、水環境連盟（WEF）は飲料水（上水）の品質および供給を担当し、米国水道協会（AWWA）は水環境の保全や排水処理（下水）関連の業務を行なっている。[注1]

水業界も同じように、次の2つの分野に大きく分けられる。1つは人間の水消費（飲料水）の分野である。ここでは水の処理過程と水質が重要になる。もう1つは、下水、より正確には、排水処理の分野である。実際には、この2種類の水を完全に区別することは難しい。誰かの飲料水はほかの誰かの排水を処理したものの場合があるからだ。事実、グレー・ウォーターと呼ばれるような水は、中水としてその価値を上げてきている。たとえば飲用には適さないが環境上有害でない水のことだ。この水は、再利用、リサイクル、灌漑や個別循環利用として数多くの用途がある。[注2] 古いことわざには「希釈こそ汚染の解決策」というのがあるが、今や「薄めれば無害になる」とはいえない時代になってきている。浄水と排水の分類は、普通、処理方法、処理施設、地域の必要条件といったもので区別される。

グローバル規模で水を捉えようという動きはあるが、統一的な枠組みはまだできていない。重要な資源である水の変わりゆく現実を見据えて事業の枠組みを考えることは重要である。聞くところによれば、一部でAWWAとWEFの合併が提案されているようだ。AWWAとWEFは水の将来、とくに科学的、技術的な向上に重要な役割を果たす信頼性の高い機関で

注1　わが国では㈳日本水道協会と㈳日本水環境学
会などがこれにあたる。
注2　point-of-use-reuse（POUR）

ある。この両者による集中的な話し合いは、水資源管理やインフラへの投資、価格の設定、アセットマネジメントと、多くの分野で計り知れないほどの重要性をもっている。かれらの協力体制は水の正しい発展への第一歩となるだろう。

機能による分類

水業界はいくつかのセクターに分けることができる。業界基準として用いられるPWI[注3]は、水ビジネスをその機能によって5つのセクターに分けている。さらに、それらの機能を複合させたビジネスをもう1つのセクターとして加えている。前述の5つのセクターとは水道、処理、分析、インフラ、資源管理、そして6つ目がその複合ビジネスである。水業界は多様であるため、この分類にしたがうことで、投資、市場、経済、規制、などを考えやすくなる。なおセクターをまたぐ場合もこの方法でまがりなりにも把握することができる。次に6つの各セクターについて説明する。

――水道

水道は住宅向け、商業、産業向けに水を直接提供する責任を負う。このセクターは排水と雨水の有効利用も含む。公共事業の場合は行政の管轄下にあり、飲料水の安全と環境保護のために多くの規制がある。米国以外の水道も、その国の行政機関が定める規制下で営業しなければならない場合が多い。また特定地域や人口密集地の上下水道設備は、その地域の業者を通して構築されるのが一般的である。

注3 Palisades Water Indexes™

水処理

公民問わず、水処理全般に関係するセクターである。物理的、化学的、生物的な水処理があり、それぞれに得意な企業がその中心をなす。ここでいう水処理とは、上下水の使用や再利用、または排水処理のために、水質を変える技術やその過程のことである。水処理のもっとも重要な目的は、安全な飲料水と公衆衛生を提供することにある。また産業用の水処理とも関連をもつ。とくに人間の健康と深いかかわりのある排水処理は環境的視点から重要視され、自治体や産業からの排水は異なった処理システムで排出される。地域別に上下水処理が行なわれるのが一般的で、現在の先端は革新的な処理システムを用いた集中型処理である。このセクターに属するサブセクターとしては、化学薬品、溶剤、樹脂、ろ過／膜分離、殺菌（UV／オゾン）、淡水化、分散型処理（浄水器／個別循環（POU／POUR））などがある。

分析

分析セクターには以下のような業務を行なう企業が含まれる。分析用装置の開発、製造、販売、関連製品の供給や、経営システムの開発と分析、上下水道の管理、分析、計測、汚染監視システムの開発などである。人間の健康や環境保護を考慮して定められた「基準」を満たしているか、また機能や安全性を最適化しているかなど、水の用途に応じた直接的または間接的な分析方法が提供されている。汚染物質はその種類も量も増加し続けているため、これらを詳細なレベルで検出できる高度な分析技術システムがつねに求められている。このセクターは、生

命科学技術、情報技術、センサー技術、および先端電子機器などが中核をなす。

――インフラ

このセクターは世界の水流通、広域下水道システムや雨水収集システムの建設、修復などによって利益を上げる企業が含まれる。米国環境保護庁（EPA）は、自国でだけでも上下水道のインフラ修理にかかる経費は今後20年間で90兆円（約1兆ドル）を超えると試算している。いかなる地域でも、水道網の劣化は公衆衛生ばかりではなく国家の安全と経済発展にかなりのリスクをもたらす。従来からの需要に加えて新興国を含めると、新しい水インフラ建設の国際市場はさらに大きな市場になると予測される。このセクターには、水流通ネットワークの一部である、パイプライン、本管、ポンプ、貯蔵タンク、揚水施設などを供給する企業や、バルブ、流量計といった付属品を供給する企業なども含まれる。また、材料の転換や配管ネットワークの更新などの修復市場も含んでいる。

――資源管理

資源管理セクターには、複雑な問題を抱える水資源の持続可能性を、統合的な管理技術で解決しようとする企業が属する。このセクターの企業は水資源の管理に加え、他の水ビジネスと相互に連携しあう企業である。セクター全体が目指すのは次世代の水資源マネジメントを包括的かつ前向きに実現していくことである。公、民両方の顧客のために、水資源、農業用灌漑、民営化などにおける管理技術、助言、営業などのサービスを提供する企業が含まれる。

第5章 水ビジネス

表5-1 水業界のセクターとサブセクター

セクター	サブセクター
ユーティリティ	上水道
	下水道
	雨水処理
水処理	浄水処理装置
	排水処理装置
	薬品／樹脂／溶剤
	ろ過／分離膜
	殺菌
	淡水化
	POU（浄水器）
	POUR（循環システム）
分析	計測
	テスト／監視／センサー
	中央監視システム
	メーター測定
	研究施設
	セキュリテイ
インフラ	配水
	ポンプ／バルブ／流量制御
	修復／修理
	パイプライン
	貯留
	浸水対策／合流式下水道越流水
資源管理	エンジニアリングおよびコンサルティング
	民営化
	灌漑
	バイオソリッド（汚泥）
	再利用／リサイクル
	環境浄化
	マネジメントサービス
	水利権／譲渡

複合ビジネス（多角経営）

多角経営セクターに属する企業は、水業界への貢献度が高いわりには水ビジネスへの資本注入が会社の規模に比べて小さいものが多い。逆にいえば、このような企業はその技術力で、水市場における世界的なリーダーになる可能性がある。また、従来の多角経営企業だけではなく、特殊な技術や製造ライン、また、水サービスの能力をもつ企業も含まれる。しかし、重要な水プロジェクトをグローバルな複合ビジネスとして担うことができるのは国際的な大企業のみである。表5-1に各セクターとそれに含まれるサブセクターを示した。

水関連産業

投資家の視点で見ると、水業界のもっとも魅力的な点は水に関連した多様な市場があることである。上下水処理以外にも水関連のビジネスは数多く存在する。水は数多くの産業に関係している。実際に自由経済市場では水に関連するすべての企業がきちんと分類されていると便利なのだが、現実はそうではない。となれば、これらの水関連の企業が利益を上げている場合が多い。とはいえ、純粋に水そのものを扱う産業よりも、水をさまざまに利用している関連産業のほうがその規模は大きい。水ビジネスが利用に基づいて分類されれば、市場関係者にも投資家にも各市場の重要度がより判断しやすくなる。投資家とっては、上下水処理の業界はわかりやすいが水（または水に近いもの）を利用した業界は一般的にわかりにくい。水関連の相対的な投資メリットを決定する場合、実際には工

業や製造業の市場を例にとって判断材料とする場合が多い。

産業・商業

水業界を語る場合、飲料水や公衆衛生といったわかりやすい対象に目がいき、産業市場については見落とされがちである。しかし、工業や製造業が水関連製品やサービスに費やしている意義を考えれば、水業界が関連していることは明らかである。産業界のエンドユーザーは、精度の高い品質管理、効率的な営業や経営、最小限のロス、といったはっきりした動機をもっており、彼らは革新的方法論をいち早く採用し、新技術への移行や汎用性の高いテクノロジーの商業化を率先して行なう。

産業市場は周期的な経済動向に直接影響されるため、他の市場とも見比べて判断する必要がある。水関連の企業は、とくにエネルギー、石油、ガスなどの特定産業に依存しているため不安定になりがちである。しかし、産業市場を対象にしている水関連企業は高度なプロセス技術やテクノロジーを提供している場合が多い。たとえば、超純水[注4]は2011年までに5400億円（60億ドル）の市場になると推定されている。超純水は汚染物質を除去するイオン交換樹脂や水処理膜の他に、処理のすべての段階で水の純度を保つため特殊なバルブやポンプといった機器が必要となる。

半導体

半導体工場では、洗浄からエッチングまで実質的にあらゆる製造過程で超純水を必要とする。

注4　Ultrapure water.
高度な処理を経て不純物の量をきわめて少なくした産業用途の水。限りなく純度100％の理論水に近く（0.01 μg/ℓのオーダー）、半導体製造工程におけるウエハ洗浄、医薬品の製造工程などに用いられる。

半導体製造には90円（1ドル）で買った水を超純水に処理するために1800円（20ドル）かかり、それを環境に安全なレベルまで排水処理するのにさらに900円（10ドル）掛かる。このたった1種類の産業だけで水処理、リサイクル、分析といったすべての水関連技術が使われている。超純水は地域の飲料水から含有している金属、その他の物質やイオンを分解除去することにより、チップ製造などの厳しい条件に応じて現場で精製される。

また、チップを組み立てるには大量の水が必要になる。たとえば15・24cm（6インチ）のウエハを作るのに平均、約9000ℓ（2300ガロン）の水を必要とする。大手のチップメーカーは1個所で毎年、約38億ℓ（10億ガロン）の水を消費する。このような大量の水使用には、地域における水資源管理に配慮する必要も出てくる。たとえチップ需要が周期的でも、半導体産業の長期的な成長を疑う余地はない。中国、韓国、台湾、日本がその成長の多くを担う。半導体産業は水の質と量の問題を含んでいるが、特殊市場を模索する水関連企業が大きな可能性をもつよい例といえる。

医療（ヘルスケア）

病院や健康維持のために使われる水は、ろ過、分離、浄化技術にとってはもう1つの特殊市場である。病院などの医療施設で使われる水道水の品質は季節、施設の建設や改装などで悪影響を受けやすい。この市場の水処理では幅広い水質汚染の問題があり、微生物汚染が特徴である。医療関連施設の感染症対策は水処理技術とともに発展している重要な分野である。蛇口、シャワー、製氷機、医療機器、再加工、傷の処置には最新の水処理が必要で、配管システムは

とくに汚染（温度と湿気のため）の温床となりやすく微生物の繁殖を招きやすい。

冷却塔（クーリングタワー）

産業・商業用水の市場では、冷却塔の水処理はもっとも大きく競争の激しい分野である。この市場は分断的かつ複雑であり、さまざまな技術が混在する末端浄水器（POU）市場と似ている。米国だけでもおよそ50万個の冷却塔が工場、ホテル、病院、オフィスや商業ビルで使われている。屋上用の小さなものから地元のシンボルになるほど大きなものまである。冷却塔の基本的な機能は、工場からの廃熱およびエアコンその他の冷凍コンデンサーからの発熱を空気中に放出する際に冷却することである。もし工場が冷却塔を使わなければきわめて大量の水を使って冷やすことになり、生態系に熱公害が伝播していく。

1日4800万ℓ（30万バレル）を処理する典型的な石油プラントでは冷却塔システムに毎時、約8000万ℓ（2100万ガロン）の水を循環させている。製油工場、石油化学プラント、天然ガス処理、食品加工、発電所など水循環による冷却を必要とする分野は多い。水業界の企業は化学工業市場や水処理装置の付属物として水冷技術を提供する。

冷却塔の効率はコストのうえでも重要である。塔タンクや配管の水垢やサビを防ぐことにより、熱交換効率を上げることで大量のエネルギーを節約できる。また衛生上、システム内に藻、ウイルス、バクテリアなどが存在しない環境に保つ必要がある。たとえば、レジオネラ感染症は開放型蒸発冷却塔の細菌に起因することで知られている。

蒸発過程で個体が冷却水の中にたまると、熱交換過程に介在し、エネルギーコストを増大さ

せる。水垢の防止や藻の成長を防ぐ方法は化学処理が主力であったが、さらなる排水規制により非化学処理への移行が進んでいる。他にも、微生物による腐食や白カビ菌の問題がある。米国環境保護庁（EPA）はサビ止めに有害金属の使用を禁止している。また、メッキに使用される鉛が減少していることなどでシステム内のpHレベルが下がり、白カビが容易に形成される。

このため化学処理方法はあまり効果がなく非化学処理である水処理が最近の傾向となってきた。化学処理に代わるものは他にも数多くあるが、信頼性の低いものが大半である。オゾン処理、イオン処理、紫外線処理などが有力である。また、複数の処理を合わせて使うことは環境汚染や健康影響、また、費用対効果を考えると適切ではない。

製薬とバイオテクノロジー

水は、人間の健康を支えるライフサイエンス技術の分野で重要な試薬となっている。すべての生命科学研究は、純水の使用から始まる。1日3800ℓ（1000ガロン）を必要とするような浄化システムはが製薬研究やバイオテクノロジーの重要な構成要素となっている。研究や実験に必要な水を確保するためには水ろ過と膜分離技術を使った融通性のある浄水システムが必要となる。製薬産業は、蒸留や逆浸透技術による純水を注射溶液や洗浄に使っている。

ボトルウォーター

読者は、ボトルウォーターについて語られていないことに気がつくだろう。これにはいくつかの理由がある。

第5章　水ビジネス

- ボトルウォーターは、消費者主導の飲料産業に属する
- ボトルウォーターは、非常時を除き、環境問題や世界的な水問題を解決することとほとんど無関係である
- ボトルウォーターは、必ずしも品質を重要視しない
- ボトルウォーターは、持続可能な低コストで安全な飲料水を提供するためというより、さまざまな水問題（地下水の減少、水の転用）を背景に出現してきた
- 集中型の水処理（水道水）のほうが、より多くの人口に低コストで安全な飲料水を提供できる
- 権利の分散という意味で、個別処理で水を詰め込むことよりむしろ包括的な水分配に焦点を当てるべきである

ボトルウォーターは、処理技術や包括的水資源管理のための1つのアプリケーションとして考えられる。ボトルウォーターの急速な成長に魅力を感じる投資家には、開発途上国のいくつかの企業を薦めておく。★1

重金属

産業プロセスから出る重金属は一般に希釈や破壊除去が不可能で、厄介な問題となってある。

さらに、いくつかの重金属は毒性が非常に高く、微量であっても生体の代謝機能に障害を及ぼ

★1　多角化した世界的飲料企業のネスレ、コカコーラ、ダノン・グループやペプシなどに加えて、地域的な飲料企業もたくさんある。たとえばヘックマン社（Heckman Corporation）は、中国の中産階級を狙ってチャイナ・ウォーター＆ドリンク社（China Water & Drink Inc.）を買収した。

し、長期的には体内に蓄積する。潜在的に汚染を引き起こす金属は数多く存在する。炎反応抑制剤のアンチモン（Sb）、電池や塗装に使うカドミウム（Cd）、ペンキに含まれるクロム（Cr）、水道管から浸出する鉛（Pb）、ランプの水銀（Hg）などである。

これら有害金属を除去する方法は多くあるが、金属の特性がそれぞれ異なるため個別の除去方法を使わなければならない。たとえば、発電所や電子産業ではイオン交換、製薬ではパイロジェン（発熱物質）フリーのための蒸留、油水分離のための凝集、パルプ漂白では塩素不使用のためのオゾン処理、などである。

水業界のマーケット・ドライバー

マーケット・ドライバーとは特定の市場や産業の成長にかかわる要因を表わす用語である。

水業界には多くのドライバー（成長要因）がある。人口、インフラの老朽化、世界的な食物需要、水資源の衰退と汚染、規制、技術の進歩、経済発展、生態系、長期的な気候変動、文化的要素、政治的要素、組織の改革などである。水の世界的な成長要因は複雑な経済関係を包含する。これらの要因は需要曲線に影響しているばかりでなく、急激な成長にも影響している。おのおのの要因に共通していることは、水ビジネスのいくつかの分野にまたがっていることである。これらの要因が重なり合って全体的に作用すると、革命的な投資を引き起こす場合がある。これらの成長要因には、外的なものと内的（構造的）なものがある。

第5章　水ビジネス

外的要因

外的要因はおもに工業化、都市化、国際化である。さらにもっと詳細な外的因子としては経済発展、水利権、人口、文化に基づく物価、気候変動などがある。これらの因子についてはこの本の中で繰り返し取り上げる。外的要因はおもに行政機関を通してもたらされ、水業界への投資に影響を与える。実際、世界銀行の報告は水業界の「パフォーマンス（効率）」に大きな影響を与えている。健康影響や貧困を減らすといったことには、水の機関や行政が鍵を握っている。水の価格設定、技術移転、規制や組織の改革などに関する議論は繰り返し行なわれている。これらはグローバルな経済とも密接な関係をもち、大きな流れとなって水業界の成長に関与している。

工業化

工業化は代表的な外的要因である。工業化とは、資源の大規模利用によって特徴付けられる機械化された経済への移行を意味する。その結果もたらされる水の需要増は、他の日用製品の需要増をはるかにしのぐ。高度成長期で人口も増加している国では、水ストレス境界値（1人当たり1700㎥）に急速に近づいているか、すでに達している。たとえば中国の人口は世界の22％を占めるが、世界の淡水域のわずか8％しか保有していない。インドでは2025年までに都市部の水需要は2倍に、産業の水需要は3倍になると予想される。実質収入の高い工業先進国では、水を多く含む飲料製品が1人当たりの水消費量を押し上げ

★2　R. Saleth and A. Dinar, The Institutional Economics of Water: A Cross‐Country Analysis of Institutions and Performance (Washington, D.C.: World Bank Publications, 2004), 23‐46. This exhaustive literature review evaluates the performance of water institutions and water policy reform through the empirical application of an "institutional ecology" framework.

ている。なお、ここでいう工業化とは機械化された農業も含んでおり、いわゆるハイ・インプットの農業は石油エネルギー、肥料、そして水を大量に使う。工業化は経済成長を続けるために広域経済へと移行する。質量保存の法則（エネルギー保存の法則とエントロピー増大の法則）と熱力学が示すとおり、工業化経済の特徴である過剰廃棄物が水環境の保全を妨げる。簡単にいえば、人間の消費により水が消えるわけではないが、その質と量が使用前とは異なった形になるということだ。そして、工業化は都市化とも密接な関係をもっている。

都市化

　都市化は、都市とその郊外に住む人口の増加をもたらす。生産性（工業化）を上げるとエネルギー消費は農業と工業でとくに増大する。農村地帯からの人口流入による都市化は多くの開発途上国で進行しており、経済発展に支えられた都市部の快適な生活環境が人口の流入を促し、貧困と紛争が農村部からの人口流出を招く。今日では、都市人口の9％が巨大都市（1000万人以上）に住んでいる。都市化は経済成長と明らかに相関しているのである。

　都市人口の増加の大部分は開発途上国に集中している。国連による2007年の都市人口予想では、2050年までにアフリカの都市人口は現在の3倍となり、アフリカ大陸全人口の50％に達すると報告している。しかもこれは出生率が低下する仮定に基づいた試算である。中国では2050年には70％の人口が都市に住むと予想されている。

　東京都心部はずば抜けて人口の多い都市で、3570万人の人口があるが、その他のアジア・アフリカ地域にも巨大都市が出現すると予測されている。国連の報告では2020年までに、

72

第5章 水ビジネス

アジアではムンバイ、デリー、ダッカ（バングラデシュ）、カルカッタ、上海、カラチ（パキスタン）、マニラ、北京、ジャカルタ、またアフリカではラゴス（ナイジェリア）やキンシャサ（コンゴ）も大都市化すると予想されている。中東でも急速に都市化が進んでいるほか、中国南部の北海市などはもっとも速いスピードで都市化が進んでいる。年平均4％以上の人口増加を現在している都市は、ガジアバード（インド）、サナー（イエメン）、スラット（インド）、カブール（アフガニスタン）、バマコ（マリ）とラゴス（ナイジェリア）などである。

規模の経済性[注5]によれば、人口密度の高い地域では水をはじめとする天然資源の持続的な使用効率は高まる、という説がある。しかしこれははっきりと証明されたものではない。人口が多いほどコストが下がるという説はその価格が比較的固定されている場合だけである。水不足、規制、資金力の格差など、この説は水供給には成り立たないことを証明している。巨大都市を支えるインフラの構築には、膨大な資金が必要である。重要なのは、これから建設される世界的水インフラの試算額は、アフリカやラテンアメリカの都市化を的確に見積もっていないということである。

グローバル化

古典的な経済理論では、比較優位性の原則とともに自由貿易を強調している。また、資本の循環や労働力の移動を無視し、世界経済の統合を過小評価してきた。資本より明らかに障壁の高い労働力でさえ国際化している。経済と環境の対立を語るとき、「グローバルで考えローカルに実践せよ」とよく在せず、今や資本は国境を越えて廻っている。

注5　economies of scale
生産規模が拡大することにより生産物の単位当たりのコストが下がり、効率が上昇すること。スケール・メリットともいう。

いわれるが、もはや経済は思考も行動もグローバル化に向かっており、この比喩は役に立たなくなっている。

グローバル化とは、政治的、経済的、社会文化的に国ぐにが相互依存していく過程を意味する。グローバル化することによる利益は、比較優位性の原理と同じで、経済的相互依存によって他国の資源を効率的に使うことで生産性を増大させることである。

制度的には、国際化とは世界貿易機関（WTO）に代表されるような組織によってもたらされる規制の発展でもある。商品やサービスの効率的な製造・販売をするために国際的なルールが定められる。一方、第1に物資、第2に処理、第3には市場開拓といった「過剰な経済活動」が引き起こす生態系の衰退は、国際化への懸念である。国際化は水の量と質に重要な影響ある。効率的な灌漑技術、最新の処理技術、インフラ設計、民営化と資源管理活動の実行、これらはすべて国際化の重要なファクターである。また、越境水（国境にまたがる水源）の問題には、革新的な組織の対応が必要だ。

国際化における比較優位性の重要な役割は、実質的な水取引を実現することでもある。環境を保護しながら水不足を解消するには国際的な食糧取引を参考にするのがよいだろう。つまり、水の豊富な国が食糧を生産し、水の少ない国へ輸出するのである。前述のとおり、国際化は国境にまたがる水資源に影響を及ぼす。越境水の問題は水業界が国を越えて対応すれば、対立よりも地域間協力による解決をもたらすことができるだろう。

構造的要因

構造的要因は内在する要因（内的ドライバー）とも呼べる。これは、投資家が経験に基づいて、類似する状況から導き出す成長要因である。これらの要因は、経営や構造の合理化、合併、競争、民営化、集中化、そして効果的テクノロジーといった外的変数に反応しやすい。

合理化

合理化とは、ビジネスを行なううえでもっとも有益なものであるが、はっきりしない概念でもある。簡単にいえば、産業や市場の合理化とは、より効率的な改革を加え、ビジネスを行なうことである。水業界を合理化する最善の方法は、不合理である部分を最初に見出すことである。水資源を保護するための環境への配慮を除外することは合理的といえるか？ 市場原理に基づくアプローチをすることよりも、政治組織を使用することの方が合理的といえるか？ 水の提供を「製品」の配達として見るだろう。水の提供を「製品」として見ることができる。水質改善にかかる経費が、生の水に特定の処理を加えたもののことである。業界には合理化の準備ができている分野がいくつか存在する。この中には投資家にとってもっとも有望な分野、監視制御装置、分散型排水処理、給水、資源管理、流通経路、商業化・技術移転のメカニ

ズムや顧客管理が含まれている。

一般的な水業界や、その狭間にあるサブセクターでは、商業化を図ることで容易にコストの封じ込めができる。バイオとナノテクノロジーの複合技術などがこの商業化を容易にしている。合理化の哲学に基づき次の2つの過程を検証してみよう。それは統合化と民営化である。この両方は、合理化の過程を経てもたらされる。この統合化と民営化は、水業界へのまたとない投資機会を示す重要なファクターである。

統合化

世界の上下水処理ビジネスはきわめて細分化されており、企業もまた無数に存在している。処理装置の開発、設計、生産を行なう企業や、製品やサービスを提供する企業、処理施設の運営をする企業、そしてこれらを複合して行なう企業など多種多様である。水業界では統合化と合理化が進行中であるが、顧客は細分化して複雑な産業構造を嫌う傾向にあるので、業界の統合はさらに進むだろう。また、多くの水質基準がある今日、水処理方法もまちまちであるのが現状である。顧客はまた、複雑に分割された産業構造よりもわかりやすく費用対効果に優れたものを求める。市場を成熟させるには、スケールメリット、大胆なテクノロジーの導入、相互売買、地理的な拡大、市場の集中化などが必要である。

歴史的には水の配送業ともいえる自治体の水道が水業界の中心をなしてきた。実際にはエンジニアリングやコンサルタントや細分化した供給業者がこの構造を支えてきたが、システムの名の下にコストはひとまとめにされてしまう。しかし、製品としての水を配送するという今日

第5章 水ビジネス

的な見方では、多様な水問題を効率的に取り扱うには不充分であることが明らかになっている。水道が業界に重要な位置を保持する限り、業者は標準化された製品（水）の配送に専念するばかりだ。顧客のニーズに応えるには、分散した上下水処理業は統合の道をたどる必要がある。

統合に適した業界内の分野は計測、水質基準の監視、膜製造、ポンプ、環境修復など数多くある。また、活性炭、薬品、イオン交換樹脂などの必需品とその関連分野は水平統合に適している。ようやく水業界は統合の機会とそれがもたらす利益とを模索しはじめた。

投資の視点から見ると、企業買収によって増益している企業よりも、統合によってコストの削減、顧客の増大、成長性の向上を成し遂げている企業を探すべきだ。統合する側にとっても、される側にとっても成功のシナリオであることが大切である。そして、長期的に注目すべき点は、業務の集約（強い内部成長）と平均以上の資本利益率を成し遂げることができるか否かである。トップレベルの収益増加や株価収益率の上昇ではない。あまりに多くの企業が単一業種の市場に出てくると、規模の経済性が低下する。戦略的に重要なことは、新たな市場参入を防ぐことよりも、多くの会社が群がる分野（化学製品、膜、活性炭、その他）では価格競争が激しく、あまり利益が上がらない。そして、売り手が少ないとしても、同じような製品を生産するという点で不完全な少数独占に至る。

民営化

インフラの民営化とは大統領令12803号により、州または地方自治体からの買い上げ、

または長期のリースによって、インフラ資産が民間へ移行することを意味する。インフラ資産（基盤資産）には上下水道施設も含まれる。

民営化によっておのおのの自治体は、「製品は作るべきか、買うべきか」を決定できる企業と同じ立場になった。民営化の傾向は上下水処理施設の運転管理から始まったが、商品としての水は運営のほうにうまみが移っている。

競争の実験

きれいな水を提供するコストは膨大である。厳しい規制に従わなければならない水供給業の必要資金は上昇し続けている。これに対する1つの解決策は自治体から市場経済へ水を移行させることである。

きれいな水を提供するコストが上がることは問題ではない。水業界が抱える問題は、高騰する水供給価格に対し「経済的移行をどのようにして、最小コストで行なうか」を決定することだ。水の供給コストが増加すると自治体は資金調達と給水システムの管理を効率化しようとする。費用効果性の追求で資金力のある民間企業は、従来型の水供給サービスを解体できる有利な立場にある。民間企業は、上下水処理施設の設計、建設、投資、そして長期的運営が可能なのである。部分的な民営化はこのように進められていく。民営化の潜在的利点は政府や自治体からの負債の削減、施設などの設計および建設期間の短縮、法令順守の軽減などである。政府は、市民が料金を支払うことになるサービスを決める責任はあるが、実際にサービスを提供する必要がなくなる。このように、ますます多くの自治体が、費用効率の良い方法で水を

提供する民間企業に頼っている。これらの「契約」企業は、水関連建設備の建設と維持に関連する経費を含む売上を得ている。民営化制度は、水不足に関する需要と供給の「変化の兆し」を見せている。

民営化の現実

運転管理やターンキー・サービス[注6]のような分野の民営化は普及しやすい。地方自治体と、多数の小規模契約業者から大規模契約業者にいたるまで「官民共同経営体」は水道にとって、便利な資金調達のオプションとして見られていた。しかしながら、民営化は失敗に終わり、給水ビジネスの万能薬にはならなかった。おもな理由はタイミングにあった。現在の経済状況を考えると失敗は遠からずまたやってくる。民営化が広く受け入れられなかった原因はいくつかある。

第1は、民営化は財政的な重荷を軽減するために自治体によって計画された革新的な解決策と初めは好感をもって見られていたが、現実には、厳しい規制に対処することができない水事業への救済措置だった。第2に、業務を民営化することへの大きな反対理由は、地方自治体の管理下から外れることだった（「自治体の水道ではなく、投資家に所有される水道の本質とは何だろうか？」という懸念）。そして、第3には民営化を依頼する側が懐疑的で要求が多すぎたため、世界的な巨大水道企業や未公開株式グループによる民営化は規模の経済性に誤算を生じた。

給水ビジネスにおける統合と民営化現象が同時に起きたのは不思議ではない。しかし、民営

注6　完全引渡し型のサービス

化と統合化の後に残ったのは重荷を課せられた多くの小規模な事業体である。これらの事業体は生き残ることは難しい。なぜなら、民間からの投資に値するプロジェクトを進める能力がないからである。水供給の観点からは重大ではないが、水業界への構造的影響は大きい。この構造的変化は、マイクロ的選択肢（分散化＝多くの小規模な事業体）とマクロ的水供給（集中化＝大規模な事業体）を最終的に結びつける機会となるかもしれない。

しかし、給水ビジネスが民営化によるハードルであるが、民営化の傾向は、一応、定着しつつある。しかし、給水ビジネスが民営化による利益に酔っている間、業界は、良質な水を提供することへの探求を怠っていた。結果的には、本当の民営化には到達していないのであろう。それは水の業界における単なる経済移行にすぎないのである。

水業界における民営化傾向はさらに進化し続けている。ゴミ収集と固形廃棄物処理（以前は地方自治体の機能）では大胆な民営化を行なった。自治体は、このアプローチをなんとかして上下水道にもあてはめようと模索している。さらに、もっと進化した概念で、上下水道には新しい意味をもたせようとしている。ガスと電気のような、社会基盤産業における規制緩和の出現で、消費者は以前管理されていた業務に市場競争が展開するのを見ている。自然の成り行きとして、消費者は上下水道にも効率化と市場競争を期待する。今日の鍵となる問題は、水供給業が、民間部門をどのように取り込むことができるかということだ。この根本的変化は、水業界における本質的な投資機会となるだろう。

もともとはこの民営化は官民共同事業と呼ぶことができる。しかし、むしろ単純な複占であったともいえる。運営上ではこの民営化は「公」と「民」の間の協定として始められたことが、現在は「委

80

第5章　水ビジネス

託と競争」が中心となり、これまで水ビジネスで聞いたことのない流行となっている。ふくれ上がる経費や政府の圧力に直面しながらも水道事業はシステムの改善に投資してコストダウンを図る方法を探すだけでなく、ビジネスのやりかた自体を再考している。

資金力のある民間企業は従来の水供給サービスを解体できる有利な立場にいる。民間のセクターでも、政府のように長期的な展望をもつことができるようになった。民間企業は、資本市場の支持を得るために、5〜10年ほどで、利益をあげる必要がある。自治体がこの分野での特別な税（独占のこと）を徴収している限り、民間セクターとの密接な関係は支持されていく。

競争

現在は、民営化よりはむしろ、業界内の競争のほうが注目されている。公共水道事業は民間企業や受託企業と競争している。また、公共事業は内部活動の最適化または再構成を目指して民営化の可能性を模索している。これは、費用効率の良い公共事業にするために実行されている新しい戦略である。たとえば、米国では無人の自動化された施設運営（民間はすでに使用している）へ移行しつつある。また、業務委託に関してはITを適用できる大きな可能性をもつ分野だ。水道メーターの自動読み取り機能は業務委託の中心、上下水道にも規制はない。

水業界における民営化の発展は「公」と「民」とに両極化する傾向があったが、長い目で見れば「業務委託と競争」という経済概念で一貫している。このプロセスが進むと、「公」「民」両者の究極的目的は一般消費者の信頼を維持し続けられるような水質基準の順守を、費用効率の良い方法で成し遂げることである。

第2部 水への投資

第6章 水道

Water Utilities

水業界の中心事業は何といっても水道である。水を直接提供する責任上、米国ではあらゆる水道は行政の規制下にある。一方、他の国ぐにでは、フランチャイズ制度、委託制度、官民共同事業などさまざまな形態をとっている場合もある。けれども、水道の使命は古今東西、同一で、安心して飲める水を提供することにある。水道が独占的な経営をしてこられたのは、こうした信頼への見返りと考えてよいだろう。

水を提供するという重要な役割を担う水道だが、最近は規制や環境問題といった多くの難問に直面している。そのために、市場で取引される水道への投資メリットはかなり変化してきている。かつては水の供給だけが事業であった水道も最近では「なんでもござれ」型の経営を始めた。市場で売買される水道の数は、一度は増加した後、減少し、最近また増加しはじめている。これらは、国内外の水道はもとより、新興国のものまで含む。その形態も特殊な水道から巨大事業体までさまざまだ。単一事業としての水道は過去のもので、水道がさまざまな事業に投資する時代になったのである。水道が危機的状況にあることを物語っている。水道事業そのものへの投資より、その中の特定な「過渡期にある部分」への投資がより大きな利益を生む。近年、ヨーロッパの統合事業体は多くの企業買収をしているが、米国の水道へ

第6章 水道

の投資も活発である。その収益は他の主要な株価指数を上回っている。しかし、この投資には背景の分析が必要である。

水道事業の成り立ち

水道は1998年から2001年の間に大規模な統合が行なわれた。主要な米国の水道はヨーロッパの統合事業体に買収された。この業界の買収は規模の経済性に基づいたものである。簡単に言えば、扱う水の量を増やすことが重要なのである。

水道事業の買収はイギリスにそのルーツをもつ。はじめは国内での合弁から始まり、民営化へと変化した。1999年のビベンディ社（Vivendi）によるUSフィルター社（U.S.Filter）の買収から米国へ大きく広がった。この合弁は驚くべきものであった。それはビベンディ社が水道の他にも建設、公共事業、電話事業にまで参入していたばかりか、USフィルター社がすでに水道技術と装置の集合体であったからだ。その後まもなく、フランスの公共事業グループであるスエズ社（Suez）が米国第2位の水道、ユナイテッド水資源社（United Water Resources）を買収した。まさに、「水は財なり」の戦略にのって、買収による水道の統合は衰えることなく続いた。しかし、アズリックス社（Azurix）がイギリスのウェセックス水道会社（Wessex Water）を買収した頃にはこの風潮も行き過ぎたものになっていた。

民営化（すなわち規制緩和）はエネルギー業界と水業界には共通のテーマだから、電力業界が次の征服目標を水外国資本の水道買収に加え、電力事業までがこの買収競争に入ってきた。に置いても何ら不思議はない。当時、水業界はかつての電力と同じ規制緩和の道をたどってい

ると思われていた。水道と電力が統合した例は２００１年の西ライン電力社（RWE AG）によるアメリカン水道会社（American Water Works（AWW））の買収である。この統合は経済的センスを欠くものであった。ガス、電気、電話、そして水道も、規制緩和による同業種間の競争に直面することになるが、水道の規制緩和は他の場合とは少し異なっていた。このために、AWW本体ではなく、その分離子会社が新規株式の公開をすることになった。

企業買収がピークを迎える中、アクア・アメリカ社（Aqua America）のように意図的に独立を維持した企業もある。もっぱら小規模な水道を統合することで経営の効率化を図るのが狙いである。すばやい資金の引き揚げなども存在する今日、こうした統合のほうが戦略的であるという判断だ。世界的な規制緩和と民営化で、電力や電話事業の統合が大きく進んだが、巨大公共事業の時代は長くは続かなかった。今日、水道は従来の構造を崩壊させつつ、次のステップへ移ろうとしている。今後は合理化と競争が水道事業の鍵となってくるだろう。

規制に縛られる水道

数多くの規制に従わなければならない水道事業にとって統合の道は納得の行く成り行きである。米国では国家汚染物質排出除去制度（NPDES）の許可なしに排水することはできない。こうした厳しい法令順守は小さな水道事業にとってかなりの重荷なのである。

また、水道事業は水質や処理方法に関して厳しい規制は全米に及ぶ。こうした水質基準の絶え間ない追加が経費を圧迫し、設備投資、営業経費などを合わせると料金の上昇と釣り合わなくな料水における汚染物質の含有量に関する厳しい規制は全米に及ぶ。飲

84

第6章　水道

ってくる。現在の利益を保つためには今後、価格に対する救済措置は必要となるだろう。つまり、資金不足のために規制を守れない事業体が増加しているのである。

伝統的に公共事業への投資は資金が膨大なことから金利の動向が重視されてきた。しかし、今日の水道投資では、金利の動向は二次的な要因である。事実、最近の水関連株と金利の相関関係は弱まっている。水道の市場はむしろ規制の傾向、管理能力、供給コスト、地理的要因、顧客の好み、アセットマネジメント、競争力、規制外の活動などが影響する。

規制外分野

多くの水道は規制事業分野を切り離し、もっと安定した利益が見込めるように持株会社を設立している。逆に規制外分野とは、業界内の研究、管理、地理情報サービス（GIS）漏水検出、情報処理、修理、改善などの事業である。これらに加え不動産開発、建売住宅、電話勧誘など、水との関連がない分野に進出している水道もある。一時は、こうした事業が全体的な利益に貢献していたが、いまは民営化の外に取り残されて消え去った。しかし、従来の水提供サービスが直面する現在のしくみを考えると、こうした分野はふたたび出現してくると思われる。

本業よりも、多角経営を重視している水道は投資対象としては避けるべきだろう。水業界に多角経営はなじまないとはいわないが、現在、水道が直面している状況を考えると、将来の民営化につながるような活動のみが利益に結びつくと思われる。また、そうした規制外の活動も水道事業の経験に基づくものが有利だろう。結果的には、新興国の水道はこうした投資の対象としては望ましくないといえる。

85

水道の未来

21世紀の水道がどのような姿になるかは不確実である。水道関連企業に共通の難問である「信頼できる水を提供する」には多額の資金が必要だ。水需要の増加で、エネルギーや電話事業などの巨大公共事業とかろうじて同等であると目されている。エネルギーも水も概念的には「ほとんど同じ」という考えがある一方、一般市民が求めるものはしばしばこれとは逆である。水は公共財だから、社会の利益になるように価格が設定されるべきだと人は思う。しかし、現実はこうした意図とは逆に、水業界の株価は配当率だけが鍵なのである。

歴史的に水道事業は自治体の管理下で、小規模な限られた水道事業者により運営されてきた。水の提供を合理化すると大規模な国営水道企業や地方自治体の付属組織による少数独占となる。多くの小規模な水道は大規模な水道の下請けとなるか、吸収されるかのどちらかだ。水道事業の統合にある背景は、市場の成長、法令順守にかかる経費の増加、また、水道の根幹的ビ

委託事業や官民共同事業、またはどのような形で民営化するにしても、組織的に鋭敏な能力が必要となる。増大する必要資金や複雑な法令順守で水道事業の規模は両極化している。一般に事業変化のしくみについていける水道とは、投資家所有の大規模な企業と主要都市の水道だけである。このような水道事業は民営化活動での成長が期待される。こうした民営化の活動は純粋な請負の形よりも事業体内の再構築を促すような統合になりやすい。供給コストが上がるにつれ、小規模な自治体の水道は設備、財務管理、営業などの業務委託により、効率化を図ろうとする。官民を問わず、水道はどれも似たような経費の重圧に直面している。

第6章 水道

ジネスを成長させる必要性の認識などである。水道の水平統合はスケールメリットばかりでなく融資を容易にし、地理的多様性にも対応しやすくなる。しかし、何といっても最大の難問は高品質の水を低コストで生産する方法を見出すことにある。企業側は法令順守と水環境保全に努力しても、投資者のほうはさえない投資結果にがっかりすることになるかもしれない。長期的には水市場のために伝統的な部分を切り離すことができれば、主要な水道企業は産業のリーダー的存在となり魅力的な投資機会を提供することができるだろう。

さらなる規制強化やインフラの安定性を考えると今後、数十年の間には水の処理と分配の両面でかなりの投資が必要になる。米国には現在、5万以上の水道があり、その84％は3300人以下に給水する小規模なものだ。その多くはインフラを最新化する充分な資金がない。この事実が水道市場における絶え間ない統合と民営化が進んでいる理由なのである。

世界の水道

自国以外の水道は水事業一般としても、また水道セクターとしてもとくに興味深い分野である。1980年から1990年の間に米国の水道投資で一貫した配当を可能にした要因の多くが新興国で現在見られる。その要因とは、緩い規制、融通的な料金体系、そして公的投資媒体が少ないことなどである。しかしながら、外国の水道は特殊な枠組みを規制条件にしているため、これに伴うリスクを調査するのは投資家にはわずらわしいかもしれない。

官民共同事業、民営化活動、規制緩和は民間企業の公共事業参入をさらに押し進める。市場におけるほんの一部の規制緩和でもその影響範囲は巨大である。水道の民営化は地域格差があ

り、実際には世界の大半の上下水道は公営（政府所有）である。ヨーロッパでは上下水道の40％が民営または投資家所有であるが、米国では15％程度である。言い方を変えれば米国では水ビジネスの大部分は政府により支配されているのだ。世界規模のサービス業はその資金規模が大きすぎてほとんどの民間企業には扱いきれない。これは逆に、最近、世界的に大規模な水道の経営を民営化しようとする原動力となっている。

市場で取引される外国の水道は数多くある。公的資金確保を目指したバンガロール上下水道 (The Bangalore Water Supply and Sewerage Board) はインドの水道としては初めて会社が格付けされた。フィジー政府の水道「会社化」計画により、フィジー水道 (The Water Authority of Fiji) は商業化された事業体となった。マレーシア水道サービス (Malaysia's Water Services Industry Act) はマレーシア全域の水質、処理、評価基準などを一本化することで正式な上下水道セクターとして認識された。エジプト、ボリビア、中国、インド、フィリピンなど多くの国ぐにが水道の上場を目指している。タイ最大の民間水道企業であるタイ水道供給社 (Thai Tap Water Supply PLC (TTW)) が最近の新規公開株であることを見ればこれからの潮流がわかるだろう。TTWはバンコク周辺の地域に給水する30年契約を得ている。

さまざまな問題（とくに開発途上国では）があるにもかかわらず、グローバルには多くの国が公共事業の民営化を進めようとしている。IMFは、（とくにアフリカ、ラテン米国諸国には）資金の貸付に際して水道の民営化を条件にしている。アンゴラ、ナイジェリア、ルワンダなどの国ぐにはこうした条件が融資の決め手になっている。ラテン米国諸国ではIMFと共同で、世界銀行と米州開発銀行が民営化した水道企業を市場参入させる援助をしている。その目

標は安全な飲料水を広く普及させる資金を提供することで、地球上の貧困を減らそうというものだ。多くの被支援国は小さくて貧しく、多額の負債を抱えている。したがって「民営化」や「経費だけをカバーする料金体系」は、資金不足の現われだという説はうなずける。結局のところ、多国籍の大規模な水サービス企業だけが利益を得るのだろう。

ここで水道が取り組むべきもっとも大きなチャレンジが浮き彫りになってくる。それは、投資家の期待に答えるために、世界中の水道が低コストで安全な飲料水を提供できるような姿に変わっていくことである。そしてまた、世界の水供給をつかさどる組織は、水道の民営化を試みることにより個人投資はもとより官民両方からの投資が促進されることを認めるべきである。表6-1は株が売買されている世界の主要な水道である。

結論

水道の財務業績は歴史的に、天候、金利、規制などに左右されてきた。自治体市場では、水道が他のセクターの財布の紐をにぎっている。しかし、水道はまた、われわれが直面するいろいろな水問題に関して、世間の思惑に影響されやすい。事業体としての財務業績を考えても、規制を受ける水道は、世の中の要求に対してしばしば調整を強いられる。多角経営の試みと大規模な統合の第一波は、水巾場での投資家所有の水道を特殊な立場にする。この事実が業界内での重要な部分である水道への投資について、もう一度見極め直すときであると示唆している。有利な水道の投資先として指標となる特長は次の通りである。

表 6-1 世界の上下水道企業

企業	上場記号	国籍
Acea SpA	5728125	イタリア
Acegas SpA	7057098	イタリア
Aguas Andinas SA - A	2311238	チリ
Aguas de Barcelona SA	5729065	スペイン
American States Water	AWR	米国
American Water Works Co.,Inc.	AWK	米国
Aqua America, Inc.	WRT	米国
Artesian Resources Corp Cl A	ARTNA	米国
AS Tallinna Vesi	B09QQT9	エストニア
Athens Water Supply & Sewerage	5860191	ギリシャ
California Water Services	CWT	米国
Cascal N.V.	HOO	英国
China Water Affairs Group	6671477	香港
Cia Saneamento Basico Estada Sao Paula (Sabesp)	SBS	ブラジル
Cia Saneamento Minas Gerais(Copasa)	B0YBZJ2	ブラジル
Connecticut Water Service Inc	CTWS	米国
Consolidated Water Co	CWCO	ケイマン諸島
Eastern Water Resources Development	B09C957	タイ
EVANG	4295374	オーストリア
Global Water Resource	GWRI	米国
Guangdong Investment Ltd	6913168	香港
Gruppo Hera	7503980	イタリア
Inversiones Aguas Metropolitanas	6470522	チリ
Manila Water Company	B0684C7	フィリピン
Middlesex Water	MSEX	米国
Northumbrian Water Group	3302974	英国
Pennichuck Corp	PNNW	米国
Pennon Group	B18V863	英国
Puncak Niaga Holdongs	B1SC1H8	マレーシア
Qatar Electric & Water	B124070	カタール
Ranhill Utilities Berhad	6528692	マレーシア
Severn Trent Plc	B1FH8J7	英国
Shanghai Municipal Raw Water Co	8617367	中国
Sociedad General De Aquas de Barcelona	5729065	スペイン
SJW Corp	SJW	米国
Southwest Water Company	SWWC	米国
Suez Environnement	B3B8D04	フランス
Thai Tap Water Supply PCL	B2973Z1	タイ
Thessaloniki Water & Sewage	7217052	ギリシャ
Tian Jin Capital Enterprises	6908283	中国
United Utilities Plc	646233	英国
Veolia Environnement	VE	フランス
York Water Company	YORW	米国
YTL Power Ontl Bhd	B01GQS6	マレーシア

第6章 水道

- 特殊な条件と、国内での統合に積極的な水道
- 買収候補の水道
- 外国（緩い規制と所得上昇中の国）の水道
- 優秀な経営と業界の過渡期に対応できる設備を有する水道

水道料金の上昇（下水道に比べ）傾向は水道に利益をもたらしている。しかし、経費に後押しされて料金を上げ続けることは不可能である。世論は水供給にかかる経費を料金に直接反映させるよりも経営の効率化で料金を軽減することを求めるだろう。したがって、水道はつねに利益率の重圧に支配されることとなる。需要者側を見ると、顧客数の増加は給水地域の人口増加、または企業買収よる新たな地域の獲得しか方法はない。成熟した市場では、新たな成長を見込めないことや顧客数の減少で、料金での救済資金は限られてしまう。これらのことは必ずしも投資に対する収益が即刻落ちると予測しているわけではない。だが、適度な成長で安定しているが活発とはいえないビジネスモデルなのである。

投資先を個別に見ると、アプローチの仕方がそれぞれある。もし投資家が純粋な上下水道企業に興味があるとすれば、セブン・トレント社（Seven Trent）、ヴェオリア社（Veolia）・スエズ社（Suez）などの企業は不適当である。さらに、こういった企業は経営や維持管理を大規模に下請けさせているため、標準的な収益を上げられるかどうかもわからない。

米国における統合傾向から見ると、もっとも利益を得ているのは国内の大規模な水道である。アクア・アメリカ社（Aqua America）とアメリカン水道（AWW）は水道業界における次世

代競争の案内役といえるだろう。水道セクターはこの両者が合弁することによりさらなる利益を上げるような方向に進むと思われる。

信頼のおけるインフラ構築や規制強化に伴なう水質基準の改善を実現できるような水道財政は、今後の資産管理能力にかかっている。したがって、資金力のある大規模水道は有利である。企業の規模は資金力と資産からの高収益を意味する。水道の競争力における鍵であるアセット・マネジメント（資産管理）についてはこの後の章で、徹底的に検討する。

水道投資において重要なことは、業界内の「特殊な状況」に目を向けることである。こうした状況下では標準以上の投資価値がある場合があるからだ。これは、多角化や垂直統合を進めている水道を指しているのではない。むしろ資産管理に力を注いでいる水道である。たとえば、コンソリデイティッド・ウォーター社（Consolidated Water）は飲料水がほとんどない地域で海水を使った淡水化プラントと給水設備を開発、運用している。

水道セクターの株価動向は、成長が見込まれる他のセクター（分析、処理、資源管理）が一番良いときでも比較的活気がない。さらに、問題を複雑化しているのは、従来の標準に比べると水道株が決して安くないことである。多くの株価収益率は中程度か20％に近い数、または20％を超えていることもある。金利動向、配当利回り、安定性などを基準に評価されていた頃には聞いたこともないような数値である。例を挙げれば、20年前には、平均株価収益率が14％であった時、USウォーター社（U.S. water）の株価収益率は13％であった。興味深いことには、現在のアクア・アメリカ社（Aqua America）のベータ^{注1}が1.2なのに比べるとその頃の同じグループのベータは0.7であった。

注1　ベータとは株の不安定度を示す数値。ベータが1以上は市場標準より不安定。1以下は安定していると判断する。

92

第6章 水道

水道業界の株価アナリスト達は水道への投資を前途有望なものとして、そのメリットを詳細に分析している。水道は確かに新しい局面へ入ってきた。しかし、これが即刻、劇的な株価上昇へつながるとは限らない。水道投資についてしばしば次のような誤解がある。

- 分類が不適切なため、水業界の他のセクターの成長要因が水道にも適用できると考えやすい（実際は適合しない場合がある）。
- 必要資本額と投資可能額は必ずしも同じではない。
- 水道料金の値上げはプラス要因よりも「マイナス要因ではない」と判断するべきである（必要経費の増加に対応するための主要な措置として）。
- 民営化傾向は増大する必要資本を集めるためではなく、水道が配達業から問題解決に基づいたビジネスへ移行する過程と判断するべきだ。分散している水道市場の統合は民営化による所有形態の変更ではなく、合理的な構造変化ととらえるべきだ。また、民間所有により水道の効率化に際立った影響を与えるかどうかはいまだ不明である。言い換えれば、投資による収益増加のためには、民営化は財政上重要な意味をもつということである。

大規模な公共の水道（10万件以上に給水する水道）と大規模な民間所有の水道とではサービスにあまり差はない。問題は公共の水道が同レベルのサービスを提供できるかということではなく、財政的処理を投資家所有の水道と「同じようにできるのか」ということである。そして、これは非常に不確かなのである。どう見ても、公共の水道に勝ち目はない。

第2部　水への投資

第7章　集中型水処理
Centralized Water and Wastewater Treatment

水処理業界における処理セクターの基本を知ることは重要である。水処理に関するあらゆる問題は次の方法のどれかで解決されている。微生物除去、特定の汚染物質除去、有機／無機化学薬品の利用、沈殿、従来のろ過、汚水排出、産業プロセスの前処理、消毒などである。これらの処理は、水の利用、再利用、または排出の目的を達成するための技術である。処理セクターでは物理的処理、化学的処理、生物的処理にそれぞれ、専門の企業がある。

上下水処理の技術は投資家にとって、もっとも複雑なセクターの1つである。理由は、水処理の方法が多すぎるためである。さまざまな技術が無数の応用に使われていることも理由の1つであるが、多数の物質に関する多数の基準があるため、処理も1種類だけというわけにはいかないのだ。処理技術とプロセスは源水の特性と同じくらいさまざまである。また、水事業の技術革新は緩慢で、不適切な水処理の影響を恐れる専門家は、技術的なリスクを回避する傾向にある。それぞれの処理方法は、費用と効率の両方に基づいて展開してゆき、その投資機会に光と影の分野が出現してくることは否定できない。

投資家にとっての問題は、処理セクターにおける「投資に適した分野」に、どのようにアプローチするかである。いくつかのポイントを考慮しなければならないが、第1は「技術的リス

第7章 集中型水処理

ク」である。基本的な水処理の方法はある程度、定まっている。したがって、投資家が処理セクターでの投資を始めるには、特殊な領域や、市場のリーダシップ、また多くの企業に受け入れられているような処理方法に基準を置くべきであろう。避けるべきものは、市場を探している処理技術、立証されてない革新的技術、所有権問題のあるプロセス、また限られた応用性しかないものである。第2は「規制のリスク」である。どんなに効果のある処理方法でも、何らかの規制と法令順守がついてまわる。監督官庁は特定の規制目標に関して、利用可能な最善技術（BAT）をしばしば指定する。第3は明らかに重要な「遂行上のリスク」である。処理技術を市場に出すにしてもまた、商業化するにしても会社経営がまずければ、「最良の水処理技術」も無意味なものとなってしまう。

処理セクターへの投資家は、平均以上に成長しそうな処理方法とそれらの潜在的応用性の両方を理解する必要がある。既存の処理技術が新市場で高い収益率を示したものには次のようなものがある。排水流への紫外線（UV）照射、マルチバリアシステムの膜分離活性汚泥法（MBR）、汚泥の活性変化によるアンモニア除去、オゾンによる消毒、逆浸透（RO）による淡水化、イオン交換による特定汚染物質の除去、脱ヒ素用の合成樹脂、など数多くある。

基礎

もっとも重要な処理目的は、安全な飲料水と公衆衛生をグローバルに行き渡らせることである。水処理とは、決められた規制や基準に従って原水を飲料水に加工することである。その結果、人の健康が守られる。また、産業用の水処理の最適化にも関係している。とくに人間の健

95

康と深いかかわりのある排水処理は環境保護上、重要視されている。自治体や産業からの排水はそれぞれ異なった処理の後に排出される。

上下水処理では、一次処理と二次処理で使われる設備がこのセクターの中核をなす。高度処理では、新しい汚染物質問題に対処する先端技術や革新的なマルチバリアシステムが成長領域である。処理セクター内の境界線は、はっきりしないものになってきている。淡水化は、代替的給水方としての高度処理プロセスであると考えられている。そして、その重要性とメリットから第12章で個別に取り扱う。とりあえず、この章ではとくに注目されている上下水処理技術を取り上げる。

米国だけでも、先端技術の利用可能な分野は膨大である。ウォーターワールド社[注1]（Water World）の地域上下水道システム企業年鑑によると、97％の飲料水システムは殺菌プロセスとして塩素／二酸化塩素やそれに準ずるものを使っており、3％のみが圧力膜ろ過を利用している。排水側では、排水プラントの1％未満が一次処理で紫外線（UV）照射を利用している。グローバルでは差があり、たとえばヨーロッパではオゾンが多く使用されている。処理セクターは全体的に著しく成長すると思われる。

水の投資家にとっては、上下水処理の工程や関連技術などの実質的知識も重要であるが、技術の比較や、技術が地域的にもつ意味なども知っておく必要がある。たとえば、委託契約におけるBATに従おうとすると、従来のろ過のような集中的技術よりも膜利用による滅菌方法が指定されている場合が多い。そしてまた、費用、持続可能性、技術移転、構造的な問題など、

注1　米国の水関係の雑誌出版社。

特殊処理に影響する多くの問題がある。

集中型と分散型における配水構造の違いは興味深い。本章は集中処理に関連する処理技術に焦点を合わせ、第8章は分散型に焦点を合わせる。処理技術の観点から、業界の潜在的な変化を知ることにより、それぞれの相対的な投資メリットを取り上げるのではなく、重複は避けられない。これは、投資先を組み合わせるうえでのヒントを提供したいからである。

新しい技術による上下水処理は爆発的な成長の準備ができている。多くの国ぐに（とくに新興国）には、飲料水の提供に「もっとも安い処理方法」を選ぶ自由がある。また、処理排水では、ナノレベルでのろ過、淡水化、紫外線（UV）照射、オゾン酸化などの先端技術にかかる費用が下がっているので、これらの手法の利用率は上昇している。

集中処理

水処理は先進国では当然のことである。私たちは、生水が、物理的、化学的、生物学的なプロセスで人間の消費に適する標準まで処理されていることをあまり良く知らない。飲料水として信頼でき、健康を守る水を供給するためには多くの難問に対処しなければならない。私たちはきれいな水道水を提供してくれる、巨大な集中処理設備をほとんど意識していないのだ。

——従来の処理方法

従来の水処理には一次処理と二次処理がある。これらの処理にかかわる技術は沈殿、凝集、ろ過、および消毒である。沈殿は混入している不純物を、重力を利用して除去する方法である。

沈殿槽や浄化槽が水より高密度の粒子を時間をかけてタンクの底に落とす。しかし、この長時間で水から浮遊粒子を完全に取り除くことができるというわけではない。そのため、化学凝集剤を中和させるために注入し、粒子をより大きくて重い固形の塊にする。これにより容易に取り除くことができる。もっとも一般的な凝集剤は硫化アルミニウム[注2]である。これはミョウバン（明礬）と呼ばれる。ミョウバンは、多くの化学メーカーによって供給される水処理用の化学薬品である。さらに、透明度を上げるためにろ過も使われる。多孔性の粒状物質層に水を通すことにより、汚濁粒子の除去を行なう。

従来の一次、二次処理を行なう企業（浄化設備の製造、ろ過用の触媒（媒体）の製造）は新市場で成長している。しかし、開発途上国での成長はまだ緩慢である。先進国では、水道の品質基準の強化が三次（高度）処理をますます必要にさせている。投資家には、高度な処理技術をもつ企業や、複数のバリアシステムで活動する企業に焦点を合わせるよう薦めたい。

——膜分離

ろ過と分離には、技術に根本的な違いがある。飲料水のろ過用素材とその工程には多くのものがあるが、その基本機能は同じである。つまり、水から不純物を取り除くことである。水から、ますます微小なレベルで汚染物質を除去しなければならない。そして、汚染物質は多様化しているのだ。この問題に対処するためには「ろ過の機能と工程」の改良は必至のことであり、これに関係する市場成長を促す。なぜならば、ろ過工程のほんの小さな改良が、難しい汚染物質を取り除くことに大きな効果をあげるからだ。膜分離は適応範囲が広い技術であり、水処理

注2　$Al_2(SO_4)_3$
日本では硫酸バンドとも呼ばれる。一般的には無色もしくは黄色の液体。

第7章 集中型水処理

市場では大きなシェアを占めている。

淡水化と家庭用浄水器などの応用以外では、膜ろ過技術は、水道の処理では今のところ、あまり広く使用されていない。前述のように、飲料水システムの3％が圧力膜ろ過プロセスを使用しているのみである。しかし、コストの低下と膜の耐久性が改善されたことにより、厳しい規定で公衆衛生を確保しようとする自治体にも費用対効果の優れた手段となってきた。水道が直面する、より高度な基準を満たす助けとなることに加え、膜は塩分を含む地下水などを二次的水源にできる。工業用純水と国内向けボトルウォーターの生産にも利用されている。

一般的には、ろ過は多孔性物質によって液体から固体を分離するプロセスである。その方法は透過性のある繊維や不活性なろ材（砂／礫）の層、または膜などを使用する。ろ過のタイプは除去される固体とその溶媒の液相により分類される。膜（一定サイズの穴が規則的に分布するよう設計されたポリマー薄膜）により、かなり微小な物質を水から分離できる。膜は通過する物質のサイズ、形状、または性質によりバリアとして機能する。

膜は分離手段として使われ、ろ過のタイプには超精密ろ過（逆浸透（RO））、ナノろ過（NF）、限外ろ過（UF）、精密ろ過（MF）などがある。膜のおもな違いは膜材料の穴のサイズである。通常、膜分離は除去物質

表7-1 ろ過の種類とその分離範囲

ろ過の種類	除去物質の大きさ
微粒子ろ過	5〜75ミクロン
精密ろ過（MF）	0.1〜2または3ミクロン
限外ろ過（UF）	0.001〜0.2ミクロン
ナノろ過（NF）	300〜1000分子量
超精密ろ過（逆浸透（RO））	最小150分子量まで

により細孔サイズがミクロンあるいは分子量で通称規格として分類される。（表7－1）通称規格は通過粒子のサイズで表わされる。それぞれのフィルターはほとんどの粒子を通さない。言い換えれば、わずかな量の、表示サイズの粒子か、それより小さい粒子のみを通す。絶対規格では、表示サイズより大きいすべての粒子がフィルター内かフィルターの上に捕らえられて、通り抜けない。その結果、絶対規格は、耐用寿命、保証期間など一貫してフィルターの性能を保証する。

膜処理に使用される膜の細孔サイズはさまざまで、逆浸透（水以外のすべてを拒絶）から微細孔膜まで、0・01ミクロンから10ミクロンまでの穴がある（粒子ろ過は、5～75ミクロンの範囲のろ過をカバーしていて、カートリッジフィルタなどに通常使用される）。逆浸透は、水を半透膜に通して水分子に強制的に圧力をかけ、水以外のものを取り除く。水が圧力のためにやむを得ず逆方向に流れるので、このプロセスは「逆」浸透と呼ばれる。高濃度溶液から希薄溶液まで、イオンサイズの物質を取り除く。硫酸塩など、イオンサイズの物質を取り除く。

ナノろ過（NF）と限外ろ過（UF）は、低い圧力を使用する直交流ろ過の方法である。NFは塩とほとんどの有機物質を除去する。UFはナノろ過（NF）と精密ろ過（MF）の中間でイオンや小さい有機物質を通すが、1000分子量以上のものを拒絶する。UFはまた、生物、医学、医薬品の分野における高分子、コロイド、ウイルス、およびタンパク質の除去にしばしば使用される。UFは原水にあまり濁りがない（濁度が低い）場合に、飲用として表流水または地下水の処理に適用される。MFはクリプトスポリジウムやジアルジアのような病原菌

100

第7章 集中型水処理

や粒子状の浮遊物質などの除去に向いている。典型的なクリプトスポリジウムはサイズが約3〜5ミクロンである（0.2ミクロンの典型的な精密ろ過膜の穴より15〜25倍大きい）。

多くの膜技術は住宅用や小型の浄水装置に集中している。成長中の大きな自治体の水道や純水を必要とする産業用水処理システムが膜技術を採用している。ここ数10年の間、膜プロセスは水処理に使用されてはいるが、淡水化が主要目的で、標準的な水処理ではなかった。水供給事業体は長い間、複雑な処理状況に膜技術を使用することを切望していたがコストが障壁になっていた。しかし、今や、価格が下がり、耐用性も強化されるに従い、膜の利用は現実的になってきた。利点は従来の設備より小規模ですむことや、病原菌、有機物質を除去できること、また、表層水質と消毒副生成物におけるさらに厳しい規制にも対応できることである。

いままでの飲料水処理と、さまざまな膜技術のコストを比べることは興味深い。たとえば試験的な研究によると、UFによる粒子除去のコストは1日当たり約1890万ℓ（500万ガロン）については従来の処理費用より少ないか、または同等と見積もられている。したがって、小規模な水道には費用効率の高い選択である可能性がある。さらに、製薬業から飲料水・まだエレクトロニクスに至るまで、処理水を使用する産業に適する。製造の一部に超純水を必要とするエレクトロニクスや半導体製造業やバイオテクノロジーなどの企業は膜技術の急速な成長を促すだろう。

超純水（残留不純物が千万分か1兆分の1となる一連のプロセスによって精製される）は半導体産業や他の特殊産業に必要とされている。超純水が製品の性能を左右する業界が広がるにつれ、技術的に高度な超純水設備とシステムの需要が増加している。半導体産業はとくに純水を必要とし、シリコンウエハ

膜技術
半導体産業の超純水から海水淡水化、水道、住宅用の浄水装置にも利用されている。

上の回路密度が上がれば上がるほど需要も上がる。

さらに、膜技術は複雑な規制問題に直面している自治体（水道局）の水処理として注目されている。膜処理はおもに水から不純物を取り除くために使用できるが、他の物理的、化学的、生物学的なプロセスに合わせて、有機物を分離するためにも使用できる。加圧プロセスによる、バリア分離方法は、純水の需要増加で劇的な成長を遂げるだろう。聞くところでは、膜技術の年間売上は2010年までに4500億円（50億ドル）になると予測されている。膜ろ過事業における合併・買収の基礎的指標から判断すると、このセグメントは水業界では平均以上の成長と投資価値をもつ領域である。

薬品

上下水処理の基本は化学処理である。水事業における技術研究によれば、ますます複雑化する水に対し、化学処理の果たす役割は大きくなっている。化学薬品はより広範囲の水処理を「調合」で可能にし、または複数の機械的水処理に代わる魅力的な手段であることだ。いずれにせよ、安価な化学処理の基本的利点は物理的、機械的水処理に代わる魅力的な手段であることだ。いずれにせよ、安価な化学処理セグメントの企業売買数がもっとも多い。水処理用薬品のみを供給している企業は利益をあげている。水業界では化学処理にあるが、特殊市場向けや他の事業と合わせて薬品を生産している企業は減少傾向にある。

米国化学協会によると、米国の水処理用薬品の需要は5～6％の年率で上昇すると予想されるが、上昇のほとんどは世界的な需要から生じるものである。たとえば、中国の需要は年率13％で増加するなど、この10年間の世界的な事業規模は、6300億円（70億ドル）を超えると

見積もられている。グローバルな成長の追い風となっているのは、世界的な人口増加、品質基準の高度化、産業用水処理における技術革新、飲料水処理でのマルチバリアシステムなどである。水処理における、化学薬品のおもな用途は次のようなものである。

- 凝固剤と凝集剤
- 殺虫剤と消毒薬
- 腐食・水カビ抑制剤
- ろ過用素材と吸着剤
- 軟水剤とpH調整剤
- 泡止め剤
- フッ化添加物

飲料用の表流水処理でもっとも一般的なのは、浄化と消毒である。通常、浄化は凝固、凝集、沈殿、およびろ過の組合せによって達成される。凝固と凝集は、化学薬品の依存度が大きい2種類の、固液分離プロセスである。長時間かけ、非常に遅い流率で処理を行なっても、非常に小さい汚濁粒子が浮遊するのはそのコロイド状特性の1つである静電気の微小帯電による。汚濁粒子間のエネルギー障壁が下がると、凝固が起こり、事実上、物質は排除される。凝固剤はコロイド性の帯電性を中和することにより汚濁粒子を取り除く。

凝集と沈殿
日本の浄水場でも凝集・沈殿・砂ろ過が一般的な処理工程である。

凝集は不安定化した粒子がうまく、おたがいにぶつかり合ったときに起こる。そして、粒子はたがいに連結され、さらに大きなより重い塊（フロック）を形成する。最初の凝固剤投入の後に、ゆっくりと撹拌することにより、粒子の衝突を増やし、塊を成長させて沈殿槽内に沈めてゆく。

化学薬品を下水（排水）に加えることで、重力による沈殿を助け、コロイド粒子の凝固と凝集が促進される。凝固に使用できるいくつかの化学薬品が存在していて、もっとも一般的な凝固剤は硫酸アルミニウム（ミョウバン）である。これは表流水処理の主要な凝固剤となっている。

しかし、同時に、アルミニウム化合物は脱水するのが難しいアルミ質水酸化物を生成する。汚泥（バイオソリッド）には多くの規定や基準があるため、ポリマー化合物の使用が進んでいる。高分子化合物である高分子凝集剤（合成有機化学物質）は、長連鎖でより大きく重い浮遊粒子の生成を手助けする。

水溶性高分子の需要増大には理由がある。塗料、粘着剤、および化粧品に含まれる揮発性有機化合物に関する基準や、さまざまな環境対策のためだ。洗剤に含まれるリン酸成分、また紙の再利用などもその理由である。他の要素は加工食品市場の成長、紙処理技術における変化などで、これらの化合物は最終利用や応用後に非常に変わりやすい特徴がある。水再利用、廃棄物最小化、排出規定の厳格化、設備寿命の延長、生産性向上は世界的傾向であり、工業用水と化学処理用の薬品に高い需要が見込まれる。現在の、米国における水処理用の薬品市場は工業用が50％、次いで、自治体、発電所、商業、そして、住宅用となっている。

増え続ける産業排水処理に加えて、飲料用の水処理にも、増加する汚染問題の対応にこれら

104

の薬品が有効であることがわかった。飲料水処理では、ポリマー消費のおよそ2/3は浄水用に使われる。一次処理の最善技術（BAT）として消毒剤／消毒副生成物（D／DBP）基準に基づき提案された凝集法は、天然有機物質を除去することで、消毒副生成物を制御できる。D／DBP基準は殺菌過程で出る発癌性のあるトリハロメタンを制限するものだ。従来の単一的であった水処理は化学薬品処理により多くの複雑な問題を解決しつつ発展している。例は、脱ヒ素（危険な汚泥の処理）、汚泥の脱水、排水水質の向上などである。

これらが、上下水処理業界における特殊化学処理事業が投資家にとって、非常に有望な分野だといえる理由である。統合によって費用対効果を最大限にしている大きな水処理設備企業の後に、化学薬品企業がついていく形である。この統合傾向は、水事業で芽生えたものであるが、水処理薬品の市場を花を開かせるのに役立っている。この特異性と投資戦略に必要な業界知識を持つ、ひと握りの大投資家／投資体が、水処理化学薬品市場では大半のシェアを占めている。ゼネラルエレクトリック社（General Electric）はこの10年間に著しい構造改革を経験した。ゼネラルエレクトリック社（General Electric）は2002年にヘラクレス社（Hercules）からベッツデアボーン社（BetzDearborn）を買収した。ほぼ同じ頃、ある株式未公開事業体がスエズ社（Suez）からオンデオ・ナルコ社（Ondeo Nalco、後にNalcoに改名）を購入した。2004年に、ナルコ社は1株15ドルでの新規株式公募により株式上場された。その後、水処理化学薬品企業として世界的にきわめて優秀な立場を維持している。

水処理問題の解決方法で競っている化学薬品業界は、歴史的に断片的で、過少投資状態にある。しかし、主要な水処理化学技術と化学的水処理サービス企業が出現し、また統合されるこ

とで様変わりした。これら企業に共通する特徴は、グローバルな経営、薬品処理、現場のイノベーションなどの徹底的な技術的サービスである。ほとんどの水処理用薬品企業は、より大きい企業の下請けであるか個人企業である。表7-2は世界的に主要な水処理薬品企業である。

消毒：塩素をめぐる論争

塩素はおよそ100年間、われわれの飲料水を安全なものにしてきた。米国では、消毒のためにもっとも一般的に使用されている。米国では公共水道に塩素が使われるようになってから腸チフスによる死亡件数が1900年の25000件から1960年の20件、今日では0件と劇的に減少した。飲料水が媒介する他の病気については言うまでもない。塩素と塩素化合物は、公的に供給されている飲料水の98％に使用されている。
塩素が使用されている飲料水処理で病原菌やウイルスを取り除かなければならない場合、凝集、沈殿、ろ過を組み合わ

表7-2　水処理薬品企業

会社名	上場記号／SEDOL	水関連セグメントあるいはブランド	おもな水事業分野
Nalco Holding Company	NLC	水処理薬品	高度処理；原水，排水，冷却／ボイラー，プロセス改善
Arch Chemicals	ARJ	水処理製品	自治体用（水道水），住宅用（プール），産業用（消毒）殺菌剤
Ashland Corp.	ASH	Drew Industrial	自治体用（水道水），産業用上下水処理薬品
Chemtura	CEM	Grate Lakes	産業用水処理，淡水化，プール／スパ用
Kemira	4513612	自治体，産業用；Cytec	凝固剤の大手，腐食／防カビ剤，殺菌剤，イオン交換，活性炭，pH調整剤
Dow Chemical	DOW	Rohm & Haas, DOWEX	イオン交換樹脂，防カビ剤，殺菌剤
Met-Pro Corp.	MPR	Pristine Water Solutions, Inc.	自治体用（水道水），冷却塔用薬品の専売，鉛／銅の除去，腐食／水垢防止剤など

せた浄水処理は塩素処理ほどに有効ではない。ガス状の塩素は非常に毒性が高いが、きれいな水に低濃度で溶かすと有害ではなくなる。塩素は水中でH^+イオンがOH^-の遊離基と反応して、次亜塩素酸、および次亜塩素酸塩遊離基をつくり出す。これが、実際の殺菌物質である。

微生物が水に存在すると、次亜塩素酸と次亜塩素酸遊離基が微生物の細胞に入り込んで、ある酵素と反応する。この反応が有機物の代謝を乱し、その結果、微生物は死に至る。

しかしながら、懸念されることは殺菌過程で出るいわゆる消毒副生成物の増加である。原水はしばしば枯れた植物など、自然からの有機化合物を含んでおり、これらの物質は塩素と反応してトリハロメタン(発癌性物質)を形成する。クロロホルムはトリハロメタンの複合物の一例である。環境保護庁(EPA)はトリハロメタンと5つのハロゲン化酢酸の総量を規制している。自然水の塩素処理で形成されるこれらの汚染物質レベルもいくつかの水質条件に依存する。塩素注入量や遊離塩素の接触時間、また、有機成分、臭化物、温度、pHなどのような水質条件も影響する。

塩素消毒副生成物の健康リスクについて論争が激化すると、水業界は、それに変わる殺菌方法を探し続ける。その結果、オゾンと紫外線(UV)殺菌は、他のどの手段より塩素にとって変わるものとして効果があることがわかった。しかし、塩素論争に基づく変化が一夜にして起きるわけではない。第1は、二酸化塩素、塩化臭素、次亜塩素酸塩(固体や液体の塩素化合物)などには毒性問題があまりない。たとえば二酸化塩素は、トリハロメタン、ダイオキシン、または他の臭素化合物を形成しない。また、第2には、代替滅菌方法も、条件によっては有害な副生成物をある程度形成する。そして、第3には、凝固、凝集などの塩素処理前の過程で、

天然有機物質をある程度取り除き副生物生成を抑えることができる。

——二酸化塩素

一般的な塩素殺菌にかわり二酸化塩素の使用が増えると、市場占拠率に比例して短期的利得につながる。さらに、塩素論争が高まると特別な状況が出現する。たとえば、消毒副生成物の予防処理として、天然有機物質を取り除く凝固、凝集の前処理を行なうことになれば、水処理用薬品企業の凝固剤事業は活発化する。

——オゾン：潜在能力は高い

塩素に変わる殺菌方法について多く語られるが、これらの技術が実際に市場化される方法についてはあまり書かれていない。しかしながら、オゾンは意図的な開発が進む確固とした分野である。おもな工業ガス生産者は、水事業における潜在的なオゾンの必需性を見越して主要なオゾン技術生産者の後方に並んでいる。

オゾンは3つの酸素原子からなる不安定なガスで、非常に強力な酸化剤である。オゾンは水中の多くの有機／無機化合物を酸化させることができる。測定可能な残留度をもつ間に有機／無機化合物を処理しなければならないので、オゾンの消費量は上がり、需要は増える。遊離酸素原子を1つ切り離すことで、オゾンガスは容易に酸素に戻る。

米国では、オゾンは多くの水処理技術の中で足掛かりを得ている。消毒副生成物の規制が追い風になり、効率的な殺菌技術であるオゾン処理は投資家の関心分野になりうるだろう。ま

108

また、オゾン処理は水事業でさまざまな応用が可能である。埋立地からの浸出水処理にも利用され、また、産業排水の分解性を改善し、消毒はもとより窒素化合物の酸化などにも使用されている。

飲料水処理では、おもな酸化剤／消毒薬として塩素に取って代わる。殺虫剤と塩素化炭化水素の除去、鉄やマンガンを取り除き、臭いや味、また水の色も改善させることができる。紫外線（UV）照射と過酸化水素の組合せで、汚染地下水の処理においてオゾンは塩素化水素とニトロ芳香族を減少させるために使用される。また、オゾン処理は食品・飲料、半導体、および製薬業の産業プロセス水の酸化、消毒に使われている。大規模なオゾン機器メーカーはほとんどの設備とあらゆる部品（オゾン発生器、拡散器、注入器、撹拌器や分解塔設備に及ぶまで）を製造している。

オゾンをつくり出す伝統的な方法は低温放電装置か無音放電による方法である。不安定分子であるオゾンは、化学反応の途中でつくり出される。一般にオゾンは、大量のエネルギーを必要とする吸熱反応において、酸素原子と酸素分子とを合成することによって形成される。乾燥ガスはオゾン発生器にポンプで注入された後、電気フィラメントで個別に溶断された何百個ものガラス管の上を通過する。ガスは、電極ギャップ間に起きる電子流動が引き起こす最大15000ボルトでコロナ（稲妻のような）放電にかけられる。これらの電子は、酸素分子を分離するためのエネルギーを提供し、オゾンの生成を行なう。

オゾン発生は、酸化／還元反応に使用される場合、ハロゲン化消毒副生成物のようなものは形成されないが、さまざまな有機／無機の二次的結果を形成する。しかしながら、臭素イオンが原水の中に存在していたら、ハロゲン化消毒副生成物が形成されるかもしれない。殺菌剤副

オゾン発生装置
効率的な殺菌技術であり飲料水の他にもさまざま分野で応用されている。

生成物が臭素と化合すると、臭素でない元素と化合する場合よりも高い健康リスクを引き起こす。さらに、オゾンは有効な酸化剤と消毒薬でもあるが、反応速度が速く効果が短時間しか持続しないため、二次的な殺菌方法としてあまり期待できない。以下にはオゾン滅菌の利点と欠点をまとめてある。

《利点》
・オゾンは塩素、二酸化塩素および塩素化合物より有効である
・オゾンは鉄、マンガン、および硫化物を酸化させる
・オゾンは水の臭い、味、色を改善する
・オゾンは浄化プロセスと濁度除去機能を上げる
・オゾンは非常に短い接触時間でよい
・臭化物がなければハロゲン元素代用物（殺菌剤副生成物）は形成されない

《欠点》
・オゾンは残留しない
・オゾン処理設備の初期投資は大きい
・オゾン生成には高エネルギーが必要である
・臭化物があるとハロゲン元素代用物（殺菌剤副生成物）が形成される
・オゾンは腐食性があり毒性が高い

第7章 集中型水処理

オゾン技術は、世界的に強力な企業の間の提携が急速に進み、市場化に移行している。主要企業はオゾンを基礎にした環境技術で爆発的成長をもくろんでいる。パラザイア社（Praxair Inc）はトレイリガス・オゾン社（Trailigaz Ozon（世界第3位のオゾン水処理技術企業））とともに合弁企業のヘンケル社（Henkel Corp）の株を50％買った。これによりトレイリガス・オゾン社の製造システムで真空圧力スイング吸着（VPSA）酸素発生システムにおける専門的技術を集約したグローバルな提携を形成した。パラザイア社は北南アメリカにおけるもっとも大きい工業ガス企業で、世界でも指折りの企業である。トレイリガス・オゾン社はウェデコ社（Wedeco（ITTが買収））に買収されるまではヴェオリア・エンバイロンメント社（Veocolia Environnement）の完全所有の子会社だった。ピーシーアイ・ウェデコ社（PCI-Wedeco）は、イギリスの巨大企業のビーオーシー・ガス社（BOC Gases）との戦略的マーケティングで研究開発提携をしている。

別のオゾン合弁企業を次に例示する。エア・リキッド社（Air Liquide S.A.（フランス））は、スイスを拠点とするアセア・ブラウン・ボベリ社（Asea Brown Boveri）の作業を引き継いだオゾニア・インターナショナル社（Ozonia International）と、合弁企業を形成するためにデグレモン社（Degremont（Suezの子会社））と合併した。デグレモン社の水技術とエアリキッド社の産業用応用技術の組合せにより、オゾニア・インターナショナル社はオゾン発生機器とオゾン施設の主要メーカーとなった。また、合弁の傾向は紫外線応用分野にも移行している。スエズ社（Suez）は、オンデオブランド下で水関連事業の商標変更をした。オンデオの水ビジ

111

ネスはヴェオリア・エンバイオロンメント社の水部門として、世界第2位の規模を誇る。オゾニア・インターナショナル社はスイス、米国、ロシア、韓国、およびスコットランドの5つの会社をグループ化し、フランスのオゾニア・インターナショナル社を持株会社とした。世界的なオゾン発生装置の市場は自治体の水処理用（70％）と産業用（30％）に区分される。

――紫外線（UV）消毒

紫外線エネルギーは、排水、再処理水、下水流出物、雨水を含む下水、および飲料水の消毒に使用されている。UVの使用でクリプトスポリジウムの減少が確認され、UVの照射は、地表水処理の技術として利用可能となった。UV照射によりクリプトスポリジウム・パルバム[注3]を不活性化できることで、紫外線技術は、費用対効果のうえでも成長しうる消毒代替手段として、水処理業者（水道局）の強力な道具になることは間違いない。

紫外線は自然界がもつ消毒方法である。太陽は大量の紫外線を発生させるが、オゾン層に遮られて大気中にあまり届かない。紫外線エネルギーは、電磁波スペクトルのすみれ色の外側に分布し、光としては100～400 nmの間の波長で定義される光子エネルギーである。この光は、X線よりも長い波長で人間の眼に見える光より短い波長である。

水の消毒に重要なUVスペクトルはデオキシリボ核酸[注4]で吸収される波長範囲である。「殺菌の範囲」は約200～300 nmであり、もっとも殺菌に効果的な波長は約260 nmである。この波長は殺菌消毒に非常に有効である。そのしくみはDNA鎖上の隣り合う2つのピリミジン塩基がUV光子を吸収することから始まる。光化学効果によって2つは結びつけられ分子

注4　DNA、いくつかのウイルスの場合はRNA。　　注3　C. parvum

を生成する。これがDNA鎖構造に乱れを引き起こし、細胞の有糸分裂（細胞分裂）のときに、DNAの複製が妨げられる。したがって、上下水がこの放射線を出す特別な光源にさらされると、微生物の細胞増殖が阻止される。

UVランプの殺菌特性は、光の強度、曝露期間、放射波長による。光の強度は光源から遠くなると弱まるため、UV消毒システムの最大の目標は、UV強度が消散しないようUVランプと水の間をできるだけ近づけて処理することである。以前は、排水処理や下水、河川などをこの方法で消毒するためには、UVエネルギーランプの膨大な数が必要だった。しかし、最近のものは低水銀で、不要な熱、エネルギー、波長などを出さないような電力消費の小さいUVランプになった。ランプは、水の流動と透明度の条件に合うよう、UVエネルギーの出力を変えられるよう設計されている。UV照射によって水や排水を以前より大幅に効率よく処理できるようになった。

このUV周波数帯は感染症を引き起こすバクテリア、ウイルスなどの微生物や汚染物質を取り除くことができる、化学薬品を使わず、また、水の流状に変化を加えることなく消毒できるのである。これは大量の排水や排出液を湖、川、海洋などの大きい水域に流す前処理として最適な手段である。生物化学的酸素要求量（BOD）注5や化学的酸素要求量（COD）注6などの許容量を充分に満たす。環境への排水規制がより厳しいものなったとしても、紫外線技術は有効な解決手段となるだろう。

UV殺菌における他の利点は危険な塩素ガスを扱わなくてもよいこと、水処理時間も短く、臭い、味などに問題を残さないこと、脱塩素の必要がないこと、消毒副生成物の心配がないこと、

注5　Biochemical Oxygen Demand
　　　水質汚濁の指標（河川など）。
注6　Chemcal Oxygen Demand
　　　水質汚濁の指標（湖沼、海域など）。

とである。一方、その短所は水質特性に敏感であること、投与量が変えられないこと、露光危険があることなどである。また、UVランプのチューブは、焼付けなどから、オイル、グリース、鉱物塩などの汚れを出す。

殺菌プロセスは上下水処理プラントにおいてさまざまな目的のために使用される。上下水に消毒薬を注入する装置はどれも類似しているが、UV消毒設備には、現在2つのタイプがある。閉鎖型システムと開放水路型システムである。1980年代の中期から後期には、UV滅菌システムは高価で操作の厄介なステンレスタンクのシステムであった。その後、設備はかなり改善された。ドロップイン型の電球が装備された開放水路型の接触器が使用されはじめ、この技術は大変革を起こした。最近開発された、開放水路型システムは排水処理の主流を走るUVシステムである。一般に、開放水路型のものはランプ周辺全体のスペースを最大限に使用することができる。水流は方向を変えることなくランプの配列に沿って流れるからである。

水の濁度（汚濁粒子）によっては、紫外線照射の適用は主要な殺菌方法としては限界がある。汚濁は光の伝播を妨げるため、UV光の有効性を制限してしまうからである。さらに、UV滅菌は分配システムでは必要とされる可測残留性（効果を計るために投入物の残量を計量できること）を欠いている。UV照射の利用はまだ飲料水処理の主だった殺菌方法にはなっていないが、大規模な設備投資、水利用の現場、排水再利用、産業プロセス水、などの特殊な専門分野の応用が伸びることで大きな成長が見込まれる。

紫外線（UV）と波長

0.001nm	10nm	380nm	780nm	1mm
γ線	X線	紫外線	可視光線	赤外線	電波

100nm　　　　　380nm
遠紫外線　近紫外線

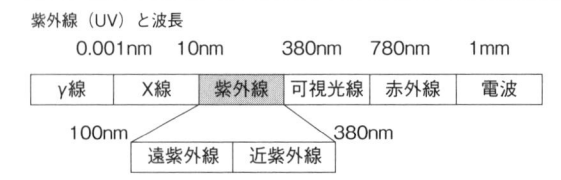

混合酸化剤

飲料水の殺菌は、現在わかっている細菌に対処する、より効率的な殺菌方法を探す絶え間ない研究領域である。現在注目されている混合酸化剤の使用は興味深い方法である。電気分解セルと電解質が陽極液と陰極液を大量に生成する。それらの液にはさまざまな酸化剤が含まれている。それらの酸化剤とは塩素、二酸化塩素、過酸化水素、オゾン、水酸遊離基（ハイドロキシルラジカル）である。これらが混合しているため、「混合酸化剤」と呼ばれる。この技術は現在の殺菌方法より多くの利点をもっと考えられている。第1の理由は、塩素よりも効率的に大量生産ができること。第2は、混合酸化剤の残留分が、投入された後でも維持されること。そして第3に、特定のニーズに応じて酸化剤濃度と組成が調整可能であることだ。そして何といっても、電気と塩化ナトリウムだけを使用して現場で酸化剤混合物をつくり出せることが大きい。

混合酸化剤処理は塩素処理と使用過程が似ている。商品化された、ガス、固体、または液体状の塩素を購入して使用するよりも、混合酸化剤は現場生産が可能で、さらに強い殺菌性がある。現場生産が可能な酸化剤（陽極酸化と塩水電解による）は高濃度溶液をつくり出す電解プロセス（電流が絶え間なく塩水（塩）溶液内を通過）により生産される。生産された電解食塩水（高濃度溶液の消毒剤）は水処理の段階でおよそ100倍に希釈されて注入される。水処理における混合酸化剤の大規模な使用記録はまったくないが、この技術は小規模水処理プラントにおける消毒手段に向いている。また、水をパイプで分配する過程で消毒剤の濃度は薄くなり、

やがてなくなるため、継続した投入が必要となる。遠隔地域では、塩素の入手が困難な場合もあり塩素処理は適さない。また、塩素はその投与量について充分な知識がないと問題が起きやすい。こうした観点からも混合酸化剤のほうが魅力ある処理方法かもしれない。

混合酸化剤の化学的性質は複雑である。反応においては塩素以外の成分があるのは明確にわかっているが、他の成分が解明されてないない。化学的には完全に理解されてないとはいえ、他の活発な酸化剤成分は電気分解に使用される塩水からつくり出される酸素と塩素の組合せに制限される。次亜塩素酸（HOCl）、二酸化塩素（ClO_2）、オゾン（O_3）、および過酸化水素（H_2O_2）のみがこの過程では理論的に形成可能である。

興味深いことに、混合酸化剤は現在、飲料水の殺菌用として東ヨーロッパで使用されている。化学的な解明が不完全なため、混合酸化剤は米国ではまだ広く採用されていない。しかし、混合酸化剤の知られている利点はすでにEPAにより集められ、解明されていない部分については研究が続けられている。混合酸化剤は、実際の使用を通して、従来の塩素系のものより優れた特性を現わしている。

多くの科学研究が、混合酸化剤消毒の顕著な利点を報告している。まず混合酸化剤は塩素と比べるとトリハロメタンの生成が低い。塩素の約30％～50％に抑えることができるという報告がある。化学的には完全に解明されていないが、混合酸化剤溶液における酸化剤が、より急速にトリハロメタンの先駆体と反応するためらしい。混合酸化剤が大量のトリハロメタンを生成しないということは、トリハロメタンの減少を観測した大部分は混合酸化剤の塩素以外の成分が作用していることになるので、従来塩素の果たしていた主要な役割を他のものがしているこ

116

とがわかる。また、混合酸化剤はクリプトスポリジウムを除去することや殺菌が難しい微生物への効果も期待されている。

混合酸化剤はオゾン以上に、凝固と凝集の過程を効率化する。これにより、実質的にミョウバンやポリマー繊維の使用量を減らし、水の透明度を改善し、汚泥の取り扱いをしなくてもよくなる。オゾンによる前処理と同じパターンで、微細な凝集が起きる。これにより、実質的にフィルター処理などの水の処理量を増大できる。混合酸化剤の使用が増えそうな別の要因は、配水システムにおける塩素残留量が他のものよりはるかに安定し、一貫していることである。また、混合酸化剤には他の有益な特徴があると報告されている。バイオフィルムの除去と再生防止、臭いの改善、鉄、マンガンおよび硫化水素の酸化、含有固体（塩）の最小化、これらは塩素より安全な利点である。

代替の滅菌方法として混合酸化剤の使用を支持する多くの規定がある。暫定の表流水処理強化規則（ESWTR）[注7]は、フィルターを使う地表水システムは二重バリア設備を通して信頼性の改善を促しとも99％のクリプトスポリジウムを取り除くことを求め、これによって信頼性の改善を促したものである。EPAは小規模システムの規制で混合酸化剤について記載している。さらに、1万人以上の給水系統は、消毒剤／消毒副生成物（D/DBP）の第一規定の処理目標（総トリハロメタン量の最大許容量を100ppbから80ppbに下げる）を達成しなければならない。以前には規制のなかったハロゲン化酢酸は現在、60ppbに規制されている。多くの水道は大規模な資金投入なしではこうした規制を達成することはできないだろう。混合酸化剤の市場はまだ比較的に小さい。考えられる投資先は現場用の次亜塩素酸塩製造機を販売する企業に

注7　Enhanced Surface Water Treament Rule

制限される。

活性炭

炭素は宇宙で6番目に豊富な元素である。あらゆる化合物の94％に含まれている。生物には不可欠で、さまざまに複雑な化合物を形成できる地球上、唯一の元素である。しかし、どこにでもあるということは、水事業でも手広く使用される素材にもなる。炭素系素材を高温で使用することにより、私たちの飲料水を精製するのに役立っている。

粒状活性炭（GAC）[注8]は、木、ヤシ殻など、自然のものからつくられる。GACは水の浄化に役立つ2つの特徴をもつ。第1は、透過性の高い素材であることだ。活性化過程における高温の熱処理で各炭素粒の中に微細な穴と系路の複雑なネットワークを作成する。GACは、一粒当たりの表面積が非常に大きく、453グラム（1ポンド）当たりの総表面積は約0.4㎢（100エーカー）に等しい。第2は、活性炭の表面は、吸着過程を通し、水の不純物の多くを引き付け、保持する。結果として汚染物質が除去されるのだ。

活性炭による吸着は、飲料水の異臭を引き起こす水溶性の有機物質を効果的に取り除き、有機物質除去の最善技術（BAT）としてEPAで認可されている。また、塩素消毒の後にでる有害なトリハロメタンを形成する有機前駆物質と反応し取り除くのに有効である。特殊な適応例としては、GACは合成有機物を取り除くことができるため、汚染水から揮発性有機化合物も除去する。したがって、GACは安全飲料水法（SDWA）改正で設立された消毒／消毒副生成物（D／DBP）の規定に対処できる方法である。

注8　Granular Activated Carbon

活性炭処理は大規模な集中型設備の二次および三次処理過程で使用される。また、生物学的処理の後の流出液を前処理するのに使用される。ろ過過程の前段階として粉状の炭素が特別な給送装置により水に混ぜられる。その後、フィルターにより水から炭素を取り除く。粒状炭素はろ過器そのものとして、ろ過と吸着を同時に行なうこともできる。同じような小型化のものは、蛇口取り付けタイプの浄水器として広く使用されている。

排水・下水処理、地下水処理、および浄水処理における、活性炭の環境適用性は今後の大きな成長を示唆する。さらに、多くの新しい機会が環境を保護する装置産業に出現している。また、前処理や廃棄物最小化としての処理工程の改善と、費用削減の要求がGACの需要を高めている。その理由の1つが炭素の物理的性質である。炭素表面が吸着された不純物で飽和状態になっても、それを洗浄するか、特別な炉で熱処理をして、再生し、再利用することができる。大都市用の水処理設備には、新たに活性炭を入れ替えるより、現場で再生し再利用するほうが経済的である。また、この再利用は世界的な活性炭の供給過剰をさらに厳しくする。活性炭はカフェインレスコーヒーから自動車や雑誌にいたるまでさまざまな製品に使用されている。飲食物、石油とガス、化学、医薬品、やその他の業界でも、700以上の製品が活性炭を使ってつくられている。これは、水業界だけでなく、産業界全体が炭素に注目し、世界的にも注視されているものであるということを表わしている。。

活性炭の業界はいくつかの大きいメーカーにより支配されている。カルゴン・カーボン社 (Calgon Carbon) は、世界でもっとも大きい生産・配給元、環境関連と産業用の両方にGAC、関連サービス、設備、およびシステムを提供している。カルゴン・カーボン社はGACの

世界市場の約30％を押さえており、販売量で第2位の競合相手であるノリット社（Norit N.V）の3倍である。また、小さいメーカーも事業をグループ化して、競争力を得ようとしている。中国からの炭素の輸入が減少していることで、業界の価格構成はいまだ、混乱が続いている。

これに反応して、いくつかの主要な活性炭メーカーは他事業へ転換した。

それでも、末端市場の成長は炭素産業における総合的な成長の鍵である。水業界における炭素の利用見通しには驚異的なものがある。形成活性炭、触媒炭素、生物活性炭など製品の革新は増加している。また、家庭用浄水器（POU）市場でも大きな成長をみせている。業界が余剰能力を出し切って、供給過剰が収まれば、炭素産業に過去と同様の高い成長率が再現され、大きな利益を生む可能性が出てくる。汚染物質除去における活性炭の用途は多く、過去の飽和状況から再統合するようすはない。炭素は市場取引商品であり、メーカーは大きな競合にさらされている。また、生産元を差別化できるような付加価値には限界がある。

樹脂：イオン交換

逆浸透、吸着、物理的ろ過、紫外線照射などが水処理で注目されているが、化学的処理方法であるイオン交換もますますさまざまな処理に利用されている。イオン交換の分野はアジア経済の需要増大を反映して、かなりの世界的成長を遂げた。樹脂価格の上昇でイオン交換処理はしばらく精彩を失なっていたが、全体的な処理体系から判断して、有効性のある選択肢として見られるようになった。

イオン交換とは水中の不必要なイオン類を取り替える化学的処理方法である。（したがって、

第7章　集中型水処理

汚染物質はイオンとして存在していなければならない。イオンは、1つ以上の電子を失なっているか獲得している原子か分子である。その結果、電荷を帯びる。このイオンは液体から同等に荷電されたイオンの小さい固体（樹脂）へと吸着される。イオン交換は平衡現象である。未処理水は装置内を通り抜けながら、交換物質上のイオンと不必要なイオンが入れ替わり、酸塩基平衡に達するまで処理が続く。

交換の効率は、水のイオン濃縮、イオン交換樹脂、不必要なイオンの間の誘引度や接触時間による。樹脂（ビーズ状に形成された石油化学製品、またはプラスチックで裏打ちされた鋼製タンクの中で満たされたグラスファイバータンク（または合成ゼオライト）のイオン交換物質で満たされた適切なイオン交換物質は、処理前の水質と求める水質によって決められる。陽イオンと陰イオンの2つのタイプのイオン交換装置が存在する。軟水は、陽イオン（カルシウムやマグネシウムなどの陽電荷の鉱物）を取り除き、それらをナトリウムに取り替える。陰イオン交換装置は、陰イオン（ヒ素や硝酸態などの陰電荷のイオン）を除いて、それらを塩化物に置き替える。

イオン交換処理はおもに、軟水化と産業水処理に使われる。その効果は、脱アルカリ化と脱鉱物である。軟水装置（または、水質調節装置）は水使用現場でもっとも広く使用されている。

軟水装置は、ナトリウムで飽和状態にされた樹脂ビーズが入った耐腐食性の塩水タンクできている。樹脂はナトリウムよりカルシウムとマグネシウム（硬度の基本成分）を好むため、水が樹脂を通り過ぎると、ナトリウムが解放されて、カルシウムとマグネシウムが吸着される。軟水装置は湯沸かし器やパイプの水垢、バリウム、ラジウム、鉄、マンガンなども取り除くこ

イオン交換による軟水化

▲ 鉄・マンガン・硬度成分
　（カルシウム、マグネシウム）
■ ナトリウムイオン
● イオン交換樹脂

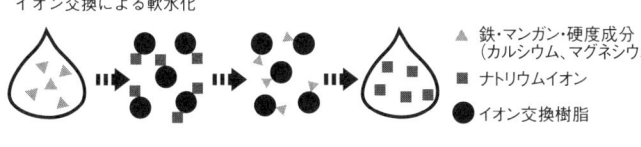

とができる。産業用とは異なり、一般に、飲料水は軟化の必要はない。また、灌漑用に軟水を使用するべきではない。

近年、商業用の軟水器（軟水装置）が大幅に改良されたが、使用される基本的な陽イオン樹脂は従来のものと同じである。処理性能と軟水の質を改善するために、塩の効率的な使用と自立再生機能に焦点が合わされてきた。また、塩水の排出を少なくする努力が成された。これらの改良は、住宅用水軟水器の需要に拍車をかけ、軟水器製造業者の成功におおいに貢献した。投資活動としては、末端市場が成熟化している住宅用軟水器（価格にある程度制限がある）の分野が適切である。この分野に関しては、分散型水処理の章でさらに詳細に説明したい。

イオン交換が水処理として盛んに使われているのは産業界、都市部、また修復中の土地である。脱イオン、脱鉱物、複雑な混合イオン交換技術などさまざまな用途で使用されている。

イオン交換純水装置（脱イオン（DI））は軟水器と同じような合成樹脂を使用し、すでにろ過された水を処理する。水に残っているほとんどすべてのイオン性物質を取り除くために、DIは二段プロセスを使用する。これには2つのタイプの合成樹脂が使用されている。カチオンは陽イオンを、そして、アニオンは陰イオンを取り除く。カチオン交換樹脂は水素イオンをカルシウム、マグネシウム、ナトリウムなどの陽イオンと交換する。アニオンイオン交換は同じ原則により陰イオンに作用する。唯一の差は、陰イオン交換装置はカルシウムやマグネシウムといった陽イオンの代わりに硝酸塩や硫酸塩などの負イオンを吸収するということである。アニオン交換樹脂は水酸化イオンを塩化物、硫酸塩、重炭酸塩などの負イオンに置き換

122

える。除かれたH^+とOH^-は結合して、水（H_2O）を形成する。

脱イオンにより高品質の水（イオンや鉱物が低含有）をつくり出すことができるほか、海水の脱塩、排水からの有害汚染物質の抽出、および化学肥料の無機物除去などが可能である。また、脱イオンは、ボトルウォーター工場での水の精製、電気メッキ、製薬、低圧ボイラーや発電機などでも使用される。

イオン交換技術の普及はおもに樹脂素材に依存している。イオンの種類によって樹脂処理の優先順位が決められる。特別な樹脂を設計することによって、経費を革新的に節約することが可能になる。たとえば、樹脂は、通常、硝酸塩より硫酸塩を先に取り込む（吸着の順序は水がもつそれぞれのイオン特性と濃度に依存する）。ほとんどの樹脂は水に硫酸塩が存在している場合には硝酸塩を取り除く効果はない。硝酸塩を選択除去できる樹脂は、順序を再配列するように設計されている。もし2個のイオンが競合していると、硝酸塩を選択除去する樹脂は交換物質から硫酸塩を引き出すが、樹脂容量が飽和していると硝酸塩に作用しない。

イオン交換技術の市場は高濃度水の調整技術から発し、複雑な産業用、修復用、高純度用、および有機的応用に発展してきた。同時に、産業分野における成長率はいろいろだ。逆浸透膜の使用が増大し、イオン交換による脱鉱物処理は減少している。放射性元素、硝酸塩、およびヒ素の除去などのイオン交換処理は成長を示している。革新的技術の多くが商業化を待つ間、運用性と樹脂材料における躍進の機会を投資家は注意して見守るべきだ。表7－3は水処理産業のさまざまな企業をまとめてある。

表 7-3　水処理企業

企業名	上場記号／SEDOL	国籍	水業界のセグメントあるいはブランド、関連会社名	おもな水事業分野
Hyflux Ltd.	6320058	シンガポール	水処理	広範囲の専門的活動
Hyflux Water Trust	B29HL02	シンガポール	設備の所有	PRC, インド, 中東, 北アフリカ地域の上下水処理と水リサイクル設備への投資
BioteQ Environmental	2504083	カナダ	水処理	産業用廃水処理, 硫酸塩還元, 石灰汚泥処理, 重金属処理
Bio-Treat Technology	6740407	シンガポール	水処理	廃水処理
BWTAG Group	4119054	オーストリア	水処理	住宅／産業向け
Armad Filtration	B0P0D83	イスラエル	水処理	ろ過用フィルターとろ過システム
General Electric	GE	米国	GE Water & Process Technologies:Ionics, Osmonics, GE Betz, Zenon, Sievers, Autotrol	膜, 末端浄水器(POU), ろ過, 化学, EFR, 淡水化;広範囲にわたる水処理と水処理機器
Calgon Carbon	CCC	米国	水処理	活性炭, UV, イオン交換
Nalco Holding	NLC	米国	水処理	化学薬品
Halma Plc	405207	英国	Aquionics, Berson Hanovia	UV滅菌飲料水, 上下水処理(自治体／産業向け)
Kemira Oyj	4513612	フィンランド	Cytec	自治体向け水処理薬品
Keppel Corporation	B1VQ5C0		Keppel Seghers	MBR, バイオソリッド, 生物学的処理
Layne Christensen	LAYN	米国	Reynolds	浄水処理および排水処理プラントシステム
GLV Inc. Cl.A	B23Y0V3	カナダ	水処理の企業グループ (Eimico, Enviroquip, Brackett Green Copa, AJM)	自治体／産業向け上下水処理／リサイクル;膜と生物学的処理, ろ過システムおよび設備
オルガノ	6470522	日本	水処理	自治体／産業向け水処理全般
日東電工	6641801	日本	Hydranautics	RO（逆浸透膜）, MBR（膜分離活性汚泥法）
三菱レイヨンエンジニアリング	6597164	日本	水処理	RO（逆浸透膜）, MBR（膜分離活性汚泥法）
栗田工業	6497963	日本	水処理	産業用水処理, 淡水化, 膜
Doosan Heavy Ind (斗山)	6294670	韓国	海水淡水化	多段フラッシュ（世界シェア40%）
Impregilo Group SpA	B09MRX8	イタリア	Fisia Italimpianti	集中水循環と淡水化
Ion Exchange India	6324931	インド	水処理	イオン交換
Christ Water Technology	B0P0KL5	オーストリア	水処理	自治体／産業向け水処理技術
Pall Corp	PLL	米国	水処理 (Aria Filtration System)	自治体向け上下水膜処理 淡水化, 末端浄水器(POU), 産業用MBR
Veolia Environnement	VE	フランス	環境サービス	水ビジネス全般
Basin Water Inc.	BWTR	US	水処理	イオン交換
Siemens AG	SI	ドイツ	US Filter	水ビジネス全般
Seven Trent PlC	B1FH8J7	英国	純水	上下水処理, 消毒ろ過, 脱ヒ素, 契約業務, 漏水検出, サンプリングおよび解析サービス

第7章 集中型水処理

集中型水処理は都市化と規模の経済性に基づいて発展してきた。しかし、私が水の未来について予言するなら、集中処理が必ずしも持続可能な水処理とはいえない。とくに「ピラミッドの底辺」的市場で先進技術が急速に普及する場合があることから、分散型水処理には潜在的に無視できない投資機会が存在する。

第2部 水への投資

第8章 Decentralized Water and Wastewater Treatment

分散型水処理

現在の上下水道は、通常、大きな処理場で集中的に水を処理している。この章で論ずるのは集中的ではなく家庭や工場で水を分散的に浄化することだ。水業界では、分散型の上下水処理は特別な位置にある。なぜなら、従来の集中処理とは根本的に異なるだけでなく、分類できないものが数多くあるからだ。分散型水処理に関する論議で注意しなくてはならないことは、分散型エネルギー供給と同じモデルではないということだ。水事業での分散構造のほうが優れているのではないかと思われる。開発途上国での実験が、これについての結論を出すだろう。結局、分散型処理が人間の健康と水資源管理により役立つか、そうでないかを見極めることが重要である。

分散処理
——分散型の開発（DDD）

この市場は、表面的にはさまざまな技術を伴なって、従来構造の枠組みを越える根本的な変化に溢れている。大衆市場（BOP[注1]）へと向かう革新技術の流れは多くの産業界で見られる現

注1　Bottom-of-Pyramid

第8章 分散型水処理

象だ。電話業界では、低コストで携帯電話回線を設置できるようになり、回線網は大きく発展した。電力発電では、集中化した化石燃料消費に比べて明らかに優先性がある。太陽エネルギーや生物エネルギーなどによる分散化したエネルギー供給は、集中化した化石燃料消費に比べて明らかに優先性がある。同様に、生物膜法による分散型で持続性のある給水が可能ならば、なぜ従来の大規模な集中型水処理プラントを建設する意味があるだろうか？　分散型の開発（DDD）[注2]は水事業の投資家にとって、潜在力をもつ重要な概念である。先進国に限らず、新興国でも商品化が可能になりつつある。

分散処理か、集中処理か？

米国における排水処理インフラの中核は大規模な集中型の処理施設である。同時にその背後で、分散型排水処理も大きく貢献してきたことを米国環境保護庁（EPA）は認識している。分散型排水処理は浄化槽方式に類似していると考えられてきたが、水業界がさまざまな排水処理方法を提供するようになり「分散型」とはもっと広範囲な内容を意味するようになった。したがって、分散排水処理とは従来のオンサイト（個別）型の排水処理システムだけではなく、排水処理共有施設や組立て型の処理施設なども含んでいる。分散型排水処理を「排水処理の分散化」と考えがちである。すなわち、集中化していたものを分散化することだ、と。しかし、そうではなく、分散型排水処理とは、現場あるいは現場近くで排水を処理しようということなのだ。

米国人口の25％は分散処理を利用している。それは新築住宅の約1/3、商業開発地域、および田園地帯などである。適切な設計、設置、操作、維持がされれば、分散処理は人の健康と

注2　Disruptive Decentralized Development

127

水質を保護してくれる。しかし現実には、分散処理が健康や環境に多くの問題を引き起こす可能性をもっている。米国商務省は、オンサイト（戸別）型の排水処理の10〜20％は適切に行なわれていないと見積もっている。[★1] 50％強が30年以上の古い設備で誤作動が起こりやすい。最終的に、浄化槽システムは地下貯蔵タンクからの漏出に次いで、地下水における第2番目の衛生的脅威である。分散型の発電と分散型の排水処理を比較する場合には、こうした事実を踏まえなくてはいけない。

比較特性

分散型発電の実態から、排水処理にもそれを適応させることが流行している。分散型発電は市場主導の趨勢であり、電機業界の構造を大きく変えるものでもある。排水処理業界での応用はダイナミックな業界の未来を予言する。電力と水供給がともに集中処理の歴史を共有してきたからといって、排水処理の「分散化」が必ずしも同じように出現しがちとは限らない。評論家の多くは、分散化の定義があまりにも広いため「見た目」だけを想像しがちであるが、分散型発電は、多くの技術を包含し、無数の定義が考えられるのである。まず規模による定義、そして、少なくとも外観上の定義もある。発電と水処理の比較が、排水処理の分散化という概念を生み出したのである。最大の関心事は、これが「配電網の合理化に匹敵するほどの投資市場である」と人びとが受け入れていることである。

分散型発電は、消費現場（近辺を含む）における小規模な発電を意味する。その規模によりさまざまに定義され、家庭用、事業用などの小規模な現場需要を満たすために使用されている。

[★1] U.S. EPA: "Decentralized Wastewater Treatment Systems: A P R O gram Strategy" (E P A 832-R-05-002, January 2005).

長距離送電、危険な電磁場、また、大停電の高リスクをもつ集中型の大規模発電所と異なり、分散化した小さな発電設備は広域な配電網を使わずに地域社会に電気を供給できる。

しかし、その規模は別としても、分散型発電の追い風になっている技術革新、変化する経済、そして、環境規制といったことは、分散排水処理の必要性とはかなり異なっている。国際エネルギー機関による分散型発電の進化に貢献した5つの要素とは次の通りである。

① 分散型発電技術の発展
② 新規配電網の構築規制
③ 増大する高信頼度の電気需要
④ 電気市場の自由化
⑤ 気象変化に対する配慮

結果的に、商品取引市場における電気とグローバルなエネルギー変換の枠組みでは、効率と信頼性の問題を考えると分散型発電が有益であるという結論に至る。

排水処理

大規模発電と同じ発想から、集中型排水処理は、はじめは規模の経済性に基づいて発展した。施設が大きければ大きいほど、より多くの顧客に役立ち、平均コストは低くなる。集中型排水処理は、人の健康と環境保護を確実にする費用対効果の高い方法と考えられていた。しかし、

排水の収集と処理にかかる資金調達が困難になった今、環境面でも経費でもあまり差のない分散型排水技術に専門家の関心が集まったのである。

分散発電におけるいくつかの利点は、電力品質と信頼性の改善、消費ピーク時での購入量の減少、有効需要調整によるエネルギーコストの低下、送電や分散における費用の節約、環境への配慮などである。しかし、分散型排水処理がこれらの有益な特性を共有するとはいえない。

たとえば、排水処理は電力消費のようにピーク負荷特性を示さない。自家発電機の設置は、送電ピーク時の負荷を送電線から取り除く。どちらかといえば、排水処理より飲料水処理のほうが分散している水源の影響を受けやすい。すなわち、分散発電を価値あるものにしていることは、飲料水処理とは関係がないのである。

分散発電技術は広く利用可能だ。それらの技術とはガスタービン、マイクロタービン、燃料電池、光起電性セル（太陽光発電）、および再生可能燃料などである。分散型排水処理の技術は排水の流出特性と廃液が排出される環境の感応性に依存している。集中型排水処理を分散型排水処理に転換することで、障害となるのは流出水の水質と人の健康に与える問題で、こうした問題の解決がこのシステムを導入するに当たっての鍵となる。

分散型における規制の枠組み

米国環境保護庁（EPA）は、5つの基本的な経営モデルを定義している。それは基本的な管理から本格的規模の処理設備における所有、運営にいたる。たとえば、レベル1のモデルは運用の許可証を発行するための基本的な規定で、工事検査の実施から、記録の保存にいたるま

130

第8章　分散型水処理

で規定している。また、経営体としては、サービス地域での運用、維持を行なう私的公益企業、または経営責任団体の創設を求めていて、ここでは土地所有者の責任は解除している。つまり、小さな集中型排水処理と類似している。このレベルでの管理は、環境保護に対してもっとも質の高い経営を実現することができる。

問題は、規定の枠組みが排水処理施設の分散に対して管理を確実にできるほど完全なものになっていないことである。たしかに、技術は、オンサイト（戸別）型の処理方法として永続的に作動するようになっているが、それには適切な監視が必要だ。そして、この点では分散型排水処理は分散型発電とは比べ物にならないほど遅れている。

本質的な違いは、排水システムにとって地表と地下の両方の水質保持が重要であることだ。地表排水の場合、国家汚染物質排出除去制度（NPDES）の水質基準に従う必要があり、地下排水の場合には、許可証申請者は所有土地内での飲料水水質基準を満たさなければならない。どちらの場合も、許可証取得には、基準が満たされているのを保証し、システムが効率的に作動しているのを示すために排水をつねに監視する義務が課せられる。

技術、規制、また一般認識が変化する中で、排水処理におけるレベルに見落しは許されない。適切に設計、設置、管理されていれば、分散型排水処理システムは公衆衛生、また環境保護において、有効な選択肢であるかもしれない。そうでないとすれば、それは公衆衛生と環境への大いなる脅威となるだけである。

「現地での飲料水処理」と、比較的容易にできる現地での排水処理」は健康問題を超えて、分散処理支持者の注目を集めた。しかし、排水処理の業界には、分散型発電への移行を後押して

いるような経済と規定・規制の力は、まだ現われていない。どちらかといえば、飲料水と排水処理のハイブリッドシステムが、分散型構造としては最適なモデルであろう。あまりにも明白な概念として、ときに「トイレから水道へ」と呼ばれるこのシステムを、私は「戸別水再生（POUR[注3]）システム」と呼びたい。

飲料水

分散型排水処理の必要性は、集中型設備に代わる手段として承認されている。分散型排水処理は伝統的な浄化槽方式より格段に汎用性がある。それは従来の排水システムだけではなく、一般的な戸別排水処理施設やいくつかの機器が組み合わさったものも含んでいる。しかしながら、分散型発電と同様の概念で分散型排水処理を考えるのはかえって逆効果である。現在、問われているのは、分散化した飲料水処理が水資源利用として適切かということだ。

集中型飲料水処理の代替手段は末端（POU[注4]）処理である。概してPOU処理は、すでに集中処理された水を使うことが多い。これは一度処理された飲料水を地域的ニーズや気分的満足度から「再度処理」するわけだ（たとえば、蛇口に取り付ける浄水器）。電力の分散管理と同等のものではない。繰り返しになるが、どちらかといえば、飲料水処理と排水処理のハイブリッドシステムが最適のモデルといえるだろう。

処理済みの排水を飲料水に使うことは、衛生的な観点から受け入れづらいのは納得のいくことである。しかし事実上、すべての水は結局、再利用される。水の循環は閉鎖した水の流通システムである。水再利用の概念は地下水から産業用リサイクル、灌漑、分散飲料水処理用とさ

注3　point of use-reuse
注4　point of use

まざまな形のものがある。これらに共通することは経済性である。水の利用、再生、再利用とは「水質を異なったレベルに変えていくこと」といえるだろう。それは、水の異なったニーズに対応するということであり、必然的にPOURの成長を促すことになる。

水の再利用

マクロレベルにおいて、水は自然界の循環によって、かなり速く（人間の尺度で）補給できる再生可能な資源と考えられている。しかし、給水源の絶え間ない衰退や供給可能量を超える水需要がミクロレベルでの水の姿を変えてしまった。需要と供給の不均衡が発生した場合に、局所的な水均衡を達成できる機能的な構造がないため、効率的に水を割り当てることができる「水再利用」が提案されている。すなわち、局所的に水が使い果たされたときには、その水を資源と考えて「リサイクル」するというアイデアである。これは素晴らしい考えであるにもかかわらず、住宅排水の再生には文化的な抵抗があるのも事実である。

一般に、水再利用はある程度のレベルに処理された排水の利用を意味する。水再利用には、無意識に行なわれる再利用、間接的再利用、または直接的な再利用がある。無意識な水再利用とは自然環境から、水が処理され、使われ、また環境へ戻っていくサイクルである。間接的な水再利用とは計画された意識的な再利用である。その1つの例が、地下水を再供給するのに回収汚水を使用している場合である。枯渇した帯水層に処理済み都市下水を利用して人工的に補う方法はますます一般的になっている。直接的な水再利用とは一度使った水を直接、次の消費者、または、同じ消費者に運んで再処理し、また使う場合である。多くの場合「消費者」は、

産業か農業である。間接的(または直接的)な飲料水の再利用も実現可能であり、また成長が見込まれる。持続的供給が重要視される今日、水資源の代替手段としてのこの「再利用」は注目を浴びている。分散化された水資源管理としてもっとも効果的で注目されているのは、現場での水の再利用（POUR）である。

住宅地や商業地また小さな自治体における安定した水供給のために、節水や水再利用の方法を紹介する努力が、国内でも国際的にも行なわれている。ますます増える汚染物質の種類や量に、自治体における集中型水処理の能力は「限界に来ている」とする説がある。井戸の水源、パイプによる給水、また浄化槽や従来の下水処理などに比べれば、現場での雨水収集、排水の分離と処理、そして水再生利用は「分散化し、経済的で、持続可能な代替手段」となりうる。

POURの利用は、家庭の浄化槽による汚水処理のもつ多くの問題を軽減してくれる可能性がある。浄化槽には、グレー・ウォーター（中間水）とトイレからの廃棄物が、かなりの量の飲料可能な水とともに流入する。1人当たりの1日の水使用量は平均280〜480ℓ（75〜125ガロン）である。米国における1億900万世帯の約25％が浄化槽を使用している。これは1年当たり6650億ℓ（1750億ガロン）の排水を、排出していることを意味する。とくに干ばつのための代替給水方を開発する必要があり、水再利用やリサイクルは大いに期待されている。また、10％以上の浄化槽システムは、年に一度は故障したり、完全に停止したりする。浄化槽からの地下水源の汚染は病原菌を蔓延させる恐れがあるが、現場設置型の高度排水処理システムによる環境汚染の主要源は、トイレと生活排水である。POURシステムは、こうし

た汚染源で廃棄物を取り除き、排水処理をすることができる。たとえば、生物的酸素要求量（BOD）の改善と大腸菌を99・9％減少させ、硝酸塩とリンを99％取り除くことができる。

さらに、少なくとも住宅用の水消費を40％、商業用消費を最大80％まで抑えることができる。

このように、水再利用としての分散処理に注目が集まる現在、戸別排水処理システムは排水処理業界で急速に成長している。ある研究報告は、2015年までにおよそ900万世帯が利用するだろうと予測している。そしてまた、かなりの割合で、従来の浄化槽システムに変わって新規導入されるだろうと見ている。たとえば、現在、フロリダでは中央下水網への接続が義務付けられているが、将来的には、経済的に持続できそうにない。POURシステムの出番は明白である。

米国環境保護庁（EPA）は、維持しやすく水再生利用も可能なPOURシステムの導入を薦めている。EPAの「分散型排水処理システム」についての報告では「分散型排水処理システムは集中型排水処理施設より合理的で、多くのコミュニティでは、オンサイト処理法としてもっとも安価で効率の良い処理方法である」としている。また、将来、大きく成長することにも言及している。★2 POUR排水処理システムに比べると、既存の下水収集と処理システムの維持は財政的に大きな負担となりうる。なお、EPAは飲料水用に分散排水処理を使うことにはかなり消極的である。

排水規制がますます厳しくなり、自治体は、水の再利用やリサイクルなど、経済的で効率のよい方法を模索している。灌漑用、産業用、都市用また非飲料用のための水再生技術が発展する一方、難問は一般市民の理解と飲料水用の水再生技術である。飲料水についての厳しい規制

★2　同前

の割に、伝統的な水源問題に対処するための基準は、ばらばらに設定されてきた。そのため、再生水を飲料水に変換する際のウイルス制御や有機物除去についての基準は完璧ではない。したがって、水再利用プロセスでの汚染物質を制御するためにも、早急に追加基準を設定する必要がある。解決策の1つである二元配水系統（同じサービス地域に飲料水と再生水の両方を提供する）が州の厳しいガイドライン下で行なわれている。しかし、水再生の進化においては、次の段階はPOURになりそうである。

融合技術

水再生利用を発展させる技術は膜技術とマルチバリア処理である。分散発電で言うところの、ガスタービン、マイクロタービン、燃料電池、光起電性セル、などにあたるものだ。生物反応による処理システムはトイレと生活廃棄物を生物学的に無臭の炭酸ガスと水蒸気に変換する。（好気性の）有機物がシステム内に繁殖して残存物を有益な土壌に変える。汚水の分離、グレー・ウォーターの処理、ろ過、および殺菌の技術は部分的再生であれ全体的再生であれ、経済的かつ国家安全保障の観点からも望ましい。

将来の水需要を考えると水再利用は重要であるが、一般的に、この分野は水業界での投資対象としてはまだ出現していない。住宅用の水再利用技術については大きな市場が予想され、民間投資として注目されている。早い段階でのこの分野への新規投資は魅力的である。住宅用のPOURには、民営化、分散システム化、インフラとしての機能、殺菌技術、膜利用など、既存のセグメントに対して広い意味をもっており、一般市民がリサイクル思想の1つとして再生

136

分散処理のルーツ
——家庭用水処理機器市場

家庭用浄水器は、水事業において、成熟した後もさらに変化し続ける一種の文化のような高まりを見せている。政府の規制に影響される自治体や産業界の水処理市場とは対照的に、住宅市場は経済に影響される。自治体の水道水の質が悪化した結果、消費者は浄水器を購入して、水をそれぞれに処理しはじめている。ほとんどあらゆる世帯、分譲住宅、およびアパートを包括するこの市場は巨大である。

家庭用浄水器の市場は、900億円（10億ドル）を超えており、これからの10年でかなりの成長が予想される。また同時に、この5年が良い意味での過渡期で、市場の明暗ははっきりしてくるだろう。しかしながら、その先にある家庭用浄水器市場は、劇的に変化を見せるだろう。つまり、エアコンなどのように標準的なキッチン設備となり、その色も家の内装とマッチする、白や黒など、その時代の流行色になりそうだ。

こうした理由から、家庭用浄水器に関連した水業界内のセグメントに注目するのは意味がある。たとえば、軟水器（たぶんもっとも伝統的な家庭用水処理機器）は堅実な成長が予想される。また、別のセグメントである層状フィルターも安定した成長率を保つだろう。しかし、より最

水を受け入れるとき、POURは住宅用の水消費において、効率的な水設備として長期的な地位を確保するだろう。

近の革新的な水処理技術にかかわる製品のセグメントは、はるかに急速なスピードでここ10年は成長し続けるだろう。これらの技術とは逆浸透（RO）、オゾン、紫外線照射（UV）、および精密ろ過（MF）である。一般家庭の消費者は、これらの新しい技術を受け入れるのに消極的であるが、次第に広まりつつある。家庭用水処理機器関連のどのセグメントも、飽和状態からはまだ遠く、成長あるいは発育段階にある。

――水質調整

軟水器は安定したセグメントである。水の軟水化とは、石鹸などと反応して洗浄を困難にしているカルシウムやマグネシウムイオンを除去することである。軟水は入浴、洗浄、加熱をしやすくする。軟水器用樹脂によって取り除くことのできる他のイオンは、アルミニウム、鉛、アンモニア、カドミウム、バリウム、銅、鉄、マンガン、亜鉛、天然のラジウムなどである。このように広範囲の汚染物質を減少させることができる樹脂に、最近では注目が集まっている。イオン交換樹脂を生産する化学企業は、樹脂の価格に対する圧力が静まれば市場の恩恵を受けそうである。また、関連する基本技術はあまり変化していないため、部分的な技術革新であってもシステムの性能を上げるだろう。需要先行型の軟水器開発では、制御部分や弁にさらなる改良が加えられれば、もっと少ない量の塩で作動させることができ、塩水の排出量も抑えることができる。また、活性炭など、他のセグメントも先端技術の恩恵を受けている。活性炭ブロックフィルターと成形セジメントフィルターを使った先端ろ材は、革新的なろ過を可能にした。これらのフィルターは見た目と衛生の両面で水処理に役立っている。

郵 便 は が き

101-8796

513

料金受取人払郵便

神田支店承認

8998

差出有効期間
2013年2月28日まで

東京都千代田区
　　神田錦町3-1

株式会社 オーム社

雑誌局読者カード係 行

|||d|··||··||··||d··|||d|||d||d··|··|··|··|··|··|··|··|·|··|||d|

伝言板	書籍名	水 ビ ジ ネ ス の 世 界 ーポスト「石油」時代の投資戦略ー
	本書のご感想または小社の出版物に対するご希望，ご意見などをご記入ください．	

総合評価　　□大変よい　□よい　□ふつう　□わるい
価格について　□安い　□適当　□高い

読者カード

■お買い上げの動機
- □書店で見て　□新聞・雑誌広告(紙・誌名　　　　　　　　　　)
- □知人の紹介　□図書目録, 出版案内　□eメール配信　□ホームページ
- □研修テキスト・教科書として指定　□その他(　　　　　　　　)

■ご購読の新聞　(　　　　　　　　　　　　　　　　　　　)

■ご購読の雑誌　(　　　　　　　　　　　　　　　　　　　)

■今後, 出版を希望する本のタイトル
(　　　　　　　　　　　　　　　　　　　　　　　　　　　)

■eメールによる出版案内等の配信を希望されますか?
□希望する　□希望しない

■出版案内等の送付を希望されますか?
□希望する (□自宅　□勤務先)　□希望しない

フリガナ	(姓)	(名)	性別	年齢
氏　名			男 / 女	才
自宅住所	〒　— Tel.　(　)			
勤務先所在地	〒　— Tel.　(　)			
勤務先名または在校名		所属		
eメール	@			

ご協力ありがとうございました. ご記入いただいた個人情報は, 小社の出版案内等の送付・配信にのみ利用させていただきます.

第8章　分散型水処理

家庭用水処理が技術革新によって大きく前進したのと同時に、先端技術は市場にかなりの影響を与えはじめている。紫外線処理（UV）、精密ろ過（MF）、超精密ろ過（逆浸透（RO））はすべて発展段階後半の中ごろに出てきたものであるが、すでに一般消費者に受け入れはじめている。改良が絶え間ないこれらの技術を使った製品は市場での人気も根強いと予想される。たとえば、薄膜技術による逆浸透システム（RO）は処理能力を向上させ、さらにスペース効率も上げている。耐塩素性薄膜は住宅市場で人気を上げているが、塩素使用の減少が膜の製造にとっては問題である。

技術のみが家庭用水処理市場に劇的な成長をもたらした唯一の要素ではない。これらの製品に対する市場のトレンドも役割を果たしている。健康への関心と意識の高さが製品をさらに広く普及させた。そして、微生物汚染は別としても、水の臭い、味、などの非主要素も家庭では重要な意味をもつようになってきた。1つには、これらの要素は比較的簡単である。非常に強力な市場動向である「小売における売上高」の変動である。すなわち、こうした事実を利用して市場に入り込もうとする者が業界にとっては最大の問題なのである。そして、また、もっとも基本的な水処理装置で簡単に修正・適正化することができるからだ。水処理業者が販売し制御していた市場では、大型小売店や小売業者への新たな展開は一夜にしてはできない。多くの製造業者は、卸売業者を使っている。すなわち、流通業界を「破壊する気はない」といっているのである。これは家庭用水処理市場の現実に直面したくない水供給業界の姿勢と類似している。家庭用浄水器の成長はもっぱら流通経路の拡大にかかっている。サービスと信頼性は家庭用水処理における重要な要素であるが、消費者が主役の新市場では、

そうした古風な姿勢で生き延びることはできない。標準化は急速に進んでいる。また、衛生基金（NSF）と水質協会（Water Quality Association）による標準に関する共同作業は、大量生産の始まりを意味している。

──消費者用水製品のブランド化「Ⓡ」・その1

水道水の品質に関する不安に伴ない、水ろ過製品の小売市場は、成長、発展を続けている。消費者が自治体の水道水をフィルターにかける必要性を感じることは、給水業界が担う面倒な規制の二次的結果でもある。これにより消費者が受けるメリットは別にしても、現実的に、家庭用浄水器の巨大な需要をつくり出した。そして、現在いくつかの主要メーカーによって商標を付けられ、ブランド製品化の道をたどっている。どのブランドがうまく行くかを小売市場で予測し、投資先を見つけることは難しいが、配当の大きさによって現状における動向が判断できると保証したい。

予測されたことだが、家庭用ろ過浄水器市場へ初期の段階で参入した多くの業者は採算の取れない家内工業的経営だったので、ほとんどが失敗の道をたどった。価格決定に未熟であっただけでなく、多数の模倣製品が出回るこの業界に、大型小売業者は優れたマーケティングを持ち込んで乗り込んできた。大型小売業者によるこのカテゴリーへの参入は、伝統的な家庭用品の小売販路を開き、住宅用製品としては欠かせない、さまざまな特徴を付加した。家庭用浄水器の成長と同じように、飲料用水ろ過製品の市場はもっぱら流通経路の拡大にかかっている。末端機器（POU）で売上が上昇しているつぎの2つの家庭用製品は低価格の製

品が大半である。1つはフィルターを蛇口取付タイプ、そしてもう1つはピッチャー（水差し）タイプのものである。売上でもっとも増加しているのは蛇口取付タイプのフィルターで、そのつぎがピッチャータイプのものである。中にはフィルターカートリッジがすでに入っている「フィルター付蛇口」というものまで登場してきた。

潜在市場の大きさを見積もるのは難しい。しかし、数年間は非常に急速な成長を見せることはほぼ確実である。消費者の知識が増えれば市場はもっと展開していく。水ろ過製品のマーケティングは手広く他の消費者製品も巻き込んでいる。低価格で健康効果の高い製品というイメージはブランド化につながる戦略である。Water by Culligan や Desal inside（GE/Osmonics）、GE SmartWater™（GE）、PuR™（P&G）などがそれである。しかし、強いブランドでも、ますます混雑するこの市場においては成功の保証はない。蛇口用のものについてもさまざまな製品があるが、おもな市場は低価格の家庭用である。別の種類ではシンク用の水ろ過器があるが、売り上げは小さい。

家庭用浄水器の成長はもっぱら流通経路の拡大にかかっているのだ。

消費者用水製品のブランド化「Ⓡ」・その2

前項ではブランド製品化を果たした蛇口型とピッチャー型のろ過器に焦点を合わせた。この分野の製品は小容積で、衝動買い程度の価格の小型機器という点で特徴付けられる。消費者側には、いまだ、水の品質への関心が存在している。水ろ過を考慮する米国の消費者は、多くが浄水器型（POU）か組込型（POE）[注5]の方式を望むことが報告されている。これらは、ま

注5　point of entry

ったく異なる市場で、はるかに重要な長期的影響をもつと考えられる。

蛇口型とピッチャー型は水処理製品の中でも発展途上の製品である。意識の高まりにともなって、家庭用水処理装置は異なった機能をもつようになる。一般に、家庭用水処理機器（低価格のろ過製品）とは対象的に、POEと、いくつの装置が組み合わさった「システム」からなるPOUの2つに分けられる。これらは複雑な水質問題に対処することができる。分散型処理とはその場で処理するという概念に根ざしているのだ。

——水道水の究極的処理法・POU

定義上、POU装置は、基本的にはどんな処理法も利用することができる。現在は逆浸透、イオン交換、ろ過技術が主流である。このセグメントに属する軟水器（イオン交換）や基本的な逆浸透装置の市場は成熟している。他のものはオゾンや、パルスUV、自動化された逆浸透や、組合せ型、また、パッケージユニットなどが開発されている。技術開発の初期段階では、技術的に可能なことと、消費者が広く利用できることの間には、かなりの隔たりがある。

したがって、家庭用水処理製品に関しては、現在提供されるものよりはこれから開発が進みそうなものへ投資すべきである。軟水器と逆浸透装置の類似品の市場は過剰供給になっている。類似品（模倣品）に満ち、小売業者と、直販業者でひしめいていたこの市場は、大量生産による価格低下と大規模小売販売の安値販売に席巻されてしまった。消費者はどの製品が良いのかわからないので、有名なブランド製品に頼ろうとする。ブランド化が消費者に広くアピールできる戦略となる。ブランド化は、今日、製品が成功するための鍵であり、業界の現状をつねに

監視することが重要な理由である。

POUとPOEに魅力が集まるのは、これらの方法が低価格でより複雑な水質問題に対処できるからである。この設備は個人住宅や小規模施設の集中処理技術として注目されている。また、現在、家庭用装置のブランド化に焦点が集まっている。消費者は飲料水基準を満たすのに利用しやすいのでPOE処理を選択しそうである。

消費者がもし、水の色や味や臭いだけに関心があるならば、一般的な水処理製品で充分である。それは、個人的な好みの問題である。しかし、有機化合物や硝酸塩、ヒ素や鉛などのような特定の汚染問題を解決するためにはもっと技術的アプローチが必要となる。水処理は決して簡単なことではない。効果的な処理体系を設計することが重要である。さらに、前処理と後処理の装置も必要である。

EPAは、現在、いくつかの小型パッケージ工場とPOU/POE装置を稼働し、評価している。したがって、今後、EPAによる規制のハードルを越える必要がある。集中処理に比べると、POUもPOEも処理性能の信頼性をモニタリングすることが難しいため、現状ではEPAは最善技術（BAT）としてこれらを指定していない。家庭用水処理装置のメーカーはこの事実をふまえ、「スマートな（賢い）蛇口」などと称する製品にはフィルターや膜の交換時期を示す電子表示装置を付けている。それにもかかわらず、ますます厳しくなる州の規制は家庭用水処理業界に影を落としている。したがって、EPAが認めるような高度な製品だけに道が開かれるだろう。

住宅用の水処理

住宅用水処理業界は水事業における多くの企業にとって潜在的に大きな市場である。しかし、ほとんど注目されなかった領域でもある。とくに監視装置は業界の進歩の鍵をにぎる。EPAは遠隔地にある処理装置の維持と操作をモニター制御するための遠隔計測法を評価している。情報時代よろしく、住宅用水処理装置がセキュリティシステムのようにモニターされるのが想像できるだろう。住宅用水処理製品は公衆衛生のための厳しい規制に対応しなければならないため、一般消費者はむしろ平凡な家庭用水処理製品を選ぶだろう。

住宅用のPOU市場は、有害な汚染物質の除去を確実にする高度処理で水道水のろ過と浄水に取り組んでいる。家庭における水の「処理」ではまさに「個々の水質問題に対して効果的な処理はどれなのか？」ということに論点が集まる。この論議はPOU市場の初期にはなかなかはっきりしなかった。この市場のマルチ商法時代の俗悪な履歴を語るより、分散処理としてのPOUが提供できる積極的な貢献要素を詳しく述べるべきだろう。

かつての水処理製品販売業者の難関であった「POU流通経路」も、現在では、デパートやディスカウントショップ、カタログ通販、金物店、ホームセンター、配管資機材店などの大型小売店を含むようになった。「日曜大工」的市場は、消費者が、病原菌や他の汚染物質を除去し高品質の水を求めるようになるとますます成長しつづける。POU市場はメーカーと設置業者によって支配されている。ろ過関連の住宅用水処理事業では多くの企業によって巨大な投資機会が創造されており、宅配水サービス業界が最大の成長を見せている（この領域は参入しや

POU／POE

ホームセンターなどで売られている住宅用の水処理装置。

144

すく、技術もしっかり確立されている）。

多くの参入でPOU業界が活発化してくると統合は必然的になる。競合は国内の水平統合を促進し、将来を見越した小さい事業主は、生き残りのために、表舞台に現われてくるだろう。国際的に大きな企業を探す。大型家電からの新規参入者や水関連技術の企業が、表舞台に現われてくるだろう。これにより市場は大きく拡大し、それとともに製品の革新と新たな販売方式が生まれる。製品の革新によってPOUは、ろ過効率が増し、価格と運転費用は低減するだろう。

さらに、POU市場は水道水を代替する他の市場も拡大させそうである。たとえば、ボトルウォーターの消費者はPOU水道水処理へ移るだろう。ボトルウォーターを買っている消費者は、水道水に代わる代用品の必要性をすでに認識しているので、家庭で処理された水の価格と便利さを認識しはじめている。POUが現実化してくるとキッチンの必需設備となるだろう。そうなれば、上質の水を求めて、水処理装置は便利なものから必需品へとなるのだ。

——小売製品としての展望・水ろ過製品

給水業界におけるPOU業界は問題がありながらも成熟期に入った。さらに、この種の市場へ大型の小売業界が参入し、伝統的な家庭用品販路を開いた。しかし、これが住宅用水ろ過製品が本来もつ潜在的な販売力に影を落とした。

繰り返しになるが、価格決定に影響しただけでなく、ビジネスに無知であったこの業界へ、大型小売業者は優れたマーケティングを持ち込んだ。そして、市場は彼らのものになった。メーカーはさまざまな水のろ過装置を提供することができる。いろいろな用途とサイズ、ま

たピッチャー型から蛇口取付型、シンク用まで取り揃えている。大型小売店で販売される水ろ過製品の内、流水型ろ過器は78％で売上の大半を占めている。蛇口取付型は17％、4％が組込型装置で調理台用は1％である。[★3] 小売業者はさまざまな顧客の好みを満たすために少なくともそれぞれのタイプを1つずつ用意している。

POU市場は家庭用品の企業から小型家電メーカー、また、大企業の家庭環境制御部門にいたるまで、さまざまな業者の新規参入によって混乱状態に陥っている。その中で、ろ過技術だけに照準を合わせている企業がある。水ろ過分野に参入する大規模な企業が増えるにしたがって、水業界をベースにしている水ろ過機製造企業の数は激減し、それまで直販されていた製品は、ブランド付の家庭用品として手軽な価格で販売される商品に取って代わられた。売れ筋がこれらの水ろ過製品のみである企業への投資を薦めるのは、難しい。これらの製品需要が伸びると、セグメント内での統合は進むと予想される。それが起きるとき、現在の大手企業が立役者となる。

──住宅用POU市場の状況

今日、科学技術を使った製品は数多くあるが、製品が成功するためには幅広い消費者文化にアピールする能力をもっていなければならない。製品の目的、機能、価格の3つが適切でなければならず、また、もっとも適切な時期に発売することが重要だ。POUとPOEの市場についても同様のことが言える。表面的な論理は簡単である。

★ 3 WaterTech Capital, LLC, "Home Water Treatment Markets" (March 2007).

① 消費者はおいしくて健康によい水を家庭と職場の両方で飲みたい
② 家庭と職場の数は無数である
③ それらがすべて、さらなる給水ポイントとなれば巨大な水処理市場となる

このような、無視できない基本的需要がある市場は投資家の期待を裏切るだろうか？　答えは何ともいえない。しかし、住宅用POU市場の現状を明らかにするいくつかの共通する方向性が見受けられる。

それは、次の2つのことである。1つは、水道水は安全だと思われているが、POU処理水をもっと「良くする」に違いないこと。2つは、消費量から見て、POU処理水は、ボトルウォーターよりも低価格であること。ここで注目されているのは、産業用や小コミュニティー用のPOUではなく、住宅用のPOU/POEである。水質処理事業にとって、専門的にも技術的にも、今後、住宅用のPOU/POEが大きな市場になる。たとえば、活性アルミナと逆浸透技術によるPOUは小規模システムでの脱ヒ素が可能な処理として認識されてきた。健康志向と最新技術にささえられたこの市場が、なぜ、水ビジネスで低迷し続けているのだろうか？

住宅用の水処理製品が長年抱える問題の1つは、製品にははっきりとした定義がないので「消費者の理解が不足していること」である。水処理業者の販売しているものは製品なのか、サービスなのか。それが不明確なのである。もし製品だとすれば、それは小売商品として、どの分類に属するのだろうか？　家電企業が家庭用水処理製品で市場主導のイノベーションを実

現して、安全でおいしい水を提供している事業を家庭用水処理業界は充分理解することができるだろう。「必要な機器」として売るにしても、また「新しい家庭用機器」という事実に取り組まなければならない。これまで、水業界がこの市場で試みた方法は、小売、直販、流通経路、それらの中間過程などが混ざった混乱状態を残したままなのだ。

住宅用POU市場のもっとも注目すべき点は「市場でどう製品を販売するか」ということである。水処理機器のもっとも大きい販売力をもつのは、圧倒的に各地の販売業者である。地域販売業者は販売権をもつ専門企業である。製品に付加価値のあるものもあるが、普通はタンク、蛇口、フィルター、弁、および外装などであり、誰でも組み立てることができ、消費者が購入できるのである。過去のマルチ商法的な販売方法よりは実質的に良いが、現在の販売権による方法は、家内工業的な古めかしいものである。非常に断片化している住宅用のPOU市場は、組立て販売業、小売業、特約販売店など、無数の業者からなる。問題は、業者による販売網がこの巨大な消費者市場に充分に行き渡っていないことなのだ。

住宅用POU市場の継続的な変化は必然的である。家庭用水処理の方程式ではあらゆる変数が刻々と変化している。供給業者は活発に新規の販路を開拓し、生産業者は彼らの水処理製品を販売する新たな販路を求めている。その結果、卸売販売における統合が進行中である。新たなグローバルメーカーも市場に参入してきている。大規模小売業者は、市場占有率を上げ続け、海外からの低コストのメーカーも入ってきている。特約販売業者は、価格で張り合うのが非常に難しいため、かれらのビジネスを再評価する必要性が出てくるだろう。しかし、皮肉にも、彼

らは水処理製品のもつ機能価値を広めるのに貢献している。

ろ過器とピッチャー型フィルターは事業収益率の高い分野であるが、消費者の選択がボトルウォーターに向いてきたことで、成長は下落しはじめている。水処理製品でどんな利益を得ても、次に出てくる高性能でより使いやすいシステムに取って代わられてしまうのだ。たとえば、より広範囲の汚染物質除去、より速い操作、高いフィルター効率、などである。何よりも、住宅用POU市場は過剰供給されているさまざまなボトルウォーターと価格競争をしなければならない。しかしながら、消費者を念頭に、水に果実味を加えることができるろ過装置の出現は、消費者の多くが、異なった種類の飲料水に慣れ過ぎていることを証明している。これは付属の機能としてあまりにも的外れなものではないだろうか。

それでは、いったい誰が、住宅用水処理市場で利益を出し続けられるだろうか？ 結局、それは1つの特定な販売方法に行き着くわけだが、現在の市場は、何種類もの販路を包含できるほどの大きさがある。それらは 地域販売業者、配管工事業者、特約販売業者、大型小売店やホームセンター（DIY）などである。たとえば、ウォッツウォーター社（WattsWater（POU製品メーカー））の戦略はジレンマの例である。この企業は、大型小売業者にも販売しているのだが、製品の多くは伝統的な卸売り網を使わないで、設置業者によって販売されている。設置業者は水処理製品の専門業者から部品を購入している。組み立てパーツを購入することは、とりもなおさずPOU市場のさらなる販路拡大を図って、個人所有であったトップウエイ・グローバル社（Topway Global Inc.）を取得した。トップウエイ・グローバル社はさまざまな

最近ウォッツはアメリカ南西部のさらなる分散チャンネルの鍵を得るようなものである。そして、

軟水剤、POEフィルターユニット、およびPOU飲料水システムを製造および組立てをしている。また、個人の水処理販売業者、分散業者、および特殊製造業者、家庭用品小売りチェーンなどに販売もしている。

ウォッツウォーター社はホーム・デポとローズ（ともに大型化家庭用品小売りチェーン）の陳列棚に販売スペースを獲得している。しかし、その他の大型小売店やDIYなどでは販売しないことにしている。明らかに、住宅消費者に到達する効果的な方法」を模索しながら、苦労しているのだ。住宅用水処理事業が小売販売の可能性を実現させていないのは不思議ではないだろうか？

ホーム・デポの再編成前には、ウォッツウォーター社はPOU水処理を提供する企業を取得して、積極的に流通市場をみずから開拓しようとしていた。ホーム・デポは、中核のDIY事業を超えて展開するために、すでに大手の水の製品卸売業者をいくつか買収していた（たとえば、ナショナル水道ホールディングス（National Waterworks Holdings））。かれらの計画は住宅用のPOU市場で取付サービス業をはじめることであった。しかし、本体の売上が低下したために、この計画は頓挫し、最終的にかれらは買収額より約1620億円（18億ドル）安い値段で未公開株式グループに卸売販売事業部門を売却してしまった。

また、一般向け水処理市場における大型の消費者製品会社による動きも注目に値するものである。プロクター＆ギャンブル社（P&G）はその一例である。何年も前のリカバリー・エンジニアリング社（PuRブランド）の買収後、この優秀な消費者製品企業は、ウォルマートを含む小売販路だけで、家庭用水ろ過製品を販売し続けている。そして、数年にわたる研究の後に、P&Gは開発途上地域向けに販売するホーム浄水キットを試験販売した。PuRブラン

ドの下で、キットは1つ10セントで売られ、聞くところによれば20分で安全な飲料水を提供できるという。そのP&Gは現在、救援機関に焦点を合わせている。しかし、製品がとくに開発途上国企業であるが、ビジネスモデルとしてははまだ不確実である。科学技術には自信をもつ企用に設計されているので、基本的な分散型水処理としての実験になる。投資家はこの成り行きを慎重に見定めるべきである。

ワシントンDCにおける汚染の恐怖は消費者行動に関する有力な一例である。ワシントンDCの水道局は、都市部にある何千もの家庭飲料水の中に高水準の鉛が含まれていたことを報告した。その結果、人びとは奔走して家庭用ろ過製品を買い求めたのである。彼らはいったいどこへ買いに出かけたのだろうか？ 多くのろ過事業者が売り上げ増加を経験したが、とくに多くの消費者が向かった先は大型小売業のホーム・デポであった。住宅用市場への水処理製品の出現は明らかに平均以上の成長を見通せている領域である。しかし、小売市場では水処理装置より電子製品のほうが簡単に定義できる（ひと目で機能がわかる）。水処理製品を小売市場に割り込ませる試みは無視できないが、誰も大規模には成功していない。水処理事業では、サービスだけがより高い製品価格を正当化できると信じている人びとは、他の小売市場から多くのことを学習できるだろう。水処理製品の消費者市場は不明確ではあるが、その動向を観察し続ける必要がある。ペンタイアー社（Pentair）と、GE社の水プロセスの技術部門による合弁企業（それぞれの会社の軟水剤と住宅用ろ過事業を結合した）はPOU市場における戦略的リストラの例である。しかしながら、すべての混乱が水道水の簡単なひと言に立ち向かっているのだ。それは、結局、自治体水道のスローガンが述べるように、「蛇口から飲める水（On-y tap water delivers)」に尽きる。

軟水剤と塩害

軟水剤（軟水器）の使用を禁止または制限するカリフォルニア州令に見られるように、それに含まれる塩害の問題はとくに都市部で深刻さを増している。深刻な都市水質問題としても現われてきている（とくに乾燥地帯、潅漑農業に関する問題であったが、深刻な都市水質問題としても現われてきている）。軟水剤から出るナトリウムの量については、まだ研究段階であるが、高濃度になると環境に影響を与えるのは明らかである。家庭用水処理業界は塩の許容量を設定する必要はない、と陳情している一方、自治体は軟水器からの放出は塩害の危険をもたらすとしている。結局、軟水器の製造業者は他の水処理セグメントと同様に、この問題に対しての規制の枠組みに従うことになるだろう。

──分散型淡水化

米国の表面水域の約1/5には、500mg/ℓ（EPAの二級飲料水基準）以上の塩害が認められる（3.8ℓ（1ガロン）当たり1/4ティースプーンのミネラル含有量）。溶解性蒸発残留物（TDS）の規制があり、そして、水源としての水再生が重要度を増し、多くの自治体は困難に直面している。つまり、軟水器から出る塩の量を監視する必要性が出てきたからだ。軟水器（または、水質調整装置）はPOEとしてもっとも広く使用されている。軟水器は、陽イオン（カルシウムやマグネシウムなどの陽電荷の鉱物）を移して、ナトリウムに取り替える。

注6　Total dissolved solids
水中に含まれる蒸発残留物のうち懸濁物質を除いたもの。

152

第8章　分散型水処理

軟水装置は、ナトリウムで飽和状態にされた樹脂ビーズが入った耐腐食性の塩水タンクからできている。樹脂はナトリウムよりカルシウムとマグネシウム（硬度の基本成分）を好むため、水が樹脂を通り過ぎると、ナトリウムが解放される代わりに、カルシウムとマグネシウムが吸着される。

塩のバランスは驚くほどに複雑である。本来、塩害とは生態系レベルの問題で、その対応には、水源管理、用水処理、排水処理、灌漑管理を統合した全体的な管理が必要である。従来の水処理では水源のTDSを減少させることができないので、塩のバランスを維持することは重要だ。軟水器はTDS問題を緩和するために製造されているのだが、現在は広く使われているPOE装置のほうが奨励されている。水再利用とリサイクルの増加傾向により、全国的に成長し続ける軟水器の利用制限はさらに強化されそうである。POE装置は塩の制御はもとより、携帯が可能な現場型処理装置であり、イオン交換もあまり使わない。したがって、家庭用水処理業界においてはかなりの成長が見込まれる。

軟水器は塩害の主要な原因ではないが、芝生や穀物に灌漑を行なうと、水の蒸発後、塩は濃縮され、土と帯水層で残留、蓄積する。このようにして蒸発によって大量に出てくる塩は天然のものであるが、引き続く都市化により人工的にもたらされる塩は、ますます重大な問題になっている。アリゾナ州の中心フェニックスにおける生態系の例では、表水を通して生態系へ入る塩の70％が蓄積する。[★4] この塩害により、自治体は水源を変えなければならず、その処理と維持費に膨大な経費を要した。南カリフォルニアでは、TDSが標準から100mg/ℓ増加するごとに、関係機関は設備、農業、および工業設備の損傷を修理するために85億円

★4　Central Arizona-Phoenix Long-Term Ecological Research; Fourth Annual Symposium : "Land - Use Change and Ecological P R O cesses in an Urban Ecosystem of the Sonoran Desert," Arizona State University, January 17, 2002.

（9500万ドル）ずつ費やしていると見積もられている。また、排水処理のコストや水再生設備への影響は言うまでもないだろう。これのために、自治体は塩害のすべての源を監視している。そして、軟水器は、規制するのにもっとも適したものの1つなのである。

州全体の軟水器使用禁止に至ったカリフォルニアでの論争はとくに注目される。下院法案334号は何年もの論争後、2003年に法律化された。しかしながら、軟水器業界からの圧力で、法案は地域による自主規制を容認する方向で修正された。地方政府機関は上院法案1006号によって自立型軟水器を禁止できる以前には、軟水器からの排出規制には関与できなかった。したがって塩害問題には手を出せず、その結果、最初はほとんど規制がないに等しかったのだ。

上院法案1006号が施行されたすぐ後に、水再利用協会（Wate Reuse Association）とカリフォルニア水機関協会（California Water Agencies Association）は下院法案334号を導入した。この法案は、再生水タスクフォース（Recycled Water Task Force）による勧告の1つが盛り込まれている。それは、軟水方法が塩化物濃度に関連するという関心である。軟水器のイオン交換処理によりナトリウムが排出され、塩化物濃度は高くなる。これは水再利用における障害であり、排水処理コストも上がると考えられた。

下院法案334号は、カリフォルニアで地方政府機関に、地域下水網に排出する自立型軟水器の設置を制限する権限を与えた。軟水器設置法は、塩に関するすべての源を定義、定量化、そして制御することを定めている。さらに、軟水器についての規制を定めておくことは水道事業には「必要である」としている。多くの水地方公社（水道局）が軟水器の使用禁止を後押し

154

第8章　分散型水処理

た。イリバンランチ（Irvine Ranch）水地方公社、ロサンジェルス水地方公社、インランドエンパイアー（Inland Empire）水地方公社などである。一方、これに反対したのは軟水器の売上が減少する企業や団体などであった。それは、水質協会、地域団体のパシフィック水質協会、カリフォルニア州の配管業者などである。

家庭用水処理業界は、この制限が悪い結果となった例をつくり上げて、排除しようと懸命に運動した。しかしながら、現在、30以上の州で特定のタイプの軟水器の使用制限は高いTDSレベルを制御するのに効果の高い手段である。現在、30以上の州で特定のタイプの軟水器から排出することが禁止されている。それらの州はテキサス、コネチカット、マサチューセッツ、ミシガン、ニュージャージー、および東北と東南のほとんどすべての州である。塩害はますます市の上水道とインンラ構築の計画上、重要な事柄になっている。

高濃度の溶解性蒸発残留物（TDS）が土中や水中に蓄積している。灌漑による蓄積、都巾化、低降水量、高いミネラル含量の特質的地形などは問題をさらに悪化させている。塩害に対し、原水水質を維持、または改良するためには、いくつかの領域で改革を進めなければならない。まず第1に、塩水濃度のより良いレベルを達成できるよう塩害処理工程の効率を増強しなければならない。第2に、塩水濃縮物の処分や利用を増やさなければならない。そして、第3には、塩の蓄積をもたらす原因となっている事を変えることである（たとえば、再生式軟水装置の使用禁止）。

家庭用水処理業界に関するおもな問題を象徴する、軟水器／塩害問題の焦点は分散処理といううことになる。家庭用水処理業界は、私的利益に焦点を合わせるよりはむしろ水質問題の多く

を包括的に解決する一部であると理解しなければならない。

したがって、水機器製造業者は変化している規定の状況に対応し「水質改善」の一部になろうと努力する限り見通しは明るい。事実上、家庭用水処理セグメントでの成功は顧客へのサービスを通して、都市用水業界とともに事業を行なう能力にかかっている。その点、ブランドをもつ大規模企業は、技術、サービス、人気において断然有利である。以下はすべて、水処理に関して特殊技術を有する企業とそのブランドである[注7]。

住宅用水ろ過市場はPOU市場での「シュレディンガーの猫[注8]」である。すなわち、市場は死んでいるのか、生きているのかまったくわからない。

地下水処理

米国では約40％の飲料水は地下水を水源にしている。地方人口の95％が地下水を飲用の目的に使用し、大都市の3／4の主水源が地下水である。地下水には、その悪化が広がるにつれ注目が集まっている。すべてのタイプの水質汚濁は、低濃度の場合、汚染物質のどんな味や臭いも飲料水には残らない。これは恐らくもっとも油断のならないことである。

米国の大陸部にある地下水の量は莫大で最新技術により取り出せる量は、あらゆる湖と貯水池の表面水総量の少なくとも6倍になる。しかし、多くの地表水のもつ環境問題と異なって、地下水汚染の量と複雑さを正すには市場の力以上を必要とする。表面からは見えない地下にあ

注8　シュレディンガーの猫
　オーストリアの物理学者のエルヴィン・シュレディンガーによる思考実験によって生まれたパラドックス。量子論における存在確立0.5（どちらでもある状態）と箱に閉じ込めた猫の生死（どちらかしかない状態）を関連付けて論じたもの。

注7　GE/Osmonics and Oonics, MMM/CUNO, WattsWater/TopwayGlobal, Pentair/Ever PuRe and Omni, Procter & Gamble/PuR, Axel Johnson/Kinetico, Marmon Water/KX Industries

第8章 分散型水処理

る汚染源に地下水はさらされている。結局、環境に放出されたすべての物質の究極的に行き着くところは水なので、いったん汚染されると、地下水は数百年、時には何千年も残留する場合がある。日光、酸素、滞留などで、悪化のプロセスは多少抑制される。地下水は水事業における、もっともややこしい問題の1つである。地下水管理のあらゆる事柄は、法律と規定により、直接制御、定義、また作成されるべきである。

地下水汚染は環境に対して潜在的に危険な要素をもたらす。これを防ぐことはもとより、すでに起きている地下帯水層の環境汚染を調査し、水を調整する目的で、連邦、州、また地域による多くの複雑な法律が制定されてきた。各法律は地下水汚染の出所（たとえば、都市埋立地、有害廃棄物地域、浄化槽、地下貯蔵タンク、圧入井戸、農業、および他の分散した水源など）を個別に扱っている。そして、各法律は、規制を守るためのビジネス活動を支援している。

汚染地下水の修復は、たぶん、地下水管理における投資としては有望であるが、もっともとらえどころのない部分でもある。ほとんどの環境技術やコンサルタントの企業は、地下水修復の作業を行なっている。しかし、この業界は地下水を浄化し、管理するという別な問題で悩まされている。環境コンサルティング領域に対する否定的な趨勢は、これらの企業の総合的な見通しをはっきりしないものにしている。

地下水セグメントにおける事業のもう1つは、物理的な井戸の掘削サービスである。飲料用の水源として、また、インフラ、洗浄、工業用とさまざまな用途で掘削されるが、これは地下水汚染を調整する手段でもある。井戸掘削の主要な需要は人口の移動や増加、既存地下水の悪化、限られた表面水量によるものである。新しい井戸の掘削はもっぱら地下水汚染に対する懸

★5 L. Canter, R. Know, and D. Fairchild：Ground Water Quality Protection (Chelsea, MI：Lewis Publishers, Inc., 1988), 5〜13.

念が一般に高まることで実行される。そして結果として、規制要求と汚染帯水層の調整を行なうこととなる。

資源保存回収法は厳しい規制を課している。たとえば、地下水を保護するために、地中廃棄物はすべてライニングを施す義務がある。さらに、このライニングの施工は、有害廃棄物除去基金（Superfund）に対応したクリーンアップにかかる膨大な経費を軽減するために、EPAが規定した「対処方法」である。同時に、合成ライナーの生産業界は、競争が激しく、過剰生産に苦しんでいる。

地下水に関連した事業に投資することへのもっとも大きな障害は、業界の定義不足と関連規制の複雑さである。また、この市場を経済的観点から見ると、市場の力では地下水資源の保護が適切にはできないだろう。また、保護を促進するよう定められた

表8-1 分散処理とPOU関連企業

企業名	上場記号/SEDOL	国籍	水業界のセグメントあるいはブランド名	主な水事業分野
Pall Corp	PLL	米国	ヘルスケア POU	蛇口，シャワー，医療設備内のインラインろ過
Millipore	MIL	米国	ヘルスケア	蛇口，シャワー，医療設備内のインラインろ過
BWT Group	4119054	オーストリア	住宅/産業用	軟水器，薄膜フィルタ
Pentair	PNR	米国	SHURflo, Ever pre, Fleck, OMNIFILTER	POU/POEろ過製品，バルブ
Woongjin Coway Co	6173401	韓国	POU	POU水ろ過装置
Sinomem Technology	6648880	中国	製薬	廃水処理用の膜技術
United Envirotech	B00VGB5	シンガポール	廃水処理	MBR技術，工業廃水処理と水再生技術
Layne Christenson	LAYN	米国	オンサイト処理	組立式プラント，ラジウム，ヒ素，鉄，マンガン，揮発性有機物，硝酸塩，汚濁物質，有機肥料，微生物の除去
MMM	MMM	米国	Cuno	POE/POU装置
Proctor & Gamble	PG	米国	PūR	蛇口取付型POU
Watt Water Technologies	WTS	米国	Topway Global Watts Premier	逆浸透システム，POUと商業用浄水設備
Basin Water Inc	BWTR	米国	オンサイト処理	組立式プラント，過塩素酸塩除去

第8章 分散型水処理

規定も失敗に終わっている。地下水には、管理を難しくする多くの特性がある。しかし、地下水を飲料用にあてている人口があまりにも多いため、無視する状況が続くと、大規模で、括した処置を要することになる。これが起こるとき、地下水源の保護は、かなりの投資機会を提供することになるだろう。

表8-1はPOUと「分散型」処理企業とその機能をまとめたものである。捉えどころがない状況を判断することは、投資家の水の投資戦略のうえで重要である。

膜分離活性汚泥法（MBR）・分散処理の未来

「持続可能な水利用」という概念は、水利用における究極的な目的を婉曲に表現したものである。これ緩やかな表現で、時に漠然としているが、それは、後世の水状況を悪化させないために「水の再生や分散化処理は不可欠だ」とする概念でもある。膜分離活性汚泥法（MBR）は、水の再利用を容易にする分散型排水処理に最適な水質維持技術の鍵をにぎる。

MBRは、生物学的処理のプロセスだけでも排水中の窒素やリンなどの有機汚染物質をうまく取り除くことができる。生物学的処理の主要な問題は、プロセスにおける汚泥（バイオマス）と水を「高精度で分離できるか？」ということである。MBRは活性汚泥法を膜分離と融合させた排水処理の革新的なシステムである。重力の代わりに、バイオマスによる効果がクロスフロー（直交流）ろ過によって達成される。MBRは、膜モジュールを直接生物反応槽に接触させることで沈降分離プロセスを排除し、バイオマスと他のあらゆる微粒子を通さない。膜はバイオマスと水は膜を通過することで分離される。膜

159

処理タンクの代わりにクロスフローを使う。バイオマスはその滞留中に効率的に反応し、遅育性の微生物さえも豊富になる。汚染物質のほとんどが、長時間生息するバクテリアによって生物分解される。また、MBRは残留化学物質の処理にも改良の可能性を提供している。生物分解性の有機肥料、浮遊物質、および、無機養分（窒素やリンなど）を取り除くことに加え、MBRは遅育性の有機物を処理する。これは、ゆっくりとした生物分解を必要とする有機肥料の処理を可能にする。たとえば、より高いバイオマス濃度は、フェナントレンなどのとくに頑固な一部の炭化水素を除去するのに適当であることがわかっている。また、MBRは非常に高い確率で病原菌を取り除くため、化学殺菌の必要性を減少させる。

MBRから排出される処理水は他の排水処理法からのものよりも水質が良く、とくに水の再生には有利である。MBRは従来の活性汚泥法より少ないスペースで済み、さらに、必要滞留時間も短い。既存の排水処理プラントを段階的に拡張することも可能である。MBRは分散処理に適している。組立てに必要な装置が少なく、また、より自動化されていて、操作も従来のものより簡単にできるからだ。

MBRによる排水処理への恩恵は大きなものがあるが、その高いコストが普及を歴史的に阻んできた。表8-1が示すように、MBRは技術的には地位を上げているが、社会文化的な要素が技術受入れの障害となっている。米国における自治体の水道事業に見られるように、革新的技術の受け入れには時間がかかる。専門的技術の相対的な不足に加えて、より高いコストは今後の規制順守と運用効率で経済的に効果をもたらすかどうかに疑問を与えている。この領域の研究と市場への技術移転により、MBR技術の急速な出現は今後も続くと予想される。米国

MBRの概念図

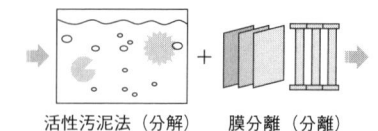

活性汚泥法（分解）　＋　膜分離（分離）

160

の産業用においてはとくに成長を見るだろう。

MBR技術は、ヨーロッパ市場で過去5年で急速に広がり、事実上、日本企業によってその市場が支配されている。技術は幅広い支持を得るにはまだ初期段階であるが、近年、技術が向上し、さらに大きな市場成長が期待できる。

排水処理において、MBR技術が制度上支持され続ける理由は以下のことのよる。

・基本的技術は工学原理に基づいている
・活性汚泥法に代わってMBRを適用するために研究が行なわれている
・性能を確認するため、利用可能な都市や、産業がMBRを設置、運転している
・膜メーカーは成長し、単位当たりの原価が下がっている
・米国の多くの地域における現在の水不足には、水再利用が重要になっている

最近の技術革新と経費節減で、自治体による排水処理のためのMBR技術の使用は急増している。とくに都市部や工業地帯など、反応しやすい表面水の近くに位置している地域では、伝統的な活性汚泥プロセスと比べて、MBR技術が多くの利点を示す。MBRのグローバル市場はその成長を見込むとかなり大きいと見られているが、成長の背景としてはこ3年から5年の間に競争は激化すると見られている。たしかに価格が競争の決め手となるだろうが、製品の技術的奥深さや、サービス／メンテナンス、および技術革新も市場占有率に影響するだろう。

投資的見地からは、分散型処理企業（表8-1）が巣立とうとしているのとは対照的に、集中型処理企業（第7章）を通してMBR技術は現実的には「最適なもの」となるだろう。

第2部 水への投資

第9章 水インフラ
Water Infrastructure

健康維持、環境保護、そして、経済成長のために、上下水道のインフラは非常に重要な役割をもっている。米国における水インフラの状況悪化は広く認識されているが、改善に向けた統一的合意には至っていない。もっぱら、資金調達が議論の中心である。手をこまねいている現在の状況が、将来的に大きなインフラの欠陥をつくり出す。そして、その改善のための見積り額は非常に大きくなるだろう。

給水インフラとは消費者に水を届けるまでのすべての構造を指す。それらは、パイプライン、ポンプ、貯水設備、また、配水を容易にするすべての分配システムをまとめて包含する。また、生活排水、汚水、および雨水に関連した収集ネットワークもこの中に含まれる。ウォール街では一般的にもっと広い意味でインフラを定義している。全米公共事業発展協会[注1]によれば、「ほとんどすべての経済活動」を支える産業基盤としている。その定義によれば、一般に、公共的供給のためのインフラ需要は次の3つの要素からなる。

- 既存設備のメンテナンス、取替え
- 需要増加による新規設備の建設

注1　National Council on Public Works Improvement

- 規制・法令の順守

上水、下水、および雨水インフラの狭い意味での定義がされている理由は、水が資産としてもつユニークな属性のために、投資の際の分類を容易にするからである。狭義の水インフラとは「分配と収集システム」のことである。投資の観点から見るインフラはもっと広い定義で、処理や供給などの他に、物理的な設備や工学技術、構造や分析のようなサービス部分も含まれ、定義が非常に曖昧になっている。各セクターには、資産耐用年数、規定の背景、および水質問題を含む非常に異なった特性がある。分配システムには独自の処理や規制がある。分配システムでは、老朽化したパイプのネットワークと水の品質問題が注目を集めている。多くの場合、インフラの欠陥と呼ばれるのは、たいてい、パイプラインの取替え、修復にかかるコストのことである。

そのため、給水、分配、収集のインフラは互換性をもつようになるだろう。

配水システム

──配管網

前述した水についての巨額の見積りは、水インフラの広い定義に基づいている。上水、下水、および雨水のパイプラインを大規模にグローバルネットワーク化する、取り換える、または修理するコストである。これらのコストを試算した報告はあまりない。

都市部は一般的に老朽化した古い配水システムの問題に直面している。たとえば、ひとこ

配管網

老朽化、被災、急激な都市化などによりパイプラインへの資本投入が急がれる。

ろ、ボストン市は配水システムの50％しか使用できない状態だった。市は100年以上は給水できるよう本管のライニングをやり直すことにして、1600km（1000マイル）の給水システムの15％に57億円（6400万ドル）を費やした。セントルイスの下水網の一部は南北戦争（1861〜1865年）前のものである。ロサンゼルスでは、下水管1万km（6500マイル）の約半分が50年以上たっている。古いパイプはさほど問題ではないが、多くは、パイプ内の掃除とライニングの必要があり、他のものは完全に取り替えなければならない。また、老朽化したパイプは頻繁に漏れ、そのため、火災防止には不充分な水圧になったり、水質が悪化したりする。

さらに、都市部の人口増加により上下水道基盤の改良が必要となっていても資金不足で立ち遅れている場合がある。立ち遅れの上下水道基盤とは、完全に償却する少し手前の、時代遅れで修理不可能なパイプネットワークのことである。古い上下水道基盤とはすなわち古い料金体系ということでもある。パイプラインの新設や基盤の老朽化に歯止めをかけるためにも、料金の引上げを含めた早急な資金調達が必要である。「次世代」の飲料水基金として知られる上下水インフラ基金注2からの資本投入は1つの解決策であろう。

国内の上下水道インフラが劇的に改良できない状態にあるのは、連邦と地方予算の両方が他の規制順守などに費やされ、また、水道料金も基盤改良ができるほどに引き上げられないためである。政府からの援助は存在するものの、合衆国にあるほとんどの水道はそのシステムの大半を延長、改良、修復する必要性に迫られている。政治家が何らかのコンセンサス（統一的合意）に至れば、新基盤の構築は確実に必要性に加速するだろう。しかし、ゆくゆくは究極的なアプローチを

注2　Water and Wastewater Infrastructure Financing Authorities

164

する約束で、前提的な修復を行なう市場だけが現在成長している。技術の進歩が続けば、修復手段のほうが急速に受け入れられるだろう。インフラに関するこの特定のセグメントについては後に説明を加えたい。インフラの優先度を上げることにより、理論的には既存のネットワーク損失を防止できるように思える。

── 漏水検出

減少する水源に対する懸念は高まっているものの、水道システム内で「失なわれる」水量を減少させる努力があまりされていないのは驚くべきことである。大量の処理水が分配システム中の「水漏れ（漏水）」で失なわれているのである。漏水は生産量に影響を及ぼし、運転効率を低下させるだけでなく、経費に大きなインパクトを与える。多くの水道事業体は漏水を検出し修理する必要性を認識しているがこの市場はあまり水に関する技術の恩恵を受けていない。歴史的に、漏水検出は技術に乏しい分野であるが、技術革新は費用効率を高める解決策と見なされている。高度な漏水検出方法と統合モニタリングシステムは、水業界における高成長のサブセクターである。

水道事業体は水の生産記録をモニタリングするのに多くの時間を費やしている。ポンプステーション、タンクと貯水槽の水流管理、処理工程における使用水量などの監視を行なっている。しかし、そのポイントから先の水量に関しては、事実上、切断されてしまっている。ほとんどの水道がある程度の量を生産高における必然的な損失として、予算項目に「行方不明の」水として計上しているのだ。

「行方不明の」水とは水道事業体が購入または生産する量と顧客が支払って使う量の差である。米国では、平均すると行方不明の水は生産高の約15％である。しかし、世界的にはもっと高い量で、国際水道協会（IWSA）[注3]は20〜30％と見積もっている。この原因には漏水の他にいくつか考えられることがある。メーターに表示されない使用、水の盗難（盗水）、貯水槽のオーバーフローなどである。しかし、「行方不明の」水の半分以上は漏水が原因なのである。

理由は簡単だ。漏水は水インフラの老朽化と同じほど重要な問題になっている。直径が6㎜（1／4インチ）ほどの漏水は1日当たりおよそ5万7000ℓ（1万5000ガロン）の損失をもたらす。1カ月間、気がつかないと、190万ℓ（50万ガロン）以上が失なわれてしまう。ピンホールぐらいの漏れでさえ四半期当たりに7万ℓ（1万8000ガロン）の水を損失することになる。これは住宅用顧客1人当たりの平均需要にそれより大きく、飲料水の大量な損失につながっている。

ほとんどの自治体の水道料金は、提供にかかる実質的経費に比べて安い。水はこれまでにない価値をもつようになっている。水は比較的安くて、容易に利用可能なので、多くの水道事業体は、漏水の修復が運転費用を下げて、収益につながることをあまり考えなかった。漏水を修理することは、水道の直轄下でできる節水につながるので、直接的な経費削減につながる。漏水を減少させることは、水源に水を「追加できる」うえに、エネルギー的にも、また、化学的にも費用対効果に優れた手段といえるだろう。環境や経済的損失に加え、漏水は健康リスクを引き起こす。漏水個所は汚染物質が水道に侵入するポイントになるからだ。

現在、漏水検出市場の大きさを知る適当な基準は存在しない。流量計も配水域内の潜在的問

注3　International Water Supply Association

題を検出する重要な役割を果たしているが、漏水検出市場は直接漏水の存在を確認できる設備の市場とされている。

漏水検出の分野は伝統的に技術革新が遅く、聞き取り調査、直接観察や受振器（または、グラウンドマイク）で聴くなどの方法である。音源を使った機器は水圧下でパイプから漏れる水によって引き起こされる音や振動を検出する。より高度な電子漏水検出器は、水の騒音にフィルターをかけ、調査する異質な音だけを拡大して計量することができる。さらにより高度な漏水検出器は騒音相関器である。これは、コンピュータベースの現場計器であり、漏水が疑われる2つのポイントで信号を測定し、信号間の時間差で相互相関を利用することにより漏水位置を自動的に特定する。

この市場は、漏水検出設備に技術革新を組み入れることにより、成長すると見られている。技術革新が見込まれるものは自動モードアルゴリズムを使った修正機能、高感度センサー（加速度計）の利用、低周波送信機、さまざまなパイプ用の伝搬速度計測器などである。さまざまなパイプ用というのは世界中の給水システムで、鋳鉄管に代わってプラスチック管（ポリエチレン）の使用が増加しているからである。漏水検出において注目される技術は超音波変換器、ケーブルベースのセンサー類、デジタル信号処理、地中探査レーダ、サーモグラフィ、および高度なソフトウエアツールなどである。

漏水をなくすと、事実上、新たな給水システムの拡張と建設が可能になるほど生産力は回復する。インフラコストと規制が増大している現在、水道は水源から消費者にいたるまでの水の移送過程を完全に確認する努力を必要とする。技術革新により、漏水検出は事業化され大きな

漏水検出
聞き取り調査、直接観察や受振器（または、グラウンドマイク）で聴くなどの方法がある。

販路を開く機会を得ることができる。国のインフラ問題を解決する政治上ならびに予算上の障害もあるが、漏水検出の解決策は明白な目的とされるべきである。漏水を減少させようという意欲にもかかわらず、市場はあまり整備されていない。しかし、この分野の専門的技術革新は注目できる投資領域であると信じる。

漏水検出に関する企業はあまり知られていない。よくあるように、大きい企業の一部門が水事業に関連する基本的な業務を扱うのが普通である。しかし、これらの企業の多くは、投資家が、本当に実質的であるかどうか迷うような、他の水の関連業務も取り扱っている場合がある。主として漏水検出を専門にする公開企業がない現在は、代替手段として新しく市場へ出てくる技術に投資することである。その代表的一例は、漏水音を無線周波に乗せて自動記録する装置である。ハルマ・ピーエルシー社（Halma plc）は配水網における漏水検知のリーダー的企業である。ハルマ・ウォーターマネジメント社（Halma Water Management）の一部であるフルード・コンサベーションシステム社（Fluid Conservation Systems）は、分配元から作動する漏水感知器と自動検針器（AMR）を集約したシステムを水道事業に提供するために多くの検針器メーカー（1つはネプチューン・テクノロジー・グループ社（Neptune Technology Group Inc)）と提携している。これは配水網を監視するために情報技術を利用している好例で、市場は増加の傾向を見せている。漏水検出におけるイノベーションの多くは配水網システムの状況を「リアルタイム」のデータとして管理できるもので、増加する需要を満たしている。別の例は、高度な監視制御とデータ収集（SCADA）システムを用いた漏水検出方法で、このシステムは未来の重要な管理手段と考えられている。漏水検出における国際的優良企業は、イギリスに拠

水質における配水システムの重要性

配水システムの老朽化は、配管網の信頼性や漏水に関連する給水量として問題視されやすいが、水質の悪化も問題となっている。水は処理直後と同じ状態で消費者の蛇口に届くことはほとんどない。消費者に届く頃にはパイプ、ポンプ、貯水タンクなどでさまざまな傷跡を負いながら延々と旅してくるのである。

水事業における、規制の大多数は、処理過程に焦点を合わせている。しかし、既存の老朽化した配水システムを利用しているため、消費者の懸念が増大してきた。このため、国が飲料水の安全に関連する規制を配水途中の水も安全であるように、強化しようとしている。したがって飲料水の配水システムにおける大規模な迷路での処理済みの水質をいかに維持するかに関心が集まる。配水システムにおける新たな規制の決定は、水事業におけるユニークな投資機会につながるものだ。

水の供給業者は、飲料水と信頼できる防火用水を提供するために、配水システムを整備してきた。システムの信頼度を維持するためには、充分な水圧の維持、所要量と供給量のバランスをとること、ピーク需要時のための水量調整機能などが必要である。しかし、配水システムを最適化する水量調整はますます問題を複雑化させてきた。

水量調整により、長い期間システム内に水が滞留することになると、消毒薬残渣が減少して菌が繁殖し、硝化が促進され、消毒副生成物濃度が高くなる。その結果、水の味や臭いが悪く

なるのである。ただし最近の研究より、給水網での一連の知識は増強され、消費者の蛇口まで水質を維持する努力がされている。

また、蛇口からの水質に関して、顧客はオンラインSCADAシステムを利用して、自治体に問い合わせることができる。このため、配水システムの経営における規制は強化されている。配水中の水質は、水自体の悪化もあるが、配水網の物理的、化学的、生物学的性質における操作と反応によって引き起こされる。配水網が水質を悪化させるというのは、何も新しい問題ではなく、業界が水を輸送するのに木材以外の素材を使用しはじめて以来、腐食は水供給業者の経営寿命を意味することとなった。最近の新しい取組みは、水の移動中に何が起きているかを突き止め、それを踏まえた配分オペレーションを確立する新しい規制づくりである。

配水システムの規制

総大腸菌群、鉛/銅、総トリハロメタン（THM）消毒副生成物（D/DBP）、地表水処理（SWTR）[注4]などの基準はすべて水の品質に関する規制であり、配水中もモニタリングされている。SWTRによるモニタリングでは水を微生物汚染から守るために、残留消毒薬が検出可能であることを配水システム中でも必要としている。配水後の水で消毒薬不足であったり、大腸菌が存在したり、トリハロメタンやハロゲン化合物が規定量以上であると、基準違反として公示される。総大腸菌群の基準は大腸菌を規制する。鉛と銅は消費者の蛇口から取ったサンプルで直接、水質検査を行なう。当然、自治体がこれらの規制に従うということは、水事業内のセグメントに投資機会をつくり出すことでもある。

注4　Surface Water Treatment Rule

腐食制御

パイプ表面の腐食は配水システムにおいて化学的品質が悪化する原因である。さらに、腐食による副生成物、とくに鉛は水の品質を悪化させるおもな原因となる。米国環境保護庁（EPA）の鉛と銅の規制に関する情報は現在すべて公表されている。飲料水の配管に起きる腐食を制御し、鉛と銅の量を制御することに注目が集まっているのだ。

鉛と銅の規制に従うために、自治体は配水系の腐食を監視して、鉛と銅の量を減少させる費用対効果に優れた方法を捜し求めている。配水システム内の腐食を止め、鉛と銅が水道水に混入するのを防ぐ化学物質への需要は伸び続けている。腐食は電子の移動に関係しており、制御の方法は水と金属間の電子の流れを遮断することである。

鉛と銅の溶脱、水カビ、および原水中の鉄とマンガンによって引き起こされる飲料水の変色、これらの制御を行なう特殊な化学薬品の市場が成長している。これらの化学薬品はパイプや設備、また高価な処理システムの取替えをせずに行なえる費用対効果に優れた代替手段である。水溶性の液体として開発された化学薬品は、表流水に散布することにより多くの問題を解決することができる。これらの化学薬品は、鉛の溶出を制御し、合金のパイプの表面に腐食抑制剤として機能する単分子膜を形成する。混合リン酸塩化合物は、配水システム内での処理薬品が活性化していることを確認するために設計された化学物質である。

蛇口水の品質を上げるために配水システムで行なわれていることのもう1つは、配管網で使用されるパイプ素材やライニングの改良である。パイプ素材には、鉄鋼、コンクリート、延性鉄、

およびポリ塩化ビニル（PVC）などがあり、それぞれに異なった腐食特性と長所がある。たとえば延性鉄には張力とインパクトの強さがあるが、PVCは腐食がない。

配水システムについては、まだ追加研究の余地があり、複雑な問題をかかえている。この不明確さに加えて、配水システムに関する規制が、逆に相容れない制限をもたらすことになりかねない。たとえばSWTRは、微生物汚染を防ぐために、殺菌剤（消毒薬）の使用を義務付けているが、塩素や他の消毒薬は副生成物を形成し、処理水に含まれる天然有機物質と反応してしまう。また処理水のpHを上げると、腐食制御を高めるがトリハロメタンの生成を促進させてしまう。継続した研究の必要性があるにもかかわらず、自治体にとっては規制への対応方法を決定するのにあまり時間の余裕がないのが現実である。しかし、これらの規制は処理施設と蛇口とのインタフェースとして、配水システムに新しい役割を与えるものになるだろう。

水の供給がもっぱら集約化された配水システムに頼っている限り、配水網は水質の保証に関して重要な役割を担うことになる。配水システムが不完全であると、高度な水処理技術から生産された製品が無意味になることは、誰にでも理解できることである。この認識が進むとき、優れたインフラ用の素材、改良された監視制御システム、また、有効性の高い生化学添加物の開発を進める必要性がさらに高まってくる。配水システムにおける水質の問題の恒久的解決に取り組めるような水関連の企業は、重要な役割を果たすことができるだろう。

雨水インフラ

――雨水規制

水質汚濁の原因である分散水源は表層水質をますます悪化させている。雨水流出がその主因である。EPAは、環境汚染の特定源を統括規制する体系が確立し、都市の雨水の取扱いを監視している。たとえば汚染の特定源を扱う国家汚染物質排出除去制度（NPDES）は雨水流放出のために特定の産業や一部の建設現場に、環境への廃水許可を与えるシステムだ。雨水システムは、雨水の管理と処理の両方を包括する、水事業のインフラテーマである。

雨水は堆積物、肥料、農薬、炭化水素、その他の有機化合物や重金属などの汚染物質を水源にもたらすことで大きな問題を引き起こしている。建設現場からの堆積物、自動車のオイル、グリースや毒性化学薬品、芝生地からの栄養剤と農薬、欠陥浄化槽が出すウイルスとバクテリア、凍結防止剤、そして、重金属類はすべて都市部でつくり出される汚染物質である。特定汚染源と比較の結果、分散水源が現在、国の水域で生まれる廃棄物の負担要素の半分以上を構成すると見積もられている。都市部からの雨水は、河口域における水質悪化のおもな原因であり、湖では3番目に大きい汚染源である。都市化により、放流水面に入ってくるさまざまな種類と量の汚染物質は増加の一途をたどっている。また、2010年までに米国人口の半数以上が海岸沿いの町や都市に住むと予測されており、急成長する都市部からの雨水は、沿岸の水質を下げ続けるだろう。

分散水源による環境への影響で、規制をより統一的なものにしなければならないという考え方が正当化された。特定汚染源の制御とは対照的に、もともとEPAは分散水源の規制に権限をもっていなかった。しかし、米国議会は分散水源による水質汚濁は州の責任であるとし、EPAの水質浄化法（CWA）に基づいて第一種と第二種の雨水流水質汚染防止法を公表するに至り、連邦レベルの規制が初めて承認された。第一種（Phase I）は大／中都市の雨水流を雨水用下水網から環境へ排水する許可証（MS4として知られている）をNPDESが発行するものである。第二種（Phase II）は4046㎡（1エーカー）以上の建設活動などを含む小規模な雨水流出に許可証を発行するものである。

第二種の条件では2.6㎢（1平方マイル）に1000人以上の人口密度、または人口5万人以上の都市が自動的に対象となった。EPAは3000～4000の自治体に何らかの包括的な雨水流管理計画を提出することを要求した。水質汚染に対する最善管理（BMP）[注5]は構造的な部分と非構造的部分の両方から成り立っている。たとえば、雨水以外の排水、前処理による空気の混入、雨水の滞留および処理制御などのようなことは禁止されている。

しかし、大小さまざまな自治体が雨水の水質規制について、法的訴えを起こした。問題はもちろんコストである。インフラ優先順位を決定するEPAによれば、合衆国は、この20年間で12・6兆円（1400億ドル）を排水処理に必要とする。その上位3つは、下水設備における逆流制御に4・05兆円（450億ドル）、排水処理一般に3・96兆円（440億ドル）、そして、新たな下水道建設に1・98兆円（220億ドル）である。さらに、EPAは、既存の排水収集設備を改良するのに9000億円（100億ドル）、分散水源の管理に8100億円（90億

★2　同前

★1　U.S. EPA :" Clean Watersheds Need Survey (CWNS): 2008 Guide for Entering Stormwater Management Program (Category Ⅵ) Needs" (2008).
注5　Best Management Practicce

174

第9章 水インフラ

ドル)、自治体の雨水流制御に6300億円(70億ドル)を見積もった。

ロサンゼルス水道委員会で採用された雨水に関する規定とそれにより影響を受ける自治体との論争は1つの例である。雨水流出はサンタモニカ湾とその沿岸海域の環境汚染を引き起こしている主要な原因で、ロサンゼルス地域は国家資源防衛審議会とEPA間における起訴の結果である雨水同意判決により管理されている。この同意判決はバクテリアや重金属といった汚染物質など92以上の項目にわたる雨水規定を強制するものである。これに対応して、水道委員会は、ロサンゼルス川の汚染物質レベルを大幅に減少させるために、新しいステップを必要とする12年計画を採用した。新しい浄化計画の費用は結局は地元が負担するのなら、同意判決の場に参加させるべきであったことをいくつかの地方都市は主張した。

ロサンゼルス地域の都市グループによる報告書は水道委員会の雨水計画が経済的に及ぼす影響について述べている。南カリフォルニア大学の複合基準専門チームによる研究結果では水道委員会の規制は20年間で、2・07〜15・3兆円(230億〜1700億ドル)の負担を地方納税者にかけると結論した。さらに、毎年2万〜40万人が失業することを見越すと、資本費用だけでも2・03〜15・2・291兆円(226億〜1699億ドル)の範囲になると予想した。高度な雨水処理施設の建設にかかる経費のインパクトが多大であり、地元の増税か他のサービスカットといった、何らかの組合せを通して達成するしかないとしている。第二種の規制も、順守のためには高価な廃水設備の設置が必要であるとの論争を巻き起こした。それほど高価ではなく革新技術も必要としない雨水処理であるが、実際の問題としては根が深い。雨水流の経済的インパクト、規制、その順守が新たなインフラ課題としていずれ現われるのは、明確である。

★3 P. Gordon, J. Kuprenas, J. Lee, J. Moore, H. Richardson, and C. Williamson:"An Economic Impact Evaluation of Proposed Stormwater Treatment for Los Angeles County"(University of Southern California, November 2002).

政策による流出

分散水源の規制がどれほど複雑になりそうかという一例として、私たち自身のエネルギー政策に注目してみればよい。再生可能燃料のうち、米国のエネルギー法は2022年までに再生可能燃料の確立を目指している。エタノール需要とトウモロコシ価格の上昇により、米国の農業者によるトウモロコシ栽培は36万4000 km^2（9000万エーカー）以上になるだろう。そして、その80%がミシシッピとアチャファラヤ流域で栽培されている。トウモロコシは肥料への反応性が高く、その結果米国でもっとも大きい流域から窒素負荷のある水流が勢いよくメキシコ湾に流れ込むことになる。このデラウェアとコネチカットを合わせた大きさに相当する湾の一部は低酸素の水域「デッドゾーン」と呼ばれているのだ。

栄養物豊富な肥料を含んだ雨水は、大規模な藻類の成長を引き起こす。これによって、日光がさえぎられ、分解途上の植物により水中の酸素濃度が減少する。これはトウモロコシによるエタノール生産だけがこの過程の原因ではなく、廃水処理施設も要因であるが、かれらはNPDES排出許可でこの過程の原因ではなく、廃水処理施設も要因であるが、かれらはNPDES排出許可で決められた窒素排出量の順守義務がある。つまり、この適用には流域全体をベースにして論理的に考える必要がある。研究者は、「コーンベルト」が湾の富栄養化を加速する窒素を大量にもたらし、低酸素ゾーン拡大に責任があるとしている。バイオ燃料は政策が後押ししている。これにより、コーンベースのエタノール生産は、分散水源にとってとてつもない汚濁負荷となるのである。

★4 Congressional Research Service : "Energy Independence and Security Act of 2007 : A Summary of Major Provisions" (December 21, 2007).

──合流式下水道越流水（オーバーフロー）

重力まかせの下水収集は、しばしば雨水のオーバーフローや逆流を起こす。その結果、流れの一部は排水処理されるが、部分的にはもっとも近い川などへ迂回し流入する。また、増加する雨水の量は、地下水の水位を悪い意味で上昇させる。さらに、地面から浸み込む量も減少する。このため、地下水中の汚染物質を充分に希釈することができなくなる。オーバフローは未処理の汚染物質を河川などの水域まで運び込み、逆流は一般家庭の収集システムにも影響を及ぼす。

投資分野

投資の観点から、雨水の制御と処理におけるインフラ事業はいくつかの分野に分けることができる。雨水と下水で使用される基礎的な製品がいくつかある。これらはコンクリート、鋼管、トンネルなどである。また、付属製品として、バルブ、逆流制御装置、ポンプなども分散水源処理には必要である。確実に成長するのは非点源における汚染を制御／処理する技術を提供する企業である。雨水環境汚染を扱う高度な技術として、ろ過、精密ろ過、分離などの技術を有する企業は成長すると予測される。現在は規制に従うために最善管理（BMP）が採用されているが、時間とともに、規制はより厳しくなると予想される。最終的には各都市が見合ったコストで設計され、そのコストが上水道と下水道の料金に反映されていくかもしれない。雨水放出から雨水処理に方向転換することになるだろう。また同時に、雨水専用の下水道が見

もう1つの興味深い新技術分野は、雨水や農業排水などの特定な非点源の問題に関するものだ。たとえば、堆肥を粒子状にペレット化して有機化学物を吸着したり、重金属を取り除いたりする。また、放射状のフィルターカートリッジにろ過材を入れ、それを特注の構造物に挿入して、駐車場やハイウェイの横に設置する。こうした革新技術は沈殿やろ過方法より優れ、さらに従来の雨水流処理より少ないスペースで済むため有望視されている。

別のセグメントは雨水制御の規制を満たすための実施方法やシステムについて、その費用対効果を監視および管理する分野である。検針やリアルタイムのデータ収集、監視プログラムなどにより分散水源の汚染はもっと効率よく制御されるだろう。また、下水設備は制御ピーク流量に合わせた過剰設計ではなくむしろ最適ピーク容量で設計、運用されるだろう。

さまざまな制度、経済、そして規制においても、非点源資源は適切な地位を与えられていない。雨水流出水が地表水における主たる悪化の原因であることは明らかである。EPAによる表流水改善の取組みは、まず雨水流出水から始まったが、必要経費はあまりにも大きい。規制順守のための多くの試みはまだ調査の段階であり、問題に対処するには構造と技術の両方において さらなる進歩が必要である。投資テーマとしては、雨水流出水の処理、制御、および監視技術は、成長を見込める分野である。

パイプラインの修復

世界で老朽化する排水インフラは結局、資金調達不足を緩和するために設立された制度に頼らざるを得なくなるだろう。この問題の大きさは資金と政治的努力の両方において非常に解決

178

困難であることを物語るものだ。水インフラは他の基本的なインフラとはかなり異なっている。一般に、水システムは地理的境界線が存在するため、国民的合意を得ることが難しく、資金調達と受益者との関係を複雑にする。これが、事の進展を遅らせる原因であるが、多くの自治体ではインフラ部分の修復に関連する事業はタイムリーで無視できない投資テーマであるといえる。したがって完全なインフラの取替えは無理としても、インフラ部分の修復に余裕はあまりない。

高速道路、空港、輸送システム、はどれも連邦政府からかなりの補助金を受けた。

第11次の自治体上下水地下建設年鑑によると、過去2、3年間にわたって、下水、雨水、配水網に関連した支出は年平均、約1・125兆円（125億ドル）のレベルで安定した状態を保っている。その前の期では、とくに上水関連の建設と修復の支出で、より顕著な伸びを見せている。国家的にも、地方的にも配管網のインフラ予算は経済状況に非常に敏感である。しかしながら、問題として残っているのは、配管網の新設はここ10年の間に加速的な費用の増加が予測されるが、修復にかかる支出がそれをはるかにしのぐことだ。現在、修復の支出は全体の60％であるが、新設にかかる経費で連邦政府の回転資金が低下する将来には70％に上昇すると見られている。厳しい自治体の予算状況は、修復を優先すると見積もられているからだ。

──非開削修復技術（トレンチレス工法）

修復ビジネスではおもに配管網のアップグレード、維持、復元を行なう。これらは上下水インフラのバックボーンでもある。

非開削修復技術（トレンチレス工法）は、修復市場のもっとも重要な技術である。この工法にはパイプ内部からの修理や、傾斜掘り、マイクロトンネル、

★5 Eleventh Annual Municipal Sewer & Water Survey: Underground Construction (February 2008), www.oildompublishing.com/uceditorialarchive/feb08/survey.pdf .

パイプ破壊工法、粘液ライニングなどのさまざまな手法がある。自治体上下水地下建設年鑑によると、下水と雨水の修復市場では70％がトレンチレス工法を利用しているが給水管修復市場では30％と利用率が下がる。新築では、下水および雨水の市場では22％がトレンチレス工法を利用している。排水市場におけるシェアが比較的高いのは、合流式下水道越流水対策とEPAによる規制のためである。排水管網ではこの工法が良い結果を見せているため（とくに水平傾斜掘り）、現在は上水市場にも使われるようになってきている。飲料水の水質規制が厳しくなる今日、この工法は上水道での使用がより増加すると予測される。自治体は多くの構造的な問題や規制に対し、この工法は費用対効果に優れた暫定的な解決方法であるとみなしている。

水平傾斜掘り（HDD）[注6]の技術はまだ新しいものであるが、水業界では広範囲に使われている。垂直に掘り下げるのではなく、水平に傾斜しながら掘るこの方法は既存のランドスケープを破壊しない工法である。HDD市場の1／4は水市場からの需要で、かつての好景気を見せた電気通信市場に引けを取らない。パイプ破壊工法（パイプバースト）は、老朽化しているパイプを改装するのに使用される修復方法である。古いパイプを破壊する先端がホストパイプを通して移動し、破裂の衝撃で古いパイプを壊しながら周辺の土壌に破片を散らし、それと同時に、新しいパイプ（通常高密度ポリエチレン）を敷設していく。

水道事業体がいかに給水インフラの改善を提供できるかは重要な研究課題である。都市部は、一般的に寿命の尽きた古い分配システムの悪化に直面している。大規模な上下水配管の修復が必要なため、このセグメントは、長期的に見ると、無視できない投資機会となる。修復技術

注6　Horizontal Directional Drilling

180

のサービス市場は非常に断片化していて、ほとんどの企業は小さい民間企業である。比較的大きな企業はＴＴテクノロジー社（TT Technologies）、ディッチ・ウイッチ社（Ditch Witch）、ホバス社（HOBAS）、アセテック・インダストリー社（Astec Industries）、そしてバーマー社（Vermeer）などである。公共部門での大手はインシツフォーム・テクノロジー社（Insituform Technologies）である。

地下配管インフラ事業は市場の潜在的な大きさと、老朽化している配管網のイメージから投資対象として大きく注目される分野である。高度な知識、熟練した人材、自治体の理解、多様なトレンチレス技術がトレンチレス工法の原動力となる。伝統的な配管網のインフラ修復に代わって、実用的かつ経済的な技術を提供できるのはこのセグメントである。したがって、急速な成長が見込まれるが、同時に忍耐も必要となるだろう。

流量制御とポンプ

どのような規制や経済的課題があるにしても、水事業のあらゆる処理や工程、または供給システムの使用に関して普遍的なことは「水は移動しなければならない」ということである。重力もしばしば上下水道システムにおいて役割を果たすが、流量制御の主要な原動力はポンプである。水事業における長年の大黒柱として活躍してきたが、ポンプの開発は１つの停滞期に達したと考えられる。しかし、ポンプは水事業では基本的装置であり、技術革新の波はこの分野にも押し寄せる。ポンプの素材や形状の開発、また、性能の改善は市場を前進させている。高い運転効率のポンプは事業としての成長につながるからである。

ポンプの機能は単純である。それは、水や液体にエネルギーを加える機械的装置である。ほとんどの給水システムにおいて、ポンプは、水を汲み上げ、圧力下の配水管網を移動させるのに使われている。ポンプを分類する1つの方法はその利用手段である。たとえば、川や湖から水を汲み上げて、近くの処理施設にそれを移動させる取水ポンプ、処理済みの飲料水を送水および配水システムに送り出す送配水ポンプ、また、配水システムの中で圧力を増強させたり、高い貯水タンクに水を揚げるために必要な給水ブースタポンプなどが使用されている。

もう1つの分類方法はポンプの機械的原理によるものである。これには2つの基本型がある。容量型ポンプと遠心ポンプである。容量型ポンプはポンプのロータが回転するごとに一定量の水を移動させるもので、回転部分と往復運動部分の2つの部分に分けられる。水はポンプの外枠から出てくる。一般にこれらのポンプは、高所からの低容積ポンピングで使用される。遠心ポンプは一般に、それほど高価でなく、メンテナンスも容易なため、給水、雨水、および排水システムに使用されるもっとも一般的なタイプである。遠心ポンプは、内圧をつくるための急速回転のプロペラ機能を使い、それを加速することによって水にエネルギーを加える。水は、プロペラの力で外に投げ出され、らせん形の外枠を通り抜ける。その間に速度が徐々に減速される。速度が落ちると、機械的エネルギーはらせん状の枠の先端で圧力となって水が排出される。

他の種類のポンプは、軸ポンプ、垂直タービン、複合流ポンプなどである。軸流と複合流ポンプは、プロペラの先端で流れを引き起こす。一般にこのポンプは低い位置からの大容積処理向けに使用される。

ポンプの定義はともかくとして、現実の投資機会をつくり出すのはその応用方法である。ポンプが使用されている物理的また経済的な環境は変化している。まず排水とプロセス水では根本的に異なった磨耗特性をもつ。また、ポンプは過酷な環境の下で作動するため、新素材の開発がポンプの性能と寿命を改善する。さらに、ポンプの設置場所と種類を正しく行なうことで、総合的システムの経済性と運用効率を図ることができる。適切な計画と立案が資金と維持費の節約につながってくるのである。

水事業におけるさまざまなポンプの激増は水業界の多様性を写し出している。それらは、汚泥や地中廃棄物の規制、家庭用ろ過システムの出現、インフラの修復、増加人口による需要、産業廃水の監視などである。これらによって、消費者の要望は高まり、新製品の開発へとつながっていく。地中廃棄物に関する厳しい規定は、すべての新しい地中廃棄物施設に浸出水の集排水設備を設置することを義務付けている。地中廃棄物からの浸出水は汚染がひどいため、地下水に流入するのを防ぐ必要があるのだ。浸出水設備のない古い地中廃棄物場や浸出水収集管の作動が不適切な新しい地中廃棄物場では、専用ポンプで浸出水を専用の井戸へ収集する必要がある。

通常、凝縮ポンピングは埋立地におけるガス回復における重要な作業である。歴史的には、水中電気ポンプは、埋立地浸出水の処理と凝縮ポンプとしての利用に唯一可能なポンプであった。しかし、最新でもっとも高性能なポンプは自立式の圧縮空気圧ポンプである。

汚泥再利用のためのパート503（Part 503）基準（第13章を参照）はポンプにイノベーションと新市場を開いた。この基準は汚泥の適切な処理と廃棄の手段を迅速に認識させるためのものである。汚泥の容量減少が費用節減をもたらしたので、ポンプの排水機能に対する需要

はもっと増えるだろう。

地中廃棄物と汚泥に関する規制はポンプの技術革新を促進させる。また、ポンプの新素材開発もその性能、信頼性、耐用年数の強化で新市場を創出した。もっとも重要で最新の排水処理用ポンプはすべてがステンレス製で、幅広い排水を処理できる新世代の装置である。従来の重くて高価な鋳鉄製のポンプは機械的な制限により、ポンプの外容器の壁が厚かったので、熱を消散させるのが困難だった。このために鋳鉄ポンプ技術には限界がある。製造工程の改良により、従来のものとほとんど同じコストで新技術によるステンレス合金製の水中ポンプを使用できるようになった。これらの新しいポンプは、従来のものより軽く、機械的強度もあり、熱放散性にも優れ、維持も容易で、毒性の高い潤滑油を使用する必要がない。

素材技術は非金属製のポンプを開発可能にした。耐熱プラスチック製のポンプは腐食性や研磨性のある浄水／排水に、また腐食性の蒸気や排水処理用の薬品を扱う際に使用される。ポンプに付帯する他の新技術は、高容積の固体を含む水を扱うための特別な流体システム、内蔵型の故障検知システム、水力効率の高い撹拌装置などである。

ここにきて、ポンプの新市場が現われた。増加する住宅用や商業用のろ過器における需要は、特定のタイプのポンプを必要としているからだ。とくにグローバル市場では、逆浸透システムの低水圧を補って、膜の適切な作動を促すための給水ブースタポンプが必要となる。

伝統的に、ポンプ事業は非常に断片化している。しかし近年、世界的水供給業者と肩を並べるために、コストを下げる必要性に迫られていた影響で、かなりの統合化が進んだ。さらに、水業界におけるポンプ事業は、製造ラインの拡張と市場への参入をもくろんだ企業買収へとつ

第9章 水インフラ

表9-1 給水／送配水の関連企業

企業名	上場記号／SEDOL	国籍	おもな水事業分野
Ameron International	AMN	米国	送水管敷設
Northwest Pipe	NWPX	米国	溶接鋼管(送水用)と炭素鋼管(灌漑用)
Astec Industries	ASTE	米国	水平傾斜掘り機(Astec Underground)
Insituform	INSU	米国	In situ工法による配管修復
Wavin NV	B1FY8X2	オランダ	プラスチックパイプシステム:配管工事と下水/雨水の管理
Geberit AG	B1WGG93	スイス	ヨーロッパの配管大手、衛生技術、パイプシステム
Watts Water	WTS	米国	流量制御バルブと水質保持製品　逆流、圧力調整器、流量制御、ろ過システム、検査、POU
KSB Group	4498043	ドイツ	ポンプとバルブ:灌漑用、雨水利用、統合流体システム:上下水処理プラント用
Georg Fischer	4341783	スイス	GF配管システム:飲料水送配、廃水、灌漑、上水処理、淡水化
栗本鐵工所	6497941	日本	上下水用ダクタイル鋳鉄管、水門、水管橋、強化プラスチック管
日本鋳鉄管	6643272	日本	上水用ダクタイル鋳鉄製品、プラスチック管、民生用水関連技術
Uponor Oyj	5232671	フィンランド	保護用配管システム、ProPexプラスチックチューブ
Franklin Electric	FELE	米国	水中モータおよびポンプ
Layne Christensen	LAYN	米国	水源掘削、送水管敷設およびメンテナンス、下水道修復
Mueller Water Products	MWA	米国	給水栓と配水制御製品(Muller)、ダクタイル鋳鉄(圧送)管（US Pipe）
Roper	ROP	米国	水道メーター、AMR製品とシステム(Neptune); ポンプと流量測定(Abel, Roper,Cornell)
IDEX	IEX	米国	容量型ポンプ、冷却塔、(Viking;Pulsafeeder; Warren Rupp)
Flowserve	FLS	米国	送水ポンプおよび処理、配水、下水道、灌漑、洪水制御システム

表9-2 ポンプ・バルブと水流制御関連企業

企業名	上場記号／SEDOL	国籍	おもな水事業分野
Crane Co	CR	米国	自治体／産業／商業用のポンプ；Cochrane水処理システム
荏原製作所	6302700	日本	フルラインの鋳鉄・ステンレス製水中遠心ポンプ(上下水, 汚水, 汚水槽, 廃液, 脱水および洪水制御向けなど)
Flowserve	FLS	米国	ポンプとシステム：送水, 処理, 配水, 廃水, 灌漑, 洪水制御
Franklin Electric	FELE	米国	水中モータとポンプ
Gorman-Rupp Company	GRC	米国	ポンプと関連装置(ポンプとモータ制御)：上下水処理, 灌漑, 火災防止(Patterson, Gorman-Rupp)
IDEX	IEX	米国	上下水処理用容量型ポンプ, 産業用冷却塔(Viking;Pulsafeeder; Warren Rupp)
ITT Industries	ITT	米国	広範なポンプ製品群(Goulds,Marlow, Lowara), 廃水処理ポンプ(Flygt, Grindcx,A-C Pump)と処理システム(Sarutaire.WEDECO, Aquious)
KSB Group	4498043	ドイツ	ポンプとバルブ；灌漑, 処理, 雨水利用, 統合水管理システム, 上下水処理プラント
Met-Pro	MPR	米国	液体処理セグメント(淡水化, 水再利用, 逆浸透, 公共の水族館 養殖漁業, および廃水アプリケーション)のための高性能ポンプ
Pentair	PNR	米国	広範囲で高品質の遠心ポンプ, バルブ, 流量制御製品(Fairbanks, Morse, Jung etc.)家庭用プール／スパ, 自治体／産業用
Roper	ROP	米国	検針メーター, AMR製品とシステム(Neptune)；ポンプと流量測定(Abel, Roper, Cornell)
SPX Corporation	SPW	米国	ポンプとバルブ

ながっている。

ITTインダストリー社（ITT Industries）はこのセグメントにおける統合に積極的な企業の良い例である。ゴウルズ・ポンプ社（Goulds Pumps）の買収によりITTは日本の住原製作所をしのいで世界でもっとも大きいポンプメーカーになった。ITTはイタリアのポンゾメーカーであるユニサービス・ウェルポイント社（Uniservice Wellpoint）も買収し、企業戦略の一部としてフリグト・グループ（Flygt Group）のポンププロバイダーからソリューションプロバイダーへ転換した。ポンプの需要は開発途上国で大きく伸びている。

統合が進んでいるにもかかわらず、ポンプ業界にはまだ多数の、小さな民間企業が存在し、非常に断片化されたままで残っている。廃棄物の取扱いや流体管理と処理を低価格かつ高性能に行なえる方法をつねに模索しながら、水処理業界は世界中で急速に発展している。その結果、ポンプ事業は既存のポンプ技術を急速に高めることと、新製品とシステムの導入の両方を目指している。水業界ではあまり目立たないこのセグメントは、淡水化のような特殊市場の開拓や、開発途上国からの要求などで、平均以上の成長をすると予測される。表9−1および表9−2を参照されたい。

第2部 水への投資

第10章 水分析
Water Analytics

世界の水分析市場は1・89兆円（210億ドル）と見積もられている。[1] この市場には、上下水の分析サービス、分析機器の製造、分析方法の開発を行なう企業が属している。規制に対する水質検査はもとより、水利用の最適化を図るための分析が直接的、間接的に行なわれる。分析測定とは水に関する特定の項目を計測し、一定の条件を満たすかどうかを判断することである。これらの計測は多くの水事業において不可欠である。また、水インフラを守るためにも欠くことができない。

米国環境保護庁（EPA）は水分析において多くの活動をしている。現在の水質規制を監視する一方、将来を見据えた資料収集も行なっている。規制が厳しくなるにつれ、分析は都市の上下水処理産業の機能を支えるものとなっている。こうした規制強化に対応するためには資金が必要となる。これは、環境分析機器製造やサービス提供業者がこれから成長する兆しと判断してよいだろう。

検針

水がどれくらい大切なものかは、使った者が「料金を支払う」ということでわかる。しかし、

★1　WaterTech Capital, LLC：" Water Instrumentation and Monitoring Markets." White Paper, May 2005.

188

第10章　水分析

世界には水の消費量を測定していないところが多く存在する。水の実際の原価と消費特性を反映する料金体系のあるところだけで料金が徴収されているのだ。

自動検針（AMR）[注1]は、無線器付水道メーターと自動読取装置からなる、水の使用量を計る自動システムである。従来は単純な検針方法（人がメーターを見る）が安定した方法だと考えられていたが、AMRは通信を利用して、水消費量のデータを遠隔地にある中央制御部まで自動送信する装置である。規制緩和により電力業界でAMRはすでに使用されており、運用効率の良さと資源管理の必要性からの業界でも注目されるシステムとなっている。

水道事業者が選ぶことのできる検針用の計測技術は数多くあり、その中でAMRは現在もっとも注目されている。それは、実際の検針器に取り付けて双方向のデータ通信を可能にする集中システムだからである。このようなシステムでは各検針器はネットワークで結ばれている必要がある。

水道事業体では、自動検針は競争力のある技術と見なされている。管理側から見ると、AMRは検針にかかるコストを大幅に削減し、増収につながるメリットがある。また、不正確な料金請求をなくすこともできる。使用者側では、水消費に関するリアルタイムの情報（漏水、消費特性、使用時間など）を知ることが可能になる。正確でタイムリーな水使用量の計測データはピーク需要や水の効率的な価格決定に貴重な情報となるのである。

AMRは検針以外でも付加価値のある製品として顧客にサービスを提供できる。たとえば、リアルタイムの料金表示、毎時の計量、オンデマンド支払、給水停止通知、いたずらや窃盗の

注1　Automatic Meter Reading

防止、漏水検出、遠隔停水・停水解除、ホームオートメーションなどの多彩な機能が存在する。いくつかの機能（ボイスメッセージや発信番号表示など）はすでに、地域ベル電話会社（RBOCs[注2]）によって規制緩和されたテレコミュニケーション環境でうまく適用されている。

AMRの多少行き過ぎとも思われる機能には不確定要素もある。通信にかかる費用は水道事業体側にかかってくるし、装置の標準化がないため市場に混乱を引き起こしかねない。ちなみに既存の装置の場合、長距離の双方向通信を維持できる電池の寿命は6年といったところである。

また、多くの技術的問題が残っている。大きさの異なるAMRで異なった周波数の信号を利用していることも問題の1つである。周波数の読み違いは自動検針の意味をまったくないものにしてしまう。製造側もこれについてはまだ確信がない。異なった仕様のAMRをどうネットワーク化するかがこれからの技術的課題だ。

水道の遠隔制御装置は1960年代にすでに試作されていたが、現在の情報技術によるAMRでは大規模な設置が可能である。大きな水道事業体はつねに試用している。デンバー水道局（Denver Water）は小型無線送信機をつけたAMRメーターを22万個所に設置した。これにより、33人の検針員が1日で読み取る量を、運転手1人で1日で読み取れるようになった（効率が33倍になった）。急速に広まったAMRは、今後も大きな成長が見込まれる。事実、10年前にはゼロだったAMR装置と関連サービス企業は、現在全部で50社もある。これらの事業者はAMRの生産からネットワークプロバイダーに至るまで幅広い分野で成長している。多くの小規模な企業が、AMRのシステム企業として設置サービスを行なっている。AMR

注2　Regional Bell Operating Companies

190

第 10 章　水分析

の装置自体は広範囲なネットワーク化のための互換性と標準化、さらに通信のライセンスを必要としているが、設置をおもに担当するシステム企業は従来の業界がもっていないこの部分を補っている。

AMRの環境はまちまちである。基本的には米国連邦通信委員会（FCC）のライセンスを必要としないで検針することができる。今ではAMRのデータを交換できるネットワークを構築する企業が現われている。ネットワークの分野は大手の通信事業だけに可能な高嶺の花であったが、今は専門情報プロバイダーの成長市場になった。アイトロン社（Itron）のような企業が開放型データシステムを提供している。AMRもこの中に含まれ、主要なメーカーのAMRはすべて互換性をもつように構築されている。

競争圧力、運転費用、強化される水質基準、そして環境保護といったことが水道事業を大きく変えている。水供給の最適化は必須だ。AMRの接続性、通信ライセンス、そして電池のコストなどの問題は

表 10-1　検針関連企業

企業名	上場記号	水業界のセグメント	おもな水事業分野
Badger Meter	BMI	流量計測	手動および自動検針器（AMR）（Orion^R, Galaxy, Itron^R, TRACE^R），住宅／産業用メーター
Itron Inc.	ITRI	メーターデータ収集；ソフトウェアソリューション	水使用情報技術
Techem AG	Macquarie により買収	自動検針（AMR）	水使用量計測と料金徴収
Roper Industries	ROP	工業用技術；RF 技術	メーターとAMR製品およびシステム（Neptune）；ポンプと流量測定（Abel, Roper, Cornel）

あるが、AMRは多くの水道事業体が標準的に設置できるようになってきた。したがって、水消費を計測するこの分野での投資における基礎条件は充分に整っているといえる（表10-1）。

監視、測定、試験

水道業界による広範なデータ収集への取組みは興味を引くところである。しかし、水質管理の規制で縛られる水道には経済的限界がつねにつきまとう。つまり、何といっても、中核は水分析ビジネスなのである。水質の規制に対応する、研究、診断、監視を提供する企業である。この誰からもあまり羨まれない分野にも、法の裏にある科学と取り組む事業への投資機会は広がっている。

今日の飲料水に関連する健康リスクは微生物汚染（バクテリア、ウイルス、など）が一方にあるが、他方ではその殺菌、消毒からの副生成物による害がある。現在、公共の水道では、微生物汚染を安い費用で最大限に制御しようとすると、最大限の殺菌、消毒が必要になる。その結果、消毒副生成物を大量に出すことになる。副生成物の量を制御しようとすると、今度は微生物汚染が残る。これを「リスクのトレードオフ」という。人の健康に直接影響を及ぼすこの問題には、早急な対応が必要だ。

情報収集規則（ICR）[★2]はこれらの問題について情報収集を行なうためのルールであり、米国の水事業体により提案された。このルールは3段階で構成されている。第1段階は、微生物汚染と消毒副生成物の因果関係、健康への障害、分析方法、適切な処理、などに関する情報収集である。ICRは大規模な公共浄水施設（PWS）から微生物汚染のレベルに関する情報を

★2 " Information Collection Rule (ICR), " 61 Federal Register 24354 (May 14,1996). The ICR study was the largest, longest and most carefully formulated water quality study undertaken by U.S. water utilities in support of future regulation of microbial contaminants, disinfection alternatives and disinfection byproducts.

第10章 水分析

収集するために設立された。PWSは飲料水中における以下の項目をEPAに情報提供する義務がある。

・原水がすでに化学物質（消毒副生成物など）を含有する場合の微生物汚染処理がつくり出す消毒（殺菌）副生成物（DBP）のレベル
・クリプトスポリジウム属を含む疾病を引き起こす微生物（病原菌）のレベルおよび現行の微生物汚染制御方法

EPAはこれらの情報と研究をもとに、DBPに関してさらなる規制強化が必要かどうかを判断する。このために、水の特定項目を測定する分析機器が必要となる。

水分析の業界は自治体の衛生試験所より優れた機能をもち、試験設備、外部調達、技術的モニターなどをすでに市場化している。規制強化で水のさまざまな項目は監視と測定の必要性がより増してきた。分析業界は公共水道事業体にとって必要不可欠な存在である。また、規制順守、価格制御、処理過程の監視はますます複雑な機能と情報を必要としている。これらのことは、国内の分析装置メーカーに大きな需要を約束するものである。水道事業は毎月、水質検査の結果をICRのデータベースに記録する義務がある。しかし、状況はいつもそれほど有望なものではない。

分析装置

分析装置は水質の測定と監視に不可欠である。したがって、世界的な景気後退にもあまり左右されない。実際はむしろ、水の安全やインフラへの関心が高まり、市場は成長の傾向を見せている。水の安全や水質規制の強化、品質管理の必要性、そして、限られた経費などはすべて、分析装置メーカーにはプラスの要因となっている。

そして驚くべきことに、この世界市場は1.8兆円（200億ドル）以上と見積もられている。このセグメントが急速に拡大していることを念頭においてもらいたい。分析とは水に関する特定の項目を計測し、一定の条件を満たしているか判断することである。これらの計測は多くの水事業において不可欠なものだ。また、水インフラを守るためにも欠くことができない。

「水の安全」とは新しい概念である。水質モニタリングシステムは汚染物質の有無をつねに監視する。水の安全への関心が高まり、リアルタイムでの水質管理の価値は劇的に上昇している。こうした分野には多くの機能が必要となる。それらは、センサー、分析技術、絶え間なく変化する水質の監視、リアルタイムでの監視データ送信、結果の表示、結果の解析とそれによる将来的予測である。センサーからのデータで、汚濁発生などの事前処理が可能となりコスト節減につながる。国土安全保障においても保護プログラムの早期警戒ツールとして非常に貴重なコスト削減の利点がある。

処理システムでは、水質分析のみで水質を保ち、コスト削減の実現を図るわけではない。他のプロセスも含めて総合的に評価する必要がある。経費と水質の両方を制御するプログラムが

★3 ★1を参照.

194

組み込まれた分析装置は、一定の水質問題に対処できるようになっている。実際の操作と維持コストを節約する唯一の方法は処理される水の特性を最大限に適正化することだ。これは、処理前と処理工程中で水の分析と修正処理を繰り返すことで達成される。たとえば、pHは有機物質の除去に大きく影響する。こうした有機物質は凝結過程でミョウバンと反応し、トリハロメタンを生成する。pHの測定が消毒副生成物を制御する例である。また、他にも水の特殊な項目を事前測定し、一定に保つことで、さらに高価な処理を回避できる例はいくつもある。

これらの項目は、一般的、物理的、化学的、微生物学的、放射性元素など、さまざまなものである。そして、それらの分析は監視プログラムや経費削減プランの一部を担う。水の物理的な状態を表わす一般的な項目は、濁度、温度、pH、蒸発残留物、色、味、臭い、そして伝導性などである。水の色、味、臭いなどは主観的な項目のように思われがちだ。しかし、それぞれは他の原因を反映している場合がある。たとえば、重金属、藻類、また、有機化学物質などである。化学的項目は溶存酸素（DO）、生物化学的酸素要求量（BOD）、化学的酸素要求量（COD）、無機化学物質、や有機化合物など含んでいる。また、化学的検査で固体（たとえば、溶解性蒸発残留物（TDS）を分類することができる。また同様に、濁度は細菌学上の判定に使用される項目であり、規制の強度がもっとも高い項目の1つである。

分析検査や測定を必要とするEPA規定は他にも多く存在する。規制強化で水のさまざまな項目は監視、測定の必要性が増してきた。分析業界は公共水道事業体にとって必要不可欠な存在なのだ。また、規制順守、価格制御、処理過程の監視はますます複雑な機能と情報を必要としている。これらのことは、国内の分析装置メーカーに大きな需要を約束する。加えて、雨

さまざまな水質測定機器

一般にラボ用、携帯用、インライン用などがある。

水流出の規定でも測定を義務付けられている一連の汚染物質がある。

分析装置の需要は、水道の運用効率や、国土安全保障の問題、規定遵守などが強調されることでさらに拡大する。メーカーは、製品価格と品質の本質的関係において、他と格差をつけ、市場占有率を上げようとする。その方法としては、上質の顧客を獲得することや、アフターサービスの充実を図ることなどによる。また、製品に付加価値を付けることが重要なことはいうまでもない。したがって、分析装置関連の企業も業界のさまざまな問題を解決する革新的な解析システムを設計することで、大きな成果を上げることができるだろう。

分析装置の市場は、高度な検査技術と水監視の強化で、利益を獲得できる状況になってきた。しかし、このセグメントの企業は一般的に短期間での急成長は見込めない（ここ数年は年約8％の成長）。しかし、水資源管理のIT化では中核となる分野である。たとえば、正確に汚染物質を検出する免疫学的測定キットは時流に乗った費用対効果の高い製品である。他には超臨界流体抽出（超臨界ガス抽出法（SFE））設備などの新解析法による設備を開発している企業もある。SFEとはさまざまな物質を分析の前に分ける実験室用の試料調整法である。この方法で分析時間が短縮されるので経費節減になる。また、非毒性炭酸ガスを使って毒性物質を取り除く技術など、特殊検査の企業は現場での分析や、化学分析の簡素化といったニーズを追求している。また、水分析企業の多くは検査試薬やキットを製造している。その他にも、濁度計、分光光度計、色度計、処理機器、微生物製品、電気化学製品なども製造している。時間のかかる分析は即時の水調整を必要とする水道事業体には向かないため、短時間で分析結果が出て、高い互換性をもつ多くの検査技術が必要とされている。

★4 同前.

第10章 水分析

今では、1兆分の1のレベルで汚染物質を検出できるようになった。主要な問題は残留する発癌性物質、変異誘発物質、または催奇形物質が慢性毒性を人にもたらすかということである。1540年にパラケルスス（スイスの医師・錬金術師）は「投薬とは毒なり」といったが、投薬／毒性の因果関係は高度処理を行なっている先進国が抱える大きな問題である。たとえば、消毒副生成物の発癌性や医薬品および化粧品類（PPCP[注3]）が内分泌系に及ぼす影響などがその例である。PPCPに関しては分析装置により残留汚染物質を1兆分の1のレベルで検出できるようになった。内分泌系の乱れからホルモンに影響が出ているならば、それは微量残留物が原因である。新しい検査方法では内分泌系に作用する物質の検出も可能になった。

――研究所（ラボ）

公衆衛生を守る重要さを考えると、多くの分析結果をもたらす水の研究所は活気のある市場といえよう。しかし、純粋な科学的方法と市場を結びつけるのは難しい。効率的なコストで付加価値を提供する研究所のネットワークが出現しない理由もここにある。大規模な研究機関と地方色の強い小さな検査施設との間には巨大な隔たりが存在する。多くの水道事業体は独自の研究所を備えることができるが、本業重視とコストの関係で外注の傾向が強い。しかし、いくつかの大きな私的研究所の現状を見ると、非効率に断片化している実験事業をそれぞれで合理化するよりも、統合する傾向が見られる。水の研究所は、水業界では合理化を必要とする第一候補である。

このセグメントは、危険排水の調整とそれにかかわる過剰な需要に長年苦しめられてきた。

注3　Pharmaceuticals and personal care products

それに加え、見返りの少ない研究所に対する嫌悪感が業界における構造改革の機会を見逃してきた。前述したように、みずからが規制外の多角経営に気を取られ、水質分析を外部の試験所に頼っていた水道事業体は、分析事業に充分、目が行き届いていなかった。追加の設備投資によって独自の試験所を水道事業体の収入源に変える試みは簡単に消え失せた。

水分析業界の構造的な欠陥を長々と語るよりも、ヘルスケアの類似した状況が投資機会のアイデアとして良い例となるかもしれない。クエスト・ダイアグノーシス社（Quest Diagnostics）は非効率で断片的だった医療検査施設を合理化することにより医療診断ビジネスに大改革を及ぼした。重要なことは、地方の検査施設がネットワークで結ばれ、医療情報のオンライン化が図られたことである。

現在、この企業は、患者の情報を常時、ネットを使って取り出せることで、詳細な情報を得たうえでの決断ができるようになった。この形態は水事業における検査、分析、監視、そして規制順守に適したモデルのように聞こえないだろうか？

水道事業からの需要は確実に存在する。ここでは、研究所の検査結果を必要とするクライアントは人ではなく事業体なのだ。安全な飲料水条例に基づく水道水の検査、水質浄化法による排水規制など多くの規制が水質の監視を常時必要としている。水質の基本的また特殊分析の需要に加え、水資源管理においても、外注に頼っている大量の累積需要が存在する。しかし、変革は一晩では起こらない。水の分析事業では純粋なプレーヤーがまだ存在しない。投資家はこの事業分野が市場の注目をいずれは集めることを知っておくべきである。

198

資産運用（アセットマネジメント）

上下水道事業は水質規制に対応するもっとも費用対効果の優れた方法を懸命に探している。米国会計検査院（U.S. General Accounting Office）によると、29％の上水道と41％の下水道は、その経営が現在の徴収料金では成り立っていない。施設更新の遅れ、ぎりぎりの料金体系、配水網の修復などを考慮すると、現行の低料金体系ではとても充分とはいえないのだ。[5]

前述のとおり、インフラ維持の財源不足、そして、政府による補助の必要性が、上下水道における包括的な資産運用（アセットマネジメント）の原動力となっている。産業における、広い意味での資産運用とは、資産としての基本設備を、費用対効果を最大にして、設備のもつ寿命まで、いかに効率よく管理するかということである。さまざまな制度や規制に適正に対応するにはコストの抑制が重要であるが、上下水道の料金体系も必要財源の源として適正なものでなければならない。したがって、資産運用におけるコスト最小化を図るためには、政府の規制と、顧客からの要望を同時に満たすサービスを提供する必要がある。ここでいう主要な資産とは、処理設備、収集システム、パイプライン、給水本管、および他の主要な設備である。

資産運用とは、資本投資についての意思決定を情報分析により行なうことである。その情報は、鍵となる基本情報から最新の配水プロセスをもつ自動処理プラントまでと、かなり幅広い。規制する側は水道事業の資産運用における努力に対して、見返りのあるような料金体系にしようとする。オートメーション化によりエネルギー資産が最適化されたたように、水業界においても、ITの導入は業界が高成長する鍵であり、投資機会でもある。

---

[5] "Water Infrastructure : Information in financing, Capital Planning, and Privatization", GAO-02-764, Washington, D.C.: August 16, 2002.

監視制御とデータ収集（SCADA）

精巧なSCADAシステムは資産運用の中核をなす。SCADAシステムはポンプやバルブといった設備の要所からデータを収集し、現状を把握し、予想し、全体をコントロールする。このシステムにより排水収集、ポンプ設備、配水系、リモート機器、雨水流の逆流制御などを常時、監視制御することが可能になる。情報技術と自動化された設備がともに働くことで、長期的なコストとエネルギーの節約につながる。これにより、料金上昇を抑え、プラントを最効率で稼動させ、またこれにより、信頼性も向上する。

地理情報システム（GIS）

地理情報システムは水事業で、最近出現した解析ツールである。このソフトウェアの鍵は位置情報に基づいた地図情報の提供である。このソフトウェアを通して地理情報（流域、湿地など）を水資源管理に使用することができる。GISによる三次元位置情報の提供は、革新的な資産運用技術として重要な意味をもつ。さらにまた、GISのデータから収集システム、パイプ、処理設備などの物理的施設要素も知ることができる。したがって、経営上、水道設備の組織化に必要な情報として役に立つのだ。顧客情報、規制、汚染物質の移動特性などGISからの情報を結び付けることにより、問題解決や重要な意思決定に役立てることができる。さらにSCADAシステムとGISデータを共有することで、設備維持と資本計画が容易になり、水道の資産と資源管理をより広い概念で前進させることができる。

国土安全保障

9・11のテロ事件以後、多くのものが変化した。国土の安全と水インフラの関係にも大きな注目が集まっている。しかしながら、前向きな政策はあまりなく、大した予防策もないままである。米国政府は2007年に国家としての水インフラに関する計画（SSP[注4]）を発表した。この計画は国土安全保障省（DHS[注5]）による、水インフラの保全に対する包括的な枠組みである。この計画の根幹は「官」と「民」との強い協力体制である。しかし、これは多分に、現在の水問題を官僚的表現でいい換えただけのもので規制順守や水インフラの資金不足、水サービスの外部調達、代替化する資金調達源、民営化などのことが記されているにすぎない。では、投資家にとって重要なことはいったい何なのだろうか？

DHSとEPAによる、134ページに及ぶ報告書「国内産業基盤の保全計画："水"危機的インフラの状況と基本的資源としての具体策[注6]」が発行された。水（飲料水と排水の両方）はさまざまな形で痛手を受けやすい。汚染物質や有害物質からの攻撃はもちろん、物理的攻撃やサイバー攻撃すら受けるのである。こうしたことは公衆衛生上、多くの病気や被害、また、水サービスにおける障害などを引き起こし、長期的には経済活動にも影響を及ぼす。報告書はこうした悪影響を受ける分野を特定している。それらは、水に直接依存する消防活動、ヘルスケアなどの他に、エネルギー、運送、食物、農業といった間接的に依存する分野も含まれている。

SSPには経済や公衆衛生上の重要度から、特定される資源や資産を、優先的に調整する取組みが示されている。上下水道事業体は、水の安全性に関するこの計画を進めるために、ま

注4　the 2007 water Sector-Specific Plan
注5　Department of Homeland Security
注6　Water:Critical Infastructure and Key Resouces Sector-Specific Plan as input to the National Infrastructure Protection Plan.

ずは、弱体部分のさまざまな調査を行なった。そして、それに対応する手段として、施設管理の改善、物理的障壁の拡張、化学物質の取扱い制御強化、サイバー環境の導入などが打ち出された。しかし、報告書はもっぱら脅威を強調するばかりで、具体策（とくに費用の面で）にはあまり触れていない。運営側にも重要であり、投資家にも興味のある、さらなる安全性を高める方法は報告書の範囲外なのである。

最終的にDHSはもう1つのプロジェクトに資金を出すこととなった。それは、「国内自治体における水道設備の徹底解析」と銘打って、水の安全を満たすうえで、最新技術が欠けている領域を徹底解析するものである。こうした試みは何年も前になされるべきであった。いずれにしても、米国水道協会（AWWA）、水環境連盟（WEF）からの提言も手伝って、このプロジェクトが実質的な優先順位をつくり出すことが予想される。国土安全保障支出に比例して、ここで特定される分野に、投資家も注目すべきである。

水の安全確保は新しいテーマである。このための水質監視システムは汚染物質検出に欠くことができない。リアルタイムでの環境監視と予測は安全の確保に対する意識とともに高まっている。中核をなすセンサー技術と分析技術により、水質の生物／化学的な要素を数値化して取り出し、リアルタイムで送信し、解析結果から将来的な予測をする装置が開発されている。水道の資産運用においては、こうした手頃な値段の高精度なセンサーは運営上の戦略としても、未来を開くものである。

水の監視に関連した企業は多く存在するが、このセクターは水の安全に関連する需要をはっきりと見通してはいない。水の安全確保に注目する投資家は明確な解決法を提供できるシステ

ムそのものに、焦点を合わせるべきであろう。たとえば、ダナハー社（Danaher）はテロリストの汚染攻撃から飲料水を守るための早期警戒監視システムの開発でDHSから表彰を受けている。このシステムは青酸化物から農薬、また、リシンやVXガス（神経ガス）も汚染物質として検出し、警告する。これには特許を取った早期警戒技術が使われている。エマソン・エレクトリック社（Emerson Electric）は高性能なSCADA制御系を統合した頑丈で強固なインフラ提供を活発に行なっている。

われわれの水資源への多大な脅威を引き起こしかねない事例については、用心深く語る必要がある。健康に被害が出るほど大量の物質を、限りなく薄められてゆく給水システムにわざわざ投入するということに、多くの人びとは無関心であるように、テロリストにとってもそんなに魅力的な方法ではないだろう。もっと、明らかで、よく知られていることがある。小型トラックに乗せてあった塩素ガスのボンベで、5人が死亡し、55人が病院に収容されるという事件がバグダットで起きている。ガスが広がっていたら、被害はもっと大きかっただろう。米国国防総省はこの手の作戦が、過去に少なくとも3回ほどあり、テロリストの新兵器として使われたことを発表している。水消毒の代替手段として、塩素ガスに代わるものを探すことが必要だ。また、現場での塩素生成もその場に塩素が存在することから危険性がある。

水の供給という重要な公共事業を確実に行なうためには、安全のレベルを保つために多くのことが必要となる。この目標を達成することで得られる恩恵は国土の安全保障以上のものである。これに関連する水インフラ統合の設計にかかる支出は投資家にとって、継続的で特別な機会と成り得る。水分析の技術は、やっと表面をなでる程度のものであるが、積極的にこれらの

技術を使用するために、水の安全確保を容易にする研究機関を設立する必要がある。

飲料水の専門家は長い間、飲料水の提供過程における安全上の問題を研究してきた。それは水源の安全性、処理施設の警備、処理過程や給水システムで使われる物質の管理である。われわれの大切な水資源を用心深く守るために、国内の水道システムは何年にも渡って、緊急時即応計画を備えている。州や連邦の担当者と密接に協議し、緊急時のシナリオに沿って、戦略的協力体制を作っている。

表 10-2 水質分析関連の会社

企業名	上場記号／SEDOL	水業界のセグメントまたはブランド	おもな水事業分野
Danaher	DHR	Sigma; Hach	サンプリング機器；解析システム全般
Teledyne	TDY	Isco	サンプリング機器
General Electric	GE	Ionics	TOC, 炭素, 酸素要求量分析
Emerson Electric	EMR	Rosemount/Emerson Process-Water	水質分析機器／センサー 施設のデジタル管理網構築；Ovation SCADA サーバー
O.I. Corporation	OICO	化学分析	TOC／VOC 分析機器
Strategic Diagnostics	SDIX	オンサイト水質分析	水分析全般（有害物質、病原菌、重金属）
Halma Plc	0405207	Palintest	—
IDEXX Laboratories	IDXX	水質検査製品	病原菌汚染試験キット（Colilert）
堀場製作所	6437947	分析機器とシステム	水部門：水質分析機器；水道水のオンライン測定システム
Dioncx Corp	DNEX	計測	イオン／液体クロマトグラフによる広範囲の水質汚染検査（既存／新規規制項目）
Waters Corporation	WAT	計測	液体クロマトグラフ, 質量分析
Agilent	A	計測	ガスクロマトグラフ, ガスクロマトグラフ分析計および LC 設備

第10章 水分析

また、多くの水道事業体はAWWAやEPAなどの専門機関の協力を要請している。9・11テロ事件以来、北米では、水道の緊急事態への対応がもう一度見直された。そして、処理施設や配水網を守るための追加事項についても話し合われている。

米国では安全確保のために必要な支出として1800億円（20億ドル）が使われた。[6] しかし、もっと警備を強化する必要がある。多くの水分析企業が水インフラ全体の高精度な汚染検出を提言しているのだ。数多くある水質規制や政治的な問題の中心は、病原菌の疫病学的分類である。遺伝子を使った最新の分析方法も飲料水の病原菌検査に多く使われるようになった。遺伝子プローブ技術は、まだ一般的には使われていないが、処理過程の監視ツールとして潜在力をもっている。

上下水道における化学薬品についての安全確保はここ数年の間に大きな問題になってくるであろうが、現在はテロ対策の対象とはなっていない。それは、規制に矛盾を生じさせている。本質的に安全な技術を塩素ガスに代わって使用すべきだが、注目される投資テーマとして前述した、塩素ガスに代わる水消毒の代替手段には、消毒副生成物の問題もある。しかし、こうした化学薬品の取扱いにおける安全確保も、別な問題として加えられるだろう。しかし、水計測の専門企業は数えるほどしかない。大多数は他の水関連活動も同時に行なっている。こうした条件のほうが投資には向いているかもしれないが、さしあたり表10-2を参照してもらいたい。

---

[6] C. Copeland and B. Cody : "Terrorism and Security Issues Facing the Water Infrastructure Sector." Congressional Research Service Report for Congress(May 21, 2003).

第2部 水への投資

第11章 水資源管理
Water Resource Management

水資源管理に生態学的見解を持ち込もうとすると、批判的なエコロジストのほとんどは、水資源を「管理する」という表現に反発するだろう。水資源管理とは、せいぜい良くて「底の浅い生態学」、悪くすれば「自然を管理するという人間の傲慢さ」として強く非難されかねない。深い意味での生態学は生態系を中心とした環境保護を意味する。残念なことに、水資源管理への投資で利益を得ようというのは、つじつまの合わないことなのだ。しかし水資源管理に注目が集まると、それは生態学と経済学を結ぶ「ストリング理論[注1]」としての役割を果たすことになる。そして、正直なところ、これが水資源管理として考えられる最善の姿ではないかと思う。

水資源管理は環境科学の専門用語で、産業としての分類に同じ用語は見当たらない。水資源管理に関する投資分析のようなものはほとんど存在しないし、このセクターの属性もはっきりとしていない。既存の水関連株では、インフラ、資産運用、水処理、環境コンサルティングなどの企業と枠組みが重複している。この意味では新分野とはいえない。詳細については、最終章の「エコロジーの時代における投資」で触れたいと思う。とりあえずこの章では、現在の深刻な水問題を生態系重視の観点から解決策を模索するための知識を補えれば幸いである。

注1 物理学で素粒子をひも状のものとして扱うことにより、点として扱った場合に生ずる多くの数学的困難を回避する理論。この場合、つじつまの合わないことを解決すること。

水資源管理の定義

水資源管理とは、人間のニーズとそれを達成する活動を、地球の水循環の中で調和させることを学術的に表わした言葉である。複雑な問題をもつ水資源の持続性を本質的に考えた、体系的な取組みを意味する。言い換えれば、水資源管理の問題を解決することにより、次世代のための水資源確保をわかりやすく前向きな方法で具体化することである。しかし、現実はこれとは程遠く、このセクターに属する企業も、こうした概念とはうらはらに無秩序に混在している。

しかし、水資源管理の重要性は、現況がどうであれ、無視するわけにはいかないのである。

水資源管理に直接関係のないセクターでは、水処理は装置とシステムの提供業者、配水の中核部分はインフラ業者、といった特定の業者がいる。そして、資源管理セクターではエンジニアリング／コンサルティング企業（E／C）と呼ばれる環境技術のサービス企業（システムの設計と建設を行なう企業）が中心である。これは納得のいくことである。なぜなら、処理企業は施設建設には直接責任はないし、インフラ企業は配水網に焦点を置けばよいわけで、結局、E／C企業が環境に配慮した設計を担当することになる。したがって、水資源管理の市場規模を理解することばかりでなく、どのような企業が関係し、また、将来、どのような企業が参入し、利益を上げそうか知っておくことは重要である。

持続可能性の原則

資源の持続可能性についての定義は、その達成方法と同じくらい多く存在する。また、複雑

なことに、持続可能性の概念はさまざまに重複している。資源の持続可能性における定義は、さまざまな先入観を与えやすいが、それは必ずしも問題ではない。環境の限界を見極め、そこに到達しないように取り組もうとするよりも「資源維持をむしろ経済活動にすること」が提案されているのである。自然界には、「持続可能性」は存在しないのが現実である。変化していくことだけが、持続維持を可能にする手段なのである。言い換えれば「自然はその形を変えることで維持されている」のだ。水資源管理においても持続可能性の追求は主要な目標である。

── 経済学と持続可能性

資源の持続的利用は経済発展と切り離すことはできない。アルド・レオポルド（現代生態学の基礎をつくった学者）でさえ、経済発展の必然性を認めている。天然資源の倫理に関する随筆の中で彼は、「資源に手を加えて管理することを否定はしないが、資源はその本来の姿で、その場所に存在し続ける権利がある」と述べている。★1 資源を絶対的に保護するというこの考えは、経済発展にブレーキをかけるようなものである。しかし、初期の環境保護主義者たちが唱える、「資源の賢明な利用」の原則は、乱開発を警告するものとしては不充分である。現在の水危機における問題を効率よく扱うためには、ある程度の制限を設けることが必要だ。エコロジーの潮流が従来の制限に変化を加えるかもしれないが、より質の高い飲料水と公衆衛生を目指すのであれば、それを受け入れざるをえない。事実、京都議定書が、開発途上国における経済発展に制限を設けたのは記憶に新しいことだが、国際的合意を得るのは容易なことではなかった。

★1　Aldo Leopold：A Sand County Almanac (New York：Oxford University Press,1949), 201〜226.

第 11 章　水資源管理

持続可能性とは、それが達成される以前にのみ、概念としての意味をもつ。その意味では、環境問題を扱うのに、持続のための出発点に経済モデルを使うことは納得のいくことからはじめる。こうした見方に反対する人もいるだろう。しかし、天然資源を持続的に使用するということは、すなわち、その資源を減らしてはいけないということなのだ。自分の資産を使い始めれば、いずれは持続不可能になるのと同じである。使った者が、破綻の責任を取らないと、次の世代にその責任が回ってくるのだ。これは、一般的な正義論を引き出す際に使われる、ロールズの仮説「無知のベール」の良い例である。少なくとも、持続可能性ということでは、次世代を今よりも悪い生活状態に追いやってはいけないのである。「今より悪い状態」とは主観的な表現であるが、有効な水資源利用のことではなく、社会が判断する公平さのことを意味する。もし、1つの世代の水資源利用（または乱用）によって未来の世代が使う資源を減少させるならば、それは、持続可能性の基準に反することになる。そして、ここでいう「ベール」とは、資源を守るために世代を超えた資源利用のルールをつくることなのである。それは、過剰に保護主義的であってもいけないし、また貪欲なものであってもいけない。

この持続可能性の定義には興味深い点がある。つまり、次世代に負債を残さない限り、今の世代が資源を有効に利用することは不当ではないということだ。この考え方は、他国の石油に頼りすぎている米国のエネルギー政策に議論を巻き起こしている。そして、いずれ水についても同じ議論が起きると考えられる。枯渇しそうな資源の乱開発が未来の資源維持を危うくしているにもかかわらず、持続可能性の原則に反していると結論できないのである。資源の消費に

209

よって次世代の生活状況が悪化すれば、それは持続可能性を妨げていることになる。再生エネルギーへの移行期間に石油資源を使い果たすことは、資源持続性における政策の1つと考えられる。しかし、もし石油を使い果たし、化石燃料を燃やすことで、次世代の大気を汚染しているとすれば、それはもはや持続可能性の原則では受け入れられないことになる。

水資源管理の意味はこれで明らかになったはずである。水の消費が、水不足（地下水の減少や貯水源の不足）、水供給の悪化（産業汚染）、環境の異変（生態系の悪化）などを引き起こすとすれば、持続的維持管理のために限界収益点まで費用をかける必要がある。ここまた、石油の類似例が役に立つ。化石燃料による発電で石油資源を消費し続けるなら、地球温暖化の緩和にかかる費用も資源分配の際に加えられるべきである。産油国に1バレルごとの二酸化炭素排出量を課したらどうだろう？　そうでなければ、持続維持にかかる費用と消費コストが釣り合わない。水資源管理においても、配水、高度水処理、水資源保護、などにかかる費用を限界収益点まで組み込むべきである。そして結局、これを成し遂げるのに、もっとも効率的方法とは何かというところに、また戻ってくるのである。それは市場原則によってか？　公共制度によってか？　強い規制によってか？　または利他主義によってか？

── 水政策と持続可能性

どのように持続可能性を水政策に盛り込むかは重要な問題である。1案は、水資源管理のための科学的かつ段階的な方法を政策に取り入れることである。それも流域単位で。一見この単位は広すぎるように見えるかもしれない。概念的には、たとえば流域とはミシシッピ川から一

第11章 水資源管理

軒家の裏庭にいたるまでを包含する。流域のもつこの広域性は、政策上、段階的にさまざまなことを可能にする。また、水資源管理にとっても有利である。たとえば、地表水汚染、水再利用、水質保持のための日次最大汚濁負荷量（TMDL）の決定などに便利である。

流域管理

水質の向上を図るには従来、特定の汚染源に注目してきた。この方法では汚染物質を検出しやすいが、水質汚染に関連する、長期にわたる原因やもっと複雑な要因を見出すことができない。たとえば、排水処理施設からの汚染は高度水処理でかなり減少した。しかし、排水を受け入れる水域は雨水など、同じ流域にある他の要因も受け入れているのだ。流域保護は水資源問題の中心的課題である。この領域に従事する企業には大きな成長が約束される。

流域は水循環における地理的な基本単位である。地球上のすべての土地はどれかの流域に属す。流域とはトポロジー的に描かれた地理的一部で、共通の排水域をもち、水、堆積物、生物、熱、などをその水域に放出している。これら個々の自然排水網は雨水を溜め、ろ過し、貯水しながら、どれかの大きな水域へと流れ込んでいく。このように流域では自然の水サイクルが鍵を握っているので、水資源管理の基準とするのは理にかなっている。

多くの水問題は、流域内部の問題を個別に扱うよりも、流域レベルで対応するほうが解決しやすい。流域管理は、自然界における複雑に入り組んだ問題をわかりやすく解決するだろう。この複雑性とは、行政機関の混在、政治上の境界線にまたがる問題、また、地表水や地下水の質

211

と量に関する懸念や、自然科学と社会科学の見解を調整しなければならないことなどである。全体的な流域管理とは、水問題の有害因子を個別に取り扱うよりも、流域全体の問題として対応する方法である。流域管理の特徴は、土地の使用、衰退、生産力などを、その土地の水や排水の質や量と比較すること、野生生物の数や生態をその地域の社会的また経済的状況と比較すること、などである。

連邦予算は多くの流域管理に必要な財源を援助している。また、流域保護法（Watershed Projection Approach（WPA）も設定されている。この法律では、環境保護庁（EPA）の支援、また、連邦および地方機関による水質保全の目的にあった取組みを、流域別に行なうことが記されている。WPAでは、「人の健康や生態系への脅威は、すべて特定の流域に注意を向けることで解決できる」としている。しかし、手始めとして、EPA主導による汚染源と汚染物質の特定は従来どおり必要である。その後EPAは、天然資源管理を支援する従来型の集中規制に力を入れれば良いのである。連邦予算はさらに、EPAの指定流域援助（Targeted Watershed Grant）、正式には流域管理（Watershed Initiative）も支援している。これは、同流域の水質向上を図る取組みへの資金援助である。

これらに加えEPAは国家汚染物質排出除去制度（NPDES）の流域別許認可を強く支持している。その理由は次のようなものである。

・環境保全においてより効果的な結果をもたらすこと
・市場原理に基づいた取引の機会を増やすこと

第11章 水資源管理

- 水質向上にかかるコストを軽減すること
- 日次最大負荷量（TMDL）設定による効果をあげること
- 主要な水規制の統合を容易にすること

流域管理と1977年に定められた水質浄化法による既存の規制の間には重複事項が存在する。たとえば、水質基準は州の水質計画における主要事項であるが、どこの流域管理構想にも水質基準は究極の目標として掲げられている。NPDESが発行する流域別の許認可証は、各流域がもつ目標に合わせて、その地域にある特定の排水元に対して発行されるものである。同じ流域には、数え切れないほどの許認可機構があり、多様な認可証が発行されている。もっとも一般的な例は、流域の周期的スケジュールとその流域の許容量に合わせて、各排水元が許認可証を再発行してもらう方式である。しかし、もう一方は総合的な許認可で、流域内にある同業種の排水元がそれぞれ、まとめて受ける方式である。たとえば、公共水処理施設全般、都市の雨水流排出全般、特定の畜産地域からの排水全般、といった分類方法である。このような項目別の業種に割り当てられる全体量が示されるのである。従来型の一般的許認可と流域別許認可の大きな違いは、許認可に際し、属する流域内の特定水質基準を満たすことである。他にも、いくつかの流域内の個別認可方法が存在する。その中には複数許認可や都市集中型のNPDES許認可などがある。

流域を効率的に管理するには徹底的な研究、モニタリング、そして知識を基にした評価が必要である。流域保護とは、個別処理などの技術と異なり、むしろ計画と管理に支えられた概念

である。したがって、エンジニアリングやコンサルティングの活動を中心とした企業が適している。これらの企業が行なう水資源管理における幅広いプロジェクトは、統合流域計画の立案、第二種雨水流排出の許認可、地表水管理、持続可能な水と廃水インフラのための設計・管理などのサービスである。

流域管理では流域内の水とその水に関係するあらゆることに着目する。理想的な流域管理とは、伝統的な天然資源科学と社会的、経済的、そして政治的状況が一体となって扱われることで成し遂げられる。流域管理は、これまでの個別な水処理対策から全体的な水管理により、水の質と量に対応してゆくためのツールなのである。表11-1は水資源管理セクターに属する企業である。

エンジニアリングとコンサルティング

表11-1 水資源管理およびE/C

企業名	上場記号／SEDOL	国籍	主な水事業分野
Aecom Technology	ACM	米国	AECOM Water；上下水，水資源，流域管理（Boyle, Earth Tech, Metcalf & Eddy），AECOM Environment；環境浄化，革新技術，水資源（Earth Tech, ENSR, STS, Metcalf & Eddy）
ARCADIS NV	5769209	オランダ	上下水インフラ，汚泥，高度処理，流域管理，環境コンサルティング（Geraghty & Miller）；包括的な水資源管理作業
Jacobs	JEC	米国	DoD／DOEによる環境修復；水資源開発，洪水制御；上下水プロジェクト
Shaw Group	SGR	米国	上下水施設設計と建設；バイオリアクター，イオン交換，バイオろ過，MTBE／過塩素修復
Stantec	SXC	カナダ	給水，処理，分配システム，膜ろ過，淡水化，UV等の高度処理；MBRによる排水処理；統合水資源管理
Tetra Tech	TTEK	米国	給水，排水／雨水処理，洪水制御，流域保全，統合な水資源管理
URS Corp	URS	米国	水資源インフラ事業；上下水，供給，貯水，水質管理計画，統合水資源管理

第11章 水資源管理

のセグメントにはさまざまな種類の名称で呼ばれる企業が存在する。それらは、環境技術サービス企業、エンジニアリング／コンサルティング企業（E／C）、エンジニアリング・物資調達・建設企業（EPC）[注2]などである。表11−1の企業はE／Cである。これらは広い意味での水資源管理問題を扱うサービス企業である。

修復事業

水道水への不安が、関連する環境問題への懸念にもつながっていくのは当然である。消費者には世界的な環境問題よりも、身近な問題のほうが重要である。投資環境的には、大規模な水質修復に従事する企業よりもPOU関連の企業のほうが有利だ。政府の政策が手ぬるいので、消費者自身での解決方法が先行し、水質修復市場は完全に注目を失ってしまった。環境問題が大きく注目された1980年代に引き続く「環境浄化（クリーンアップ）」に投資機会は生まれたものの、財政問題と規制の手詰まりがブレーキをかける結果となった。水質修復市場はその後も、政府による水質規制強化、特定汚染減の改善などにより、市場としては減退傾向を見せている。要するに、水修復活動はE／C企業にとって、あまり精彩のない分野なのである。市場の関心が持続可能性の追求にある間は、この種の企業は停滞していると考えられる。

環境修復業界には、さまざまな環境分野でのコンサルティング、技術、建設などのサービスを提供するE／C企業はもとより、環境修復に必要な装置とテクノロジーの事業法人も含まれる。はっきりとした業種の境界線はないが、環境E／C事業法人は、請負プロジェクトや委託

注2　Engineering, Procurement, and Construction

契約上、他の環境サービス企業とは区別されている。

株式市場で取引される環境E／C事業法人は一般に国の事業法人である。非常に多様な技術、建設、コンサルティングにさまざまなレベルで対応している。1980代年から1990年代の成長はもっぱら民間からの支出によるものだった。それは地下貯蔵タンクの修復や、不動産開発のためのスーパーファンド指定地域の浄化によった。しかし、多くのスーパーファンドプロジェクトの問題は、特定地域の浄化に用意された連邦資金が、浄化活動そのものではなく、汚染源の責任追及のために費やされたことだった。これにより、環境修復事業は小規模なアセスメントと修復が中心だった民間部門から、大規模で複雑な修復と浄化作業を行なう公共部門へと劇的に移行したのである。

公共部門の支出は1992年の連邦政府の施設条例により拡大した。これにより、連邦施設は民間部門が直面していた規定と同じ枠組みの下に置かれた。その結果、政府による支出が増し、環境修復における資金状況に一筋の光を与えることとなった。EPAは連邦特定地域の修復と廃棄物除去に今後30年で36兆円（4000億ドル）かかると見積もっている。軍事施設の修復や基地閉鎖に関連する環境整備で、米国国防総省（DOD）[注3]の市場は現在でも非常に大きい。基地閉鎖による土地の民用地化は環境修復事業を大きく成長させた。DODとエネルギー省（DOE）[注4]は今後5年の支出が6.05兆円（650億ドル）から9兆円（1000億ドル）になると見ている。新政府下での契約は、いまだ不確実であり、業界内の競合も存在する。E／C企業の数は統合にもかかわらず劇的に減少していないが、委託契約の機会は減少している。既存の成長を見せるE／C企業は、この10年で、上場E／C事業法人の数は劇的に減少した。

注3　Department of Defense
注4　Department of Energy

名前が知られているものも含め、以下のような企業である。エアー＆ウォーター・テクノロジーズ社（Air & Water Technologies）、ハーディング・ローソン社（Harding Lawson）、アイシーエフ・カイゼル社（ICF Kaiser）、ダムス＆ムーア社（Dames & Moore）、ストーン＆ウェブスター社（Stone & Webster）、ジェラティ＆ミラー社（Geraghty & Miller）、フロー・ダニエル社（Fluor Daniel）などである。業界の力学により、多くの統合活動と数社の株価急暴落（たとえば、モリソン・クヌデン社（Morrison Knuden））も起こった。業界の成長と多角化のためには、地理的拡大を図る主要プレイヤーによる買収は当然のことである。たとえば、フロー・ダニエル社とグラウンドウォーター・テクノロジー社（Groundwater Technology）の合弁や、US・フィルター社（US Filter）によるラスト・インターナショナル社（Rust International）の買収、ヘイデミジN.V.社（Heidemij）によるジェラティ＆ミラー社（Geraghty & Miller）の買収などである。

これらの企業は、新しい市場部門で付加価値が高く、かつ低コストで顧客に提供できるようなビジネスを懸命に追求しなければならない。また、アジア太平洋地域は、将来的に重要な国際市場となる。投資の観点からは、この市場では、環境E／Cグループ企業の選択が鍵になる。企業の大半は小型株であり、市場需要が低く、技術への依存度が高い状況下で利益を出すのに苦労している。したがって、フルサービスの大手にはとても競合することができないのが現実だ。これに加え、ほとんどの大手は環境以外の主要E／C事業にも展開している。競合による付加価値追求の結果は、専門的な環境コンサルティングからフルリービス・プロ

ジェクト管理への移行である。この移行は複雑なプロジェクトの経営手腕と財務力のある大手企業には有利である。とくに国防総省（DOD）とエネルギー省（DOE）の契約には、指定地域の浄化作業が大規模で複雑なため、プロジェクト管理経験の豊富なE／C事業法人が必要になる。これらのプロジェクトでは通常、指定地域の包括的アセスメント、修復、閉鎖などを行なう。こうした事業は、民間部門では減少しているため重要である。

修復事業では、企業の数の割にはプロジェクト数（とくに民間部門）が一般的に不足している。また、規制の不確実性もあり、業界としての収益はあまり伸びないと予測される。短期的には、新しい戦略は限られ、収益の見込みは一般的に低いと予想される。しかし、大規模な浄化事業のための、特殊な汚染除去技術や革新的な作業方法をもつ企業は成長すると見られる。たとえば生物学的浄化は、幅広い分野での浄化に利用されている。従来の処理技術よりも費用対効果の優れた装置メーカーや生化学薬品メーカーは利益を上げるだろう。リスクの大きい分野はあるが、革新的修復システムの確立と商業化が実現すればかなりの成長が見込まれる。

中核的な修復事業が不振な間は、E／C事業法人の中でも、水の汚染除去のみに焦点を合わせるものは数少ないと思われる。前向きな話としては、こうした停滞した事業環境への刺激策として、このセグメントでの主要な事業法人に機会がつくり出されていることである。すなわち、連邦施設の政府外部調達における分散化、高成長が見込まれる修復事業へのてこ入れ、規制強化に依存する事業分野の移行などで、これらはすべて従来のE／C修復ビジネスにおける趨勢である。最良の投資対象は不明確なままではあるが、この市場の規模から予測されることは、変化する経済状況と規制環境に適応しながら、水業界で修復事業が鍵を握る分野であり続

第11章　水資源管理

給水源：貯水池とダム

地球上の河川にダムをつくることは、人類史において人が自然の水を貯めようとした行為と同じほど古い。現代のダム建設は、経済成長と深くかかわる土地開発とほとんど同義語化した。残念なことに、ダムは自然の景観と川の流れを変え、生態系にまで影響を及ぼす。ダムがもたらす恩恵には否定できないものもあるが、多くはその建設にかかる膨大な費用から、社会的、また、環境的にも受け入れがたい物となってきた。そしてなにより重要なことは、その悪影響は避けることができるのである。

灌漑、飲料水、発電における需要の増大はダム建設に対する反対を超えていた。しかし、地球温暖化とあいまって、ダムによる解決を目指した目先の水の問題は、むしろ状況が悪化してきたのである。この分野は、社会的に責任のある投資家なら無視したい分野であろう。淡水を堰きとめるという行為は水の持続可能性に矛盾するにもかかわらず、地表水が簡単に得られるダム建設は、しばしば水資源管理と同一のこととして扱われる。水業界における投資に関して、業種による差別をする意図はまったくない。ダム建設はたしかにビジネスとして巨大であり、世界の多くの地域ではその必要性が増大する可能性があるのだ。2000年のダムに関する世界委員会（WCD）注5 での、ネルソン・マンデラの言葉は開発途上国の心情を的確に語ったものである。「問題はダムなのではない。それは飢餓であり、そして渇き、そして黒人居住区の闇なのである」。食物、水、およびエネルギーは経済発展と等しい（食物＋水＋エネルギー＝経済発展）。これが当時の考え方だとすれば、悪化する気象状況、

★2 The Report of the World Commission on Dams, " Dams and Development : A New Framework for Decision - Making " (November 16, 2000).
注5　World Commission on Dam

増大する農業需要、不安定なエネルギー下の今日、この状況は10倍にも拡大していると考えられる。

WCDにおける報告後、巨大ダムの世界的な数を示す詳しい研究報告は存在しない。WCDの報告では、世界に巨大ダム数は最低4万5000基と見積もられた。米国では9・11のテロ事件の直後に、陸軍によって、あらゆる規模の約8万基のダムに関するデータベースがウェブから引き出された。しかし、ダムに関する詳細なことは、世界中のダムや貯水池の建設ビジネスの力学を理解するのに、必要ではないだろう。長年にわたって、ダムは大きな論争の1つである。

取得が容易な表流水は充当が過剰になりがちである（ダムに水を貯めるために、水流が少なくなってしまう）。世界の大河川における水系システムはほとんどがダムによって妨げられている。世界のダムの半数は灌漑の目的で建設された。灌漑のみの目的で建設されたダムの割合は、中東がもっとも高く、86％で、次いでアフリカの66％である。

――ヘッチヘッチ渓谷の教訓

過去の持続可能性に関する議論のうちで、20世紀初頭の米国における公有地の使用に関する論争ほど激しいものは存在しないだろう。セオドア・ルーズベルトとギフォード・ピンショーに率いられた環境保全主義は、持続可能性とは原生環境保全地域の「賢明な利用」であるという提案を打ち出した。しかし、ジョン・ミュアによって創設されたシエラ・クラブによる環境保存運動は、人間による開発が存在しないことが原生環境維持の道であると主張した。言い換え

第11章 水資源管理

るなら、保全主義者は「現世代の科学的で賢明な自然利用が未来の世代にもっとも有益である」と主張し、保存主義者は「自然遺産はまったく手をつけないで状態で残されるべきである」と主張した。

1901年にピンショーとサンフランシスコ市長は急速に都市化するサンフランシスコへ水道水を供給するために、ヘッチヘッチ渓谷（現在のヨセミテ国立公園）を通って流れるツオルムニ川でのダム建設を提案した。地質学者であり、また自然主義者のジョン・ミュアは何年にも渡って、カリフォルニア州ヨセミテ渓谷の自然を研究し、ダム建設に断固として反対した。そして、これは20世紀初頭の米国における環境保護運動を象徴する論争となった。ここに、ピンショーの「賢明な利用」の原則を説明する文を引用してみよう。

自然保護ということの大きな前提は、開発を支持することである。「保護とは後世のために資源を節約することである」とした概念は基本的な誤解であり、これ以上の大きな誤りは存在しない。保護とは未来への備えも意味するが、それはまた、この国が祝福されるほどのあまりにも豊富な資源を、現在の世代が必要充分に使用する権利を認識することである……

自然保護の第一原理とは現在、この大陸に存在する天然資源を、まさに今ここに住んでいる人びとのために開発し、利用することである。天然資源の開発を怠って無駄にするのと同じほどの量が、資源そのものの崩壊で失なわれる場合があるかもしれないからである。★3。

1913年に米国の国会はレイカー条例を通過させ、サンフランシスコ市のダム建設によ

★3　Gifford Pinchot：The Fight for Conservation (New York：Doubleday, Page & Company, 1910).

って、ヘッチヘッチ渓谷が水没することを容認した。しかし、これに関する紛争はその後12年間も続き、今日も闘争は終わっていない。闘争の小康状態が40年続いた後、米国西部の大規模ダム建設にふたたび弾みがついている。その原動力となっているのは、増加する穀物生産への灌漑、割安な水力発電、そして気候変動への考慮などである。皮肉なことに、環境保護の理由で退役させられた古いダムが、今また、環境問題がゆえに、新しいダムとなって出現しようとしている。環境破壊につながる巨大ダムの到来は世界的に衰えることがない。人間は過去の事例からあまり学んでいないのである。

——ヘッチヘッチ渓谷の再検証：三峡ダム

世界最大の水力発電ダムである三峡ダムは高さ180m、幅2.5kmで、中国の揚子江に沿って920㎢（630平方マイル）を浸水させている。当局によれば、このダムで年間5000万トンの石炭を節約し、1億トンの二酸化炭素が削減され、巨大洪水を防ぎ、国家需要電力の主要量を供給し、400億㎥の貯水を可能にしている。また、ダムによって1400万人が人口密集地である山腹への移住を余儀なくされた。しかし、そこでは地滑りと侵食が深刻な問題となっている。ダム湖における沈殿、汚泥の堆積、富栄養化がダムの効率を脅かすだけでなく、壊滅的な生態系への影響を潜在的にもっている（表11‐2を参照）。

——屋上貯水タンク：雨水の貯水

ダムの議論を肯定的に終わらせるために、オーストラリアのクイーンズランドで計画されて

灌漑

世界中の地下水と地表水の最大消費者は農業用の灌漑である。灌漑なしでは、地球上の人口を養うだけの穀物を生産することはできない。世界の淡水の70%は灌漑のために使われるが、農業が経済的にもつ役割によって、使用の割合には地域格差がある。EUのフランス、イタリア、ギリシャ、ポルトガル、スペインといった南部の国ぐにでは、農業地への灌漑は全水消費の30%を占めている。米国では全淡水消費量の40%が農業灌漑用水である。火力発電で使う淡水を除くと、米国の農業灌漑用水は淡水消費量の65%に上昇する[★4]。そのうち58%が地表水で、地下水は42%である。しかし、西部では、灌漑の割合が90%を超える州が多い。

ここでは、各家庭が雨水を取り込んでいる持続可能な水資源管理を紹介する。屋根の上にある貯水タンクは非飲料利用や、集中処理施設へ行く以前に高度処理によって再生をするための水源となる。家の屋根は、将来、貯水源の役割を担う。これは都市のダムと呼べるだろう。問題の核心は、ダム建設により水循環を操作することに代わる、何らかの足がかりを見つけて水問題の厳しさを少しでも緩和することである。

表11-2 貯水とダム関連の企業

企業名	上場記号／SEDOL	国籍	おもな関連分野
Alstom	B0DJ8Q5	フランス	水力発電の最大手
Harbin Power Equipment	6422761	香港	ダム建設
栗本鐵工所	6497941	日本	ダム建設
Fomento de Constrcciones	5787115	スペイン	ダム，運河，水路等の建設

★4 U.S. Department of the Interior, U.S. Geological Survey :"Irrigation Water Withdrawals for the Nation"(2000), www.ga.water.usgs.gov/edu/wuir.html .

開発途上国の灌漑はもっと複雑である。新興国における農業用の灌漑は水分配、保護、管理といった多くの運用問題を抱えている。灌漑は食物生産や食物の安全性で重要な意味をもつ。途上国では、灌漑に充てられる割合が全体の水消費の95％になるところもある。今後の開発は、経済を支える農業活動としての基本的な構造に左右されるだけでなく、灌漑以外の利用に得られる水資源にも需要を託すことになるだろう。多くの開発途上国は国境をまたぐ水系に依存しているため、地域紛争の種になりがちである。たとえば、エジプトでは水資源の97％を国外に頼っている。[★5]人口増加、気候変動、食文化における変化などにより、灌漑の行き届いた土地がますます必要になってきており、収穫量を増加させるには、耕作地を拡大させるか、生産効率を上げなければならない。

灌漑における技術革新：ローテクからハイテクへ

大規模な機械による灌漑は次のような局面で需要がある。すなわち、乾燥地域の農地化、湛水方法に代わる灌漑、古い灌漑設備の更新である。さらに、この市場の関連業種も需要が拡大する様相を見せている。それは第1に、全世界の農地はその17％しか灌漑されていないこと、第2に現在行なわれている灌漑の85％は湛水によるもので、機械化による灌漑は従来の灌漑効率を40～90％引き上げること、そして第3に、革新技術を使った灌漑設備に比べると、従来の古い灌漑装置の寿命は短く、設備の改良需要からみても重要な市場であることが理由である。世界的な監視団体も米国における農地の灌漑効率を少なくとも2倍にしないと、今後の食料需給を充分満たしていけないとしている。

★5　M. El‐Fadel, Y. El Sayegh, K. El‐Fadl, and D. Khorbotly："The Nile River Basin: A Case Study in Surface Water Conflict Resolution." Journal of Natural Resources and Life Sciences Education 32 (2003)107～117.

灌漑用水の水質問題

灌漑用水の水質は穀物の生産効率、土壌の生産性維持、そして、生態系への影響といった面で重要である。高度に機械化された装置は灌漑からの排水流出を制御し、河川や帯水層の水質を改善する。★6

灌漑における技術革新

灌漑用水は地下水への依存度が高いため、湛水灌漑（国際的には一般的）から、局所灌漑やセンターピボット灌漑に変わりつつある。センターピボット灌漑は、米国で1万mの上空から（飛行機から）見える、くっきりとした同心円状の軌跡を思い浮かべて欲しい。これは「穀倉地帯の象徴」で、最大の生産量を目指す証でもある。エタノール生産のためのトウモロコシ栽培も近年の灌漑需要に影響しているが、近年、所得が上昇する途上国の食料需給が、より永続的な灌漑需要となる。灌漑の需要は、オーストラリアではもとよりブラジル・アルゼンチン、そして東ヨーロッパで増大している。

水や、場合によっては化学薬品をパイプの各所に取り付けたスプリンクラーから放出するのがセンターピボット灌漑である。複数連結したパイプが乗った車輪付きの塔は、一端が固定されて円を描くように移動する。水は中心から供給される。標準的なものは円を描くタイプなので、センターピボット型と呼ばれるが、正方形や長方形の土地の角を灌漑する機械も、コーナーマシーンとして存在する。灌漑用の機械でもっとも重要な部分は制御システムである。これは、生育状況や農地の状態、水深、運転効率、薬品の投入、機械のオン・オフ制御など、さま

★6 S. Postel and A. Vickers:"Boosting Water Productivity,"State of the World: 2004 (Washington, D.C.: Worldwatch Institute, 2004), chap. 3.

ざまな情報に基づいて稼動制御するシステムである。この革新的制御システムにより、複数の灌漑用機械を中央制御することや遠隔制御が可能になった。こうした機能が生産性の増大や持続可能性における問題解決に寄与している。

灌漑用機械の設置は設備投資であるため、収益が見込まれる必要がある。灌漑の機械化で、農業経営者が得られる恩恵は、良質な灌漑による生産量の増大、労働力の削減による経費節約、水とエネルギー両方の節減などである。

投資の展望

この分野に市場参入の障害になるものは存在しない。ここ数年、統合が充分に進み、水業界では数少ない市場主導型セクターの１つである。バーモント・インダストリー社（Valmont Industries）とリンゼイ・マニファクチャリング社（Lindsay Manufacturing）の大手２社で、世界の灌漑ビジネスにおける75％を担う（表11－3）。

灌漑ビジネスには季節的な需要の変動があるため、両社ともに灌漑以外の多角経営を行なっている。しかし、これをマイナス要因として取るべきではない。何といっても、灌漑事業が主要部分であり、他の事業よりも成長の割合が高く、将来的な見通しも確実である。表11－4と11－5は水資源管理における、さらに広い分野での企業を分類したものである。

第 11 章　水資源管理

表 11-3　灌漑関連企業

企業名	上場記号／SEDOL	国籍	おもな水事業分野
Jain Irrigation	6312345	インド	灌漑システム
Eurodrip Irrigation Systems	4151227	ギリシャ	灌漑システム
Xinjiang Tiayne Water Saving Irrigation	HKG0840	香港	灌漑システム
Lindsay Corporation	LNN	米国	灌漑用製品と管理システム；Zimmatic
Valmont Industries	VMI	米国	灌漑用製品とシステム，農業用灌漑での排水再利用；valley

表 11-4　資産管理関連：E/C 以外の企業

企業名	上場記号／SEDOL	国籍	おもな水事業分野
Andritz Group AG	B1WV68	オーストリア	汚泥（バイオソリッド）関連；汚泥濃縮，遠心分離，脱水，ベルト乾燥システム，ターンキープラント
Cadiz Inc.	CDZI	米国	水利権
Bayer AG	2085652	ドイツ	農業における効率的水利用
Flexible Solution	FSI	カナダ	蒸発制御（Watersavr）
Halma Plc	0405207	英国	漏水検出／水流解析（Palmer, Fluid Conservations Systems Radcom）
Hyflux Water Trust	B29HL02	中国	水インフラ資産への投資
Itron Inc.	ITRI	米国	水使用情報管理
Layne Christensen	LAYN	米国	水文地質学調査
Monsanto	MON	米国	農業における効率的水利用
PICO Holdings Inc.	OICO	米国	水利権
Pure Cycle Corp	PCYO	米国	上下水サービス

表 11-5　資産管理関連：多角経営の企業

企業名	上場記号／SEDOL	国籍	おもな水事業分野
Fomento de Construcclones	5787115	スペイン	水管理サービス全般，下水システム保全，水力関連事業
Veolia Envirornnement	VE	フランス	総合水循環管理
Suez Environnement	B3B8D04	フランス	総合水循環管理

第2部 水への投資

第12章 淡水化
Desalination

地球表面の約3/4を覆う水の大部分は、塩分が多すぎて飲用には適さない。海水から飲用に適した水をつくり出すことは、水不足の解決策として長年にわたる念願であった。淡水化は水から塩分（および溶解した鉱物と他の固体）を取り除く水処理プロセスである。とくに、広大な海洋から脱塩する技術は、常温核融合や燃料電池と同じように、事実上、永久的利用が可能である。しかし、多大なエネルギーコストがこれまでの障害である。また、逆浸透膜による淡水化、蒸留法、分離するコストは大きい。しかし、これらすべては大量のエネルギーを必要とするため、水と塩を分離するコストは大きい。しかし、その状況は急速に変化している。

淡水化への期待

大規模な淡水化技術は、真水の少ない地域で確立されている。また、その技術は一般的な水処理にも応用されている。経済的な給水方法としての淡水化がもつ可能性は、脱塩技術の発展にかかっている。

「世界の淡水化と水再利用」[★1]（2008年2月／3月号）によれば、世界中には1万4000の大規模淡水化設備が存在する。それらすべての設備が処理する総容量は1日当たり、約

★1 International Desalination & Water Reuse Quarterly (February/March 2008).

第12章 淡水化

400億ℓ（105億ガロン）である。淡水化市場は著しく拡大を見せ、年15％で成長している。請負契約による淡水化量はもっと著しく伸びている。現在、海水を使う脱塩装置を使用している国はおよそ120カ国であるが、半分以上が中東と北アフリカの諸国だ。その中でも、サウジアラビアは処理水量では第1位で、大部分は蒸発プロセスを使った海水の淡水化によるものである。次いで、スペインが第2の需要をもつ。世界に存在する設備数と契約処理容量から、世界人口のどのくらいが淡水化による飲料水の提供を受けているのかははっきりしないものの、世界人口全体ではおよそ1％、そして、米国では0.5％にも満たない。

淡水化のプロセス

淡水化とは塩分を含む水を2種類のものに分ける分離技術である。1つは非常に低濃度の塩水で、もう一方はその他の汚染物質などを含んだ濃縮物である。分離過程には従来の熱と膜による処理のほか、近年開発されている冷凍法、膜蒸留法や、太陽熱利用などがある。

蒸発法の熱プロセスには多段フラッシュ蒸発法（MSF）[注1]や多重効用真空蒸発法、蒸気圧縮法などがある。多段フラッシュ蒸発法は、ある圧力に保った室内にその圧力における沸点よりも高温に過熱した海水を入れ、その一部を瞬間蒸発（フラッシュ）させるものである。このときに発生した蒸気を、冷却して液化すれば真水が得られる。MSFは主として外国企業によって開発された安定した技術で、ポリメトリックス社（Polymetrics：USフィルター／シーメンスの子会社）、日本の三菱重工／ササクラと日立造船、韓国のドーサン（斗山：Doosan）重工業、イタリアのフィシア・イタリムピアンティ社（Fisia Italimpianti）などが大手である。

注1　multistage flash

海水淡水化
中東・北アフリカなどのほか、日本でも沖縄、福岡で導入されている。

多重効用真空蒸発法は蒸発作用を基本とするもう1つの処理方法である。この技術はフラッシュだけでなく、通常の蒸発や凝縮の原理も応用している。パイプ内部の蒸発や凝縮を起こす。沸騰した水または蒸気は次の段階で同じ作用を繰り返し、沸騰水や蒸気をつくり出す。この工程は繰り返される。したがって、一定量の蒸気や沸騰水に対してこの工程が多く繰り返されるほど、多量の真水が得られる方法である。この技術はいくつかの国際的な企業によって供給されているが、現在の大手はイスラエルの私企業であるIDEテクノロジーズ社（IDE Technologies は公開企業になる予定）である。もう1つの蒸発を使った海水淡水化技術は蒸気圧縮法で、これは蒸気に圧力を加えることで凝縮させる方法である。IDEテクノロジーズ社、フランスのシデム社 (Sidem)、日本のササクラが高度な蒸気圧縮装置を提供している。

米国の淡水化量は世界第2位であるが、他国とは異なった特徴がある。それは、米国における淡水化の大部分は海水よりもかん水（塩分を含む地下水）に使用されていることである。この処理には逆浸透（RO）が使われ、工場の一部分として稼働している例が多くみられる。塩や不純物を含む水は加圧されながら半透膜を通過する、このとき不純物や塩がブロックされて取り除かれる。最大手はデュポン社 (DuPont)、ハイドロノーティクス社 (Hydranautics：日東電工の子会社)、ダウ・フィルムテック社 (Dow Filmtec)、イオニクス社 (Ionics：GEの子会社)、コッホ・フルード・システム社 (Koch Fluid System)、日本の東レなどである。海水以外の塩水に使用する膜を提供する膜利用の脱塩処理は2種類存在するが、逆浸透はその1つである。逆浸透脱塩設備業者や膜製造業者は多数存在する。その結果、水は純水となる。

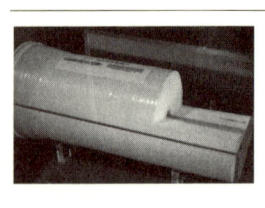

逆浸透（RO）膜

フィルム上の膜を何層にも巻きつけたもの、ストロー状の中空糸を何本も束ねたものなどがある。

企業は、オスモニクス社（Osmonics：GEの子会社）、クレイン・エンバイロンメンタル社（PWC/Crane Environmental）、そして、日本の東洋紡である。

電気透析（ED）はもう1つの膜脱塩法である。これはイオン選択性膜をイオンが通過することによって脱塩する方法である。直流電気を作用させると、処理水に含まれるイオン化した不純物は膜セルに流れ込み、水から塩分は取り除かれる。このプロセスは基本的に一方向性のみに稼働するため、不純物をとらえる側の膜にさまざまな問題が起きやすい。この問題が電気透析反転型（EDR）を生み出した。EDRでは毎時2〜4回、極性が反転することでシステム内の自動洗浄が可能になり、稼働効率が上がる。このシステムの開発元であるイオニクス社はこの業界のリーダーである。

実際に設置されている淡水化プラントの数では米国が第1位である。淡水化設備は米国の各州に存在しており、それはおもにかん水を処理するためである。多様な用途を考慮すると、淡水化技術には大きな成長機会があると予想できる。米国には、高コストで海水を淡水化しているところはない。むしろ内陸部の多くの河川（ブラゾス川、コロラド川、リオグランデ川など）の水が濃度の高い塩分を含んでいる。脱塩技術の特徴は、従来の水処理とは異なり、大きな初期投資でそれぞれの水処理需要に適した設備を設置することにある。

脱塩技術は産業用水や水の再利用における前処理技術としても使われている。以前に増して厳しい飲料水規制を満たすために、水供給業や他の水業界によって、淡水化技術は汚染物質除去にも応用されようとしている。さらに、淡水化技術は排水処理にも利用されている。たとえば、蒸発凝縮法は再生水製造に適している。

同時に、世界の人口増加や水資源の枯渇などにより、安全で手頃な飲料水の需要が増している。その結果、多くの自治体が巨大なコストで遠方から水を輸送するか、近辺にある使用不可能な水を利用する方法を見出すか、このどちらかに頼らなければならない。海洋はもとより、北米大陸の地下、また、世界中の湖や川には塩分や多量のミネラルを含む水やかん水が大量に存在していて、淡水化技術はこうした水資源の利用を可能にするのである。技術の革新と応用がさまざまな機会をつくり出している。これらのプロセスは、家庭用の水処理をはじめ、農業や産業排水、自治体の排水処理や、硬度が高すぎる原水を飲料水に変えることもできる。

含有塩分の量によって、海水、かん水、淡水といった区別がある。水の全蒸発残留物（TDS）が1000mg/ℓ以下であれば人体には安全であるとWHOは定めている。水の味や臭いがもっとも良いのは、TDSが900〜1200mg/ℓの範囲であるが、EPAはTDSが500mg/ℓ以下でも水の味は悪くなるとしている。重要なことは淡水化技術がより広い範囲で水処理の量と質に関わっているということだ。

――かん水の供給

北米大陸の地下、また、世界中の湖や川には塩分や多量のミネラルを含む水（かん水）が大量に存在する。淡水化技術はこうした水資源の利用を可能にするのである。これに加え、沿岸地域では地下水の井戸に海水が混入することも珍しくない。膜処理、とくに逆浸透（RO）は効率的な費用でこうした水源を改善することができるため、淡水化市場の大きな部分を占める

232

第12章 淡水化

ことが予想される。これは、RO装置や膜製造の企業にはプラスである。大規模な淡水化施設は世界中の沿岸地域にある。また、脱塩することで飲料水になるかん水は、その水源が世界中に多数存在する。かん水は、内陸人口のための耐干ばつ用水資源であり、これが使えると水の輸入に頼らなくてもよい。現在、計画されているかん水用水処理設備の数は多く、経済的にも成長しうる。とくに米国では、かん水脱塩用の膜技術は急速に成長している市場である。

しかし、米国の水道企業は歴史的にそれほど淡水化に敏感ではなかった。それは非効率で高価な処理であると見なされていたからだ。しかし、厳しい干ばつ、枯渇する水源、人口の増加、さらに、比較的安価になってきた淡水化技術に米国の水道企業が注目している。かん水とはTDSが1000 mg/ℓ～2万5000 mg/ℓで、塩分が真水よりは多いが、海水よりは少ない水のことである。そして、内陸部にさまざまな形で存在する。米国では、地下水の場合が多いが、地表水としても存在している。

かん水の淡水化装置はその価格を急速に下げている。これにより、世界の多くの地域でかん水の淡水化による給水が可能になった。かん水の淡水化のコストは海水の淡水化の1/3～1/5である。国際脱塩協会（IDA）[注2]によると、米国のかん水処理にかかる費用は、1日の処理能力が4000 m³から40000 m³のものでは、1 m³につき27円（1000ガロン当たり0.95ドル）から54円（1000ガロン当たり2.27ドル）である。かん水逆浸透（BWRO）[注3]の代表的なプラント例はテキサス州エルパソ市にある世界最大の内陸脱塩プラントである。エルパソ市の水源はリオグランデ川の地表水とフエコ・ボルソン（Hueco Bolson）帯水層

注2　International Desalination Association
注3　Brackish Water Reverse Osmosis

の地下水である。米国南部の砂漠に位置するこの都市では将来的にも依存可能な水源を確保する必要があった。一方、国防総省も戦略上重要な軍事基地であるフォートブリスに確実な水源から給水する必要があった。エルパソ水道局（EPWU）とフォートブリスの軍事職員のユニークな協調的努力によって、かん水淡水化プロジェクトが進み、水の生産量を25％引き上げた。

エルパソ市が必要とする水の約40％はフエコ・ボルソン帯水層から供給される。しかし、帯水層がふたたび水を蓄えるよりも25倍もの速さで地下水が抽出されている。この速度で計算すると、30年以内にテキサス州の地下にある真水部分を使い果たすことになる。この、以前には使用不能であった地下水を利用することで、この地域の主要なかん水が持続可能な水資源に成り得るのだ。

このかん水逆浸透プラントは1日に1・04億ℓ（2750万ガロン）の真水を提供することができる。エルパソ市と軍事基地の水需要を将来的にも充分満たす量だ。このプラントによる水生産コストは1000ℓにつき38円（1000ガロンにつき1・65ドル）である。これは、IDAの定めるかん水脱塩コストの範囲のちょうど中間値である。プラントでは未処理水の約83％が回収され、残りは濃縮物として排出される。濃縮物は生態系を考慮して深い井戸からの地下注入により投棄される。このプラントにかかった総費用78・3億円（8700万ドル）のうち、26・1億円（2900万ドル）は連邦政府が提供した。これは、米国における最大級の"官-官"（自治体と連邦政府による）プロジェクトとしてケイベイリーハチソン淡水化プラントと名付けられた。

それぞれの原水に特性があるため、淡水化技術の効果もさまざまである。しかし、膜処理に

第12章 淡水化

表 12-1 淡水化プラントと装置関連企業

企業名	上場記号／SEDOL	国籍	おもな淡水化事業の分野
IDE Technology Ltd.	新規株式公募の予定	イスラエル	広範囲の水事業、淡水化事業
General Electric	GE	米国	Ionics；海水淡水化装置 Osmonics；逆浸透膜
日東電工	6641801	日本	Hydranautics；膜製造
Dow Chemical	DOW	米国	膜製造
DuPont	DP	米国	膜製造
Energy Recovery Inc	ERII	米国	海水淡水化 (SWRO) のエネルギー回収装置
Gruppo Acciona SA	5579107	スペイン	Acciona Agua；上下水自動処理プラント；淡水化 (RO)
Veolia Environment	VE	フランス	Sidem／Weir
Impregilo S.p.A	B09MRX8	イタリア	Fisia Italinipianti；熱処理および機械的淡水化
Doosan（斗山）Heavy Ind.	6294670	韓国	多段フラッシュ蒸発市場の大手（占有率40%）
Suez Environment	B3B8D04	フランス	Ondeo／Degremont
Siemens AG	SI	ドイツ	US Filter
ササクラ	6786683	日本	さまざまな淡水化事業
三菱重工	6597067	日本	海水，かん水の淡水化事業
日立造船	6429308	日本	複合企業；エネルギー事業における淡水化事業
Consolidated Water	CWCO	ケイマン諸島	淡水化事業を中心とする水道事業
Hyflux Ltd	6320058	香港／シンガポール	淡水化を利用した広範囲の水処理

よる脱塩法は比較的一定した効果を示している。なお大規模淡水化プラントは周期的に建設される傾向があり、そのたびに世界的な大手プラントエンジニアリング企業が変化している。表12-1は世界の淡水化プラント提供企業をまとめたものである。

水不足の問題を抱える地域が多い昨今、この無制限に水を提供できる技術を考えると、投資家を思いとどまらせるような淡水化企業は存在しないといってよい。このセグメントは現在多国籍企業によって支配されており、大部分の企業（主として私企業）は従来の上下水処理事業に付属する部分として展開している。また、大部分は世界的な水企業の子会社である。投資家は、まず水インフラの企業に注目し選択するべきであろう。そのつぎに、それらの企業が得意とする分野（たとえば、水力、石油化学品、原子力発電所または環境サービス）に絞るべきである。

複雑な構造をもつ淡水化市場ではあるが、水事業での投資においては、明らかに不可欠なテーマである。急速に成長している淡水化市場は、既存の事業からはもとより新規参入が見込まれる大きなビジネス市場だ。現在、数百社が市場で競合しているが、今後は、膜処理による淡水化事業者が市場舞台に多く出現してくると見られる。

3

21世紀の水

WATER BEYOND THE TWENTY-FIRST CENTURY

第3部 21世紀の水

第13章 Emerging Issues
新たなる課題

水業界では新たな課題が絶えず現われる。そしてその数は拡大している。こうした課題に対しては、個々の汚染物質への規制からより広範囲の規制に至るまでさまざまな検討がなされ、それを統括機関と投資家の双方が複雑に入り組んだ状態で監視している。どちらの力が優勢ともいえないし、多くの課題に関する結論は不明確なものがほとんどであるが、水資源の管理が人の健康や生態系を考慮すべきものになっている以上、それらの課題は同時に水ビジネスにおける大きな投資機会も生み出している。

新たな規制対象となり得る汚染物質は、米国環境保護庁（EPA）によってリストが公表されている。この規制は今のところ他の先進諸国と足並みを揃えるもので、開発途上国には将来的に水質の重要性が高まってから適用されていくとみられる。これは、微生物汚染は世界中のどこにでも存在するが、たとえば固体ロケット燃料の酸化剤に含まれる過塩素酸塩のような汚染物質はアフリカサハラ地域の地下水には存在しない、ということを反映している。米国でEPAによる徹底した研究が高く支持されている事実を考えると、将来的にもEPAの所見を受け入れることが賢明だろう。

こうした水業界の新たな課題は、規制側の分野だけではなく、その規制順守に関連する分野

238

の経済成長も促すものにもなる。

未規制の汚染物質

将来的に規制する汚染物質を決めることは重要である。こうした新たな規制により、さまざまなセクターで規制問題を解決するためのビジネスが生み出されるからである。処理セクターでは規制の解決策としての最善処理（BAT）を行なう事業、分析セクターでは汚染の測定とその処理過程での検査を行なう事業、水資源管理セクターでは水源の処理前調整を行なうシステムを構築する事業、などである。しかし、まずは水道セクターがこれらの規制に対応するための資金を調達する必要がある。

──汚染物質候補一覧（CCL）[注1]

EPAは、現在は規制対象ではなくても将来的に規制対象となる可能性のある汚染物質を把握しておく義務を負っている。これらは、現在の安全飲料水法（SDWA）の対象ではないが、将来、規制の必要性が出てくると思われる物質のことである。優先順位で3つのリストに分類されており、第1リストは優先順位がもっとも低くさらなる研究を必要とする物質、第2リストは汚染度の測定をさらに必要とする物質、第3リストは優先順位がもっとも高くすぐに規制を必要とする物質である。EPAは現在、第3リスト（CCL3）の策定に取り組んでおり、それらは93種類の化学物質と11種類の汚染微生物からなる。

水業界にとって鍵となることは、これらの化学物質や汚染微生物が汚染物質としての指定を

注1　Contaminant Candidate List
　　巻末付録を参照。

受ける可能性をもっている、ということである。たとえば以下で取り上げる過塩素酸塩などは現在議論の対象となっている物質で、すでにいくつかの州で規制値の設定に踏み切ったためEPAが国の規制として追従するだろうとする見方がある一方、当のEPAは今のところ過塩素酸塩の国家基準値を公表する予定はないとしている。いずれにせよ規制に関するこうした情報は、水関連株に影響を及ぼすようになってきているのである。

──ケーススタディ1：過塩素酸塩

過塩素酸塩は固体ロケット燃料や軍需製品に使用される強い酸化剤で、自動車のエアバッグや電池などにも使われている。米国内では飲料水中にその含有が確認されている水道の数が増加している。過塩素酸塩による低濃度で長期間にわたる人体への影響についてはあまり研究が進んでいないが、汚染物質としてEPAがCCLに加えている発癌性物質の1つとなっている。過塩素酸塩を含有する排水の処理方法はすでに存在するので、むしろ飲料水から過塩素酸塩を取り除く処理方法を早急に確立する必要がある。

過塩素酸塩についての顛末は水質規制が市場を左右したケーススタディの1つで、現状ではマイナス面の見本となっている。実際に、新たな飲料水の国家水質基準値が設定されるという思惑がベイズン・ウォーター社（Basin Water Inc）[注2]の新規株式公開に大きく影響した。

規制の科学的根拠

過塩素酸塩（ClO_4^-）はいわば塩素のもっとも酸化している状態で、アンモニウム、カリウム、

注2　Basin Water Inc. は地下水の汚染物質を処理するイオン交換システムを製造販売する会社として1999年に設立された。2006年にはNASDAQ上場を果たしたが、2009年に米国倒産法第11章により倒産。2010年に同章にもとづき再建が認可された。

マグネシウム、およびナトリウム塩類から溶解して発生する。過塩素酸塩は酸化性陰イオンで、水溶液は非常に安定している。また不活性であるため数十年にわたって地下水や地表水中に残留しつづける。さらに、過塩素酸塩の重要な特性は高い水溶解性にあり、水を媒体にして容易に流動してしまうため、過塩素酸塩は本来の汚染源からかなり遠方まで移動することがわかっている。従来の水処理では、微量の汚染を取り除くことは非常に難しい。

過塩素酸塩は自然界のものと人工的につくられたものの両方存在する。米国における過塩素酸塩のおもな汚染発生源としてはロケット、ミサイル、花火などがある。これらの固体燃料を主要構成する酸化剤として過塩素酸アンモニウムが使われるが、ミサイルとロケットを定期的に洗浄している。また、固体燃料の寿命には限界があるため、ミサイルとロケットの製造に関連して取り替えなければならず、その処分にはさらに大量の化合物が投棄されている。

軍需品、自動車のエアバッグ、マッチ、および電池の製造にも過塩素酸塩が使用されている。その他には原子炉等の潤滑油、日焼け用オイル、革製品の艶出し油の添加物、電気メッキ、アルミニウムの精錬や染料、顔料、電子管やホーロー製品にも含まれている。化学肥料も過塩素酸塩汚染の潜在的発生源であると報告されている。このように過塩素酸塩は工業分野における用途が多様なため、検出技術が実質的に向上すればさらに顕著に検出されることになっていくと見られる。

過塩素酸塩の製造と不適切な廃棄により、汚染は土中と水中の両方に見られる。米国では少なくとも20州の水道水源で過塩素酸塩が検出されている。過塩素酸塩の出現が顕著に見られるのは、ロケット燃料製造や試験設備のあるカリフォルニア、ネバダ、ユタなど西部の州である。

カリフォルニア州だけでも284個所の飲料水源で過塩素酸塩が検出されており、米国西部では過塩素酸塩によって2300万人以上の飲料水に影響を与えていると見られている。EPAの問合せに対して計44州が過塩素酸塩の製造業あるいは使用企業を州内で確認している。

過塩素酸塩の広範囲な汚染は明らかに人の健康に対する脅威である。過塩素酸塩はヨウ化物の摂取を妨げ、甲状腺に障害を及ぼすことが知られている。ヨウ化物は甲状腺ホルモンの必須成分であるが、過塩素酸塩を摂取すると甲状腺の機能をかく乱させてしまう。甲状腺は大人では代謝を促進し、子供では代謝機能に加えて適切な発育を促す役割がある。とくに妊婦の甲状腺機能障害は、未熟児や、新生児の発達障害および知的障害を招く恐れがある。また、甲状腺ホルモン量の変化は甲状腺腫瘍をもたらす可能性がある。EPAの予備調査でも、過塩素酸塩には潜在的な人体へのリスクがあること、その毒性はヨウ化物の吸収を妨げること、腫瘍形成の原因になり得ること、また神経系の発達にも影響することが指摘されている。

ただしEPAは、過塩素酸塩による健康被害について公表もしくは規制の優先順位を分類することはしていない。一方カリフォルニア州については大量の検出データから汚染物質として規制することを決め、2002年9月に過塩素酸塩の飲料水水質基準を米国内では初めて設定した。現在、同州では6ppbを上限として水道水の過塩素酸塩が常時監視されており、したがって6ppb以下を過塩素酸塩が人の健康にリスクを引き起こさない濃度と考えられている。マサチューセッツ州はより厳しい基準で、2ppbを上限に設定している。

EPAはこうした汚染物質に対して、参考摂取量（RfD）という基準を設定している。これは、一定程度の濃度で人が一生にわたり毎日汚染にさらされても人体への影響が出ない基準

242

値である。EPAの研究報告はこうしたリスク値を含みながらも、現在は予備段階であるとして公式な規制には至っていない。1μg/ℓという過塩素酸塩のRfD値についても、EPA内外のさらなる研究と調査が必要であるという表現にとどめている。

低濃度の過塩素酸塩を飲料水から除去する方法についても、目下研究段階である。従来のどの処理方法でも過塩素酸塩をうまく処理できないことが知られているが、現在使用されている技術としては生物処理とイオン交換などの非生物的な方法がある。新たな処理技術も開発中で、EPAによる継続的な研究も進んでいるが、利用可能な最善処理方法（BAT）はまだ確立されていない。大部分は生物処理法かイオン（陰イオン）交換であり、逆浸透（RO）、ナノろ過（NF）および化学還元法については研究段階である。なおイオン交換処理では濃縮過塩素酸塩水溶液が生産されるため、それを処分するか、再処理しなければならない。

生物学的な触媒作用で過塩素酸塩の濃度を下げ、除去する処理方法が有望視されている。1970年代以来、汚染排水の過塩素酸塩には生物学的な除去方法が試みられてきたが、こうした処理方法が飲料水に適用されたのは最近になってからである。生物活性炭（BAC）処理（過塩素酸塩分子を破壊して、それを塩化物に変換する）がその一例である。

生物処理は過塩素酸塩の化学特性に対してかなり有効であるとると考えられている。過塩素酸塩分子中の塩素原子がもっとも高い酸化状態にあるので、過塩素酸塩を減少させるには熱力学的な作用は有効と考えられる。過塩素酸塩は強い酸化剤（容易に電子を受け入れる）であるため、したがって生物学的に活性化した炭素によって過塩素酸塩は極端に減少する。粒状活性炭（GAC）も過塩素酸塩を強く吸着する電子受容体として多量のエネルギーを微生物に提供する。

が、より強い吸着性をもつ他の物質に置き換えてしまうため、過塩素酸塩汚染水の調整手段として有効とは認められていない。

情報通の投資家たちは、飲料水中の過塩素酸塩の除去技術が水業界のニッチ市場で成長することを予感するだろう。しかし、EPAが連邦の飲料水安全基準としてこの汚染物質を除外する可能性もあるので、投資家は規制関連市場でのリスクも考慮すべきだ。とくにベイズン・ウオーター社のような企業は連邦の水質基準の公布に大きく依存している。今は、あといくつの州がこの規制に踏み切るかを見極めることである。投資を考慮する際には、かつて「同じような規制がどんな影響を与えたか」といったケーススタディが重要になってくるのである。

──ケーススタディ２：メチル tert-ブチルエーテル

過塩素酸塩と異なり、メチル tert-ブチルエーテル（MTBE）は安全飲料水法（SDWA）に指定されている規制汚染物質ではない。しかし、EPAはこの物質の発癌性を考慮してCCLにリストアップしている。MTBEについてはさらなる評価が必要になるだろう。すでに大規模な水供給事業ではMTBEの監視を義務付けられているし、EPAは健康に害を及ぼさないMTBEの基準値を発表している。それによると、飲料水の味や臭いなども考慮し、その上限は20μg/ℓ（20ppb〜0・02ppm）である。

メタノールから生成されるMTBEは石油精製における副生成物である。また、一酸化炭素や有機燃焼生成物を抑制して完全燃焼を促進する目的でガソリンの添加物としても使用されて

第13章 新たなる課題

いるため、米国全土の地下水や地表水に出現している。MTBEは合成化合物で、1970年代後半に鉛に代わるオクタンの品質向上のために使用されたのが最初である。その後、人気汚染への懸念から、1990年に米国議会が燃焼強化にはガソリンに酸素を加えるよう人気浄化法（CAA）[注3]を開始した。いくつかの都市では、冬季には重量換算で2.7％の酸素をガソリンに加えることを義務付けた。また、CAAに対応する形で1995年に制定された改質ガソリン（RFC）プログラムは、米国の大気基準超過地域で、年間を通して重量換算で2％の酸素を加えることを義務付けた。

MTBEは低価格で生産が容易であり、従来のガソリンに簡単に混合することができる。本来は大気を守る目的で使われたものだったが、いまや水質にとって潜在的な脅威となってしまった。飲料水中のMTBEによる汚染被害は急速な広がりを見せているのだ。

各州の規制当局はMTBE汚染に関連する規制をますます強化している。カリフォルニア州はMTBEに関連した4つの法案を制定し、現在35μg/ℓに汚染濃度の上限を設定した。パイプラインの破裂によって60万ガロンのガソリン漏れ事故が起こり、主要な飲用水源にMTBEが混入したダラス市では、事故後50年にわたってもっとも厳しい水利用制限を課した。他の多くの州もMTBEの規制ガイドラインや基準を設定しており、ニュージャージー州では70μg/ℓのMTBE汚染レベルを設定している。

MTBEは水の味や臭いの質を落とすだけでなく、他のガソリン成分よりもはるかに速く地表や水中を移動する。また、低濃度の場合、従来の水処理では除去が難しい厄介な物質である。

注3　Clean Air Act

245

他のエーテル同様にMTBEは親水性で、水分子に対して化学的な誘引性をもつ。事実、他のガソリン化合物より30倍も可溶性が高く、MTBEがひとたび地下水系に入ると、その高い水溶解性によって流動性の高い汚染物質となってしまう。加えてMTBEは土壌に入り込むと速く、自然分解しにくくなる。したがってMTBE汚染は他のガソリン成分よりも、地下水の中で速く、また遠くにまで広がる。

地下水のMTBE汚染の発生源は、おもにパイプラインや地下貯蔵タンクからの漏出、MTBE製造および保管設備からの汚染である。都市部における地表水のMTBE汚染の発生源は、ガソリン使用のレクリエーションボート、自動車、産業からの排気ガスである。MTBEを含んだ雨水も地下水および地表水の汚染源になっている。

水関連事業を担当する政府機関はおおむねEPAの決定を支持しているが、同時に汚染への迅速な対応も求めている。米国水道協会（AWWA）によると、国内のMTBE浄化にかかる費用は900億円（10億ドル）と見積もられている。しかし、米国政府はいまだに資金をまったく割り当てていないし、この問題に対処する最善技術（BAT）も特定されていない。このためEPAは、ワークグループを組織してMTBEに汚染された飲料水と地下水を処理するための技術やプロセスの実地評価を行なっている。MTBEはガソリンに含まれる他の物質と比べて除去が難しく、MTBE除去のための現在ある高度処理技術は以下のようなものである。

一般的な処理方法は曝気（エア・ストリッピング）法、促進酸化プロセス（たとえば、UV酸化やオゾン過酸化水素などの化学酸化）の使用、生物学的ろ過、および活性炭や他の吸収剤による吸着法などである。MTBEは気化しにくいため、その除去に地下水汚染で通常存在す

第13章 新たなる課題

他の揮発性有機化合物ほどには、曝気法の効果はない。促進酸化プロセスはMTBEの破壊に有効と考えられているが、オゾンから臭素酸塩が同時発生したり、オゾン過酸化水素の処理が必要になるので、給水状況によっては問題となる場合がある。しかし、促進酸化後に生物学的ろ過を使えば酸化副生成物の濃度を減少させることはできる。MBTEの除去には、活性炭吸着方法はコスト的に効率が悪い。効率性の高い、低コストの有機化学物質除去の研究が現在行われており、こうした研究結果は「従来の水処理は、他の有機化学物質除去には有効であってもMTBEには適切でない」とする水業界の見解を裏付けている。

現在研究されている他の方法は、既存の処理を何種類か連続して行なう方法、また、従来の処理プロセスを最適化する方法、新しい吸着材の使用などである。たとえばカルゴン・カーボン社（Calgon Carbon）はフィルトラソーブ（Filtrasorb）と呼ばれる液相用活性炭をMTBEの除去用に開発している。地下水の汚染改善のために特別に設計された井戸の中で曝気法が行なわれていたり、堆肥を使った生物ろ過によってMTBEの量を下げる試みも行なわれている。

しかし、MTBEを低コストで除去できる方法はまだ一般化されていないのが堅実である。

米国は、大量のガソリンを生産し、輸送し、消費している。そして、その多くにMTBEが含まれている。米国内では3番目に生産量の多い有機化学物質であり、現在のMTBE汚染は氷山の一角にすぎない。健康へのリスクをはじめ、大気への影響、環境における出現状況、拡散とその末路、汚染地域の修復、そして、関連する水処理技術など、MTBE汚染についての本質的な研究がさまざまな局面から行なわれている。研究が進むにつれ、MTBEの除去作業が水処理事業における有望なニッチ市場になるのは明白である。

247

―― ケーススタディ3：ヒ素

ほぼ半世紀にわたりヒ素の上限値は50ppbであったが、EPAは2006年に10ppbに厳格化した。公衆衛生の維持と規制順守のためのコスト、つまり人の健康を脅かす危険物質を特定する科学的検証はトレードオフの関係にある。環境中におけるヒ素の出現増加は、多くの飲料水システムに潜在的な脅威を与えており、脱ヒ素が水処理技術におけるニッチな成長市場になるのは確実である。

ヒ素は非常に毒性の強い半金属元素である。自然界に存在するものと、産業から副次的に排出されるものがある。地殻岩を構成する物質では52番目の量を有する。ヒ素は他の元素と結合して、無機的、あるいは有機的なヒ素化合物を形成する。現在もっとも懸念されている水中のヒ素は無機化合物である。ほとんどのヒ素は地殻岩の崩壊や腐食、あるいは産業や農業からの環境汚染によって水源に入り込む。岩石の風化、化石燃料の燃焼、火山活動、山火事、採鉱、鉱石の製錬などからも環境に排出され、地下水に汚染をもたらしている。

産業用のヒ素はガラス製造、軍用の毒ガス、鉛の焼入れ、農薬に使用されている。もっとも一般的なクロム銅ヒ素化合物は米国で産業用ヒ素の90％を占め、木材の圧力処理に使用されている。ヒ素化合物は地殻と生物圏で広範囲に存在する物質であるため、飲料水中に含まれるヒ素は世界的な関心事となってきた。バングラデシュでは2500万人が10ppbを超える地下水源からの給水を受けており、米国でも西部の採鉱を行なう州で高濃度のヒ素が検出されている。

★1 World Health Organization：" Arsenic in Drinking Water." Fact Sheet Number 210, Revised May 2001.

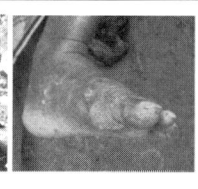

国際癌研究機関（IARC）は、無機ヒ素化合物が皮膚と肺の発癌物質となり得る充分な証拠を公表している。低濃度で長期間にわたるヒ素の摂取は、皮膚、膀胱、肺、および腎臓や肝臓に癌を引き起こす可能性があるのだ。癌以外では、心臓病、糖尿病、貧血、生殖的機能や発育機能、さらに免疫機能や神経系にも影響を及ぼすことが知られている。グルココルチコイド（ステロイド系ホルモン）のシステムを混乱させる研究結果もあることから、ヒ素は内分泌かく乱物質でもある。さらに、ヒ素は既往の腫瘍の成長をも促進させるといわれている。

ヒ素の処理方法の検討やさまざまな研究結果によって安全飲料水法（SDWA）が改正されると、EPAは汚染レベルの上限値を変更しなければならない。基準値の設定が遅れていたことで、さまざまな団体がEPAは不必要に研究を長引かせていると抗議した。天然資源保護委員会による訴訟に至って、クリントン政権は飲料水中のヒ素上限値を5ppbに設定することを要請したが、産業界などの反対で結局10ppbに設定された。これはクリントンが公職を退く3日前の決定であった。

しかしブッシュ政権は、地域団体にかかる経費や新基準値を科学的に再検証することを理由に、実現化を中断させた。米国水道協会（AWWA）の研究によると、10ppbの基準を満たすための飲料水給水業者の経費は1年当たり約540億円（6億ドル）で、初期投資には4500億円（50億ドル）が必要となる。規制基準値の設定が遅れると必要経費がしだいに高くなることは明白だ。全米科学アカデミーの報告書は、EPAが公衆衛生における危険をかなり過小評価していると述べている。

クリスティ・ウィットマン（2001年〜2003年までのEPA行政官）は、3、5、10、

ヒ素

バングラディシュ農村部の井戸（左）からは高濃度のヒ素が検出されており、住民の皮膚には病変がみられる（右）。

または20ppbの上限値でそれぞれのレベルにおける健康への影響を研究するよう全米科学アカデミーに要請した。その結果、どのレベルでも、EPAの見積りよりはるかに高い発癌リスクがあることがわかった。アカデミーの報告書では、3ppbのヒ素摂取でも、膀胱と肺の癌リスクでは1万人につき4～10人の死亡であると述べている。EPAの過去20年間におけるあらゆる飲料水汚染物質は、最大1万人につき1人の死亡リスクとして上限値が設定されているのだ。結局、ブッシュ政権はより厳しいヒ素の基準値を受け入れることを余儀なくされ、10月31日に、EPAは飲料水中のヒ素上限値を正式に10ppbと発表した。その後、少し遅れたものの、新しい上限値での規制順守の開始日が2006年1月23日に設定された。

AWWAによると、この新基準で影響を受けた水道の約97％はすべて1万人未満に給水する小規模事業であった。EPAはそれらの事業者に、経費を下げるための技術指導および訓練を提供することになっている。担当当局は農務省の連邦政府回転基金と地方水道サービスプログラムからの交付金と貸付を最大にする努力をしている。

処理システムの有効性は、除去されるヒ素化合物の種類と酸化状態によって異なる。「ヒ素（V）」の形でヒ素を扱うと、多くの技術はもっとも効果的に作用する。前酸化を通して「ヒ素（III）」を「ヒ素（V）」に変化させることができる。塩化第二鉄、過マンガン酸カリウムや、オゾン、過酸化水素などの酸化剤はこのために有効である。ヒ素の除去には、いくつかの従来プロセスも有効で、硫酸第二鉄やミョウバンを使った凝集作用、石灰軟水法、活性アルミナによる吸着、イオン交換などである。また、低濃度のヒ素処理に適している他の技術としては、逆浸透（RO）、ナノろ過（NF）、および電気透析（極性転換方式（EDR））がある。

凝集や石灰軟水法は、小規模事業では高コストであることと処理操作に訓練が必要であるため適切ではない。さらに、これらの方法のみで汚染物質レベル（MCL）の許容上限値までヒ素濃度を下げることは難しい。また、活性アルミナも各再生サイクルでの吸着能力が失われるので非効率である。既存の処理システムには、凝集作用を実現可能な限り強化することが有効と考えられる。イオン交換は、ヒ素を取り除くことができるので、硫酸塩濃度も完全溶解固体物質レベルも低い地下水を使用する小規模水道にはBATとして薦められる。しかし、これらの方法はすべて濃縮廃液と汚泥処理の問題が残る。

操作圧力が適切であれば、逆浸透によって95％以上のヒ素除去が可能だ。逆浸透を利用した場合、米国西部の小規模水道では、処理によって得られる浄水は原水の60％である（40％は濃縮廃液として処分される）。逆浸透プロセスでは、ある程度の量の水が処理の結果として失われるため、水の不充分な地域では問題であり、脱ヒ素にかかるコスト上昇につながってしまう。ナノろ過は、逆浸透よりわずかに分離機能は低いが、浄水レベルでの生水必要量は低いので、効率的であると考えられる。逆浸透やナノろ過に比べると、EDRはコストの面で競争力があるとは考えられない。

新しいヒ素の基準値を守ることは小規模水道には比較的高負担になると予測されるため、脱ヒ素の末端処理技術（POU）は成長しうる代替手段と考えられる。POUを使用するうえでの鍵は、給水対象となるコミュニティの大きさを明確に定義し、コスト的に適切であるかを判断することである。既存のヒ素処理技術が存在しない小規模水道などでは、膜技術が多様な機能を提供しており、脱ヒ素技術を専門にするさまざまな企業が存在する。既存の処理方法を改

善するにしても、新しく開発するにしても、相対コストで有効な方法を見つけるためには、さらなる研究と開発にかなりの資金が必要になると思われる。研究結果の分析がされるまでは、最善の処理技術を予測するのは難しい。EPAが研究努力を続けている間、投資家は辛抱強く待つしかないだろう。

ヒ素の規制に関しては、過去30年間に定められたどの規制にも勝る量の情報が存在しているのと同時に、ヒ素の基準値を達成するには他の汚染物質除去以上の資金が必要になるともいわれている。したがって飲料水からヒ素を除去する費用対効果の高い技術を見出すことができれば見通しは明るくなるだろう。ヒ素汚染が世界的な問題である今日、この分野の製品やサービスを提供できる企業の需要が増大するのは必至である。

バイオソリッド（汚泥）の管理：ヘドロがマネーを生む

排水からの副次廃棄物を処理する事業は規制状況に左右されやすいビジネスであるが、汚泥処理ビジネスは処理を要する汚泥量が増加しているので成長が見込まれている。また、汚泥は有益な資源にもなり得る。しかし同時に、下水泥に関連するネガティブ・イメージがバイオソリッドの商業的利用の妨げになっていることも事実だ。バイオソリッドの市場成長率は標準よりいくぶん控え目ではあるが、残留物処理のセグメントは水事業では成長が見込まれる。

海洋への汚泥投棄は禁止されている。また、土中へ投棄することも難しくなってきた。水環境連盟（WEF）によると、汚泥の36％はリサイクルされ、38％は地中廃棄物となり、16％は焼却され、10％は他の方法を使って地表で処分される。埋立地からの浸出水の問題で、汚泥の

252

ような有機物質はさらなる処理が必要となった。焼却による処理にも限界があり、結局のところ「高品質のバイオソリッドに対する需要」が、処理方法の選択に大きく影響する。EPAは、2000年に710万トンだったバイオソリッドが2010年には820万トンまで増大すると見積もっている。

廃水からの副次廃棄物に付けられている名称は紛らわしく、時として誤解されやすい。「下水泥（swage sludge）」と「バイオソリッド（汚泥）」は、廃棄物の有益利用を進めるために意図的に用語を区別したものである。「バイオソリッド」という用語は残留物を統括する水質浄化法（CWA）503条項の規定序文に現われる。水環境連盟（WEF）によってつくられたこの用語は、廃水処理や浄化槽などから出る有益で再利用が可能な物質を意味する。ウェブスターカレッジ辞書によればバイオソリッドは、「下水処理プロセスを通して得られ、おもに肥料として利用される固体の有機物」と定義されている。EPAはCWAの中で、同じ種類のものを意味するのに下水泥という言葉も使っている。しかし、バイオソリッドは下水泥を処理することによって「品質が上がっている」ということである。

下水泥への規制は、非常に大規模かつ複雑だ。それは、地中の利用方法、地上での廃棄方法、また、病原菌や有機物、焼却物などの削減方法にまで及ぶ。全体的に見て、規制は公衆衛生と環境保護を考慮し、下水泥の再生を促している。また、国家基準として12種類の汚染物質を規定している。

下水泥の有効利用、処分、そして管理は、従来から存在する規制と処理技術の発展を伴なう成長事業である。汚泥再生とその運用は、EPAによる規制体系における優先順位が高いこと

下水泥とバイオソリッド

バイオソリッドという用語は下水泥に比べ、有益かつ安全に再生できる汚泥の副生物であるという点において意味が異なる。

253

は明白であり、バイオソリッドの有効利用における販路には限りがあるため、短期投資の機会は主として関連する機器製造業かサービス提供業のどちらかである。高度処理技術は高品質なバイオソリッド製造を可能にしているため、水業界は、この分野の商業化を図ることができるだろう。最終的には、自治体のニーズ全般を請け負う残留物処理企業は充分な投資対象となる。

バイオテクノロジー

生物学的な環境修復技術の他にも、水事業におけるバイオテクノロジーには数多くの有効性がある。従来の水処理法でもさまざまな生物処理を利用しているが、この分野では革新的な技術を使った製品やサービスが潜在価値をもっている。生化学製品、生物指標、現場分析、浄化作業、廃棄物最小化などは環境事業におけるバイオテクノロジーの応用例といえる。

生物環境に関する研究で興味深い領域の1つは、水の汚染物質を検出するためのバイオセンサーである。これは、バイオテクノロジーとエレクトロニクスを組み合わせた精巧な監視装置で、第一世代のバイオセンサーは免疫測定技術（イムノアッセイ法）を利用したものである。この新技術は感応性を目標化合物に合わせ、それに対して発生する抗体を利用する方法である。イムノアッセイ法は主要な汚染物質の汚染レベルをタイムリーかつ低コストで正確な情報を提供することができる。ストラテジック・ダイアグノースティクス社（Strategic Diagnostics）は、環境汚染物質を検出するためのイムノアッセイ測定キット開発のリーダー的企業である。

規制

規制は水事業における資本配分に関連するので、投資家にとって重要な意味をもつ。規制の傾向、規制順守の状況、EPAの訴訟事例などは、規制の方向性を示す実質的材料として、利益をもたらすセグメントを特定するのに役立つ。飲料水規制は水道水からの汚染物質による健康被害を防ぐことを意図しており、EPAには安全飲料水法（SDWA）に基づいた国家第一種飲料水規制（NPDWR）による汚染物質設定の義務がある。1996年の安全飲料水法改正で一連の新しい飲料水規制が確立されて以来、EPAは活発に多くの行政措置を開発、提案、成立させてきた。これらの規制は水事業の活動領域と飲料水設備の枠組みとなる。

現在、NPDWRについてはいくつかの改定が（EPA規制の策定手続き下で）進行している。たとえば、総大腸菌規制（TCR）に関する改定がそれである。今後は糞便汚染の抜き打ち検査による監視を強めていく計画で、TCRは関連する配水システムも規制対象にしている。

しかしながら、現在のTCRは原水と配水システムにおける微生物汚染については言及していない。微生物汚染に関しては、生物指標の利用もさることながら、どの汚染有機物質を監視すべきか、また、その処理方法としてどんな技術を使うべきかを再考する必要があるだろう。この分野は検査機器や分析装置に関連する市場の成長を促すだろう。

もう1つの検討課題は日次最大負荷量（TMDL）に関する規則の制定だ。現在、CWAによる汚染制御では、おもに点源排出のTMDLに焦点を置いている。しかし、点源排出のTMDL強化で環境汚染規制を進めると、新たな規制条件を満たすために水事業体は新たな資金が

必要になる。2000年の水質汚染プログラム強化条例[注4]では、TMDLの強化に関連する財源を授与するとはしたものの、米国水道協会（AWWA）は、規制の範囲に雨水などの非点源排出の管理を含むことも重要であると提案している。しかしながら、EPAは最終的なTMDL規則に非点源排出は含まないとしているので、大きな影響を与える可能性をもつこの問題については、これからも議論が続くと予想される。

また、EPAは地下水に関する規則（GWR）[注5]の策定を提案している。この規則は、地下水を利用する場合には適切な消毒を行ない、かつバクテリアとウイルスを防御するマルチバリアを設置することを義務付けている。そして、この規則は地下水を利用する全米15万7000の公共浄水施設に適用される。GWRは2001年後半に最終規定として発行され、公布日までに消毒およびその副生成物（D/DBP）規則の第2段階まで公表することを要求している。

現在は、地表水と地表水から直接影響を受けている地下水を使用する水道システムのみが給水の消毒を義務付けられている。加えて、地下水を使用する水道は水の消毒が完了していることを州に報告しなければならない。GWRで提案されているマルチバリア方式では対処しきれないリスクがあるため、消毒や水質監視のセグメントが成長するのは明らかである。

期待されていたのは、EPAがヒ素上限値を50ppbから5ppbへ大幅に下げることを提案することだった。しかし、今回の提案で特徴的なのは、追加経費を考慮して最大汚染物質レベル（MCL）が以前の設定値より初めて引き上げられた（緩和された）ことである。AWWAは、MCL基準値を10μg/ℓ以下に設定しないよう勧告したのだ。小さなコミュニティの水道は、ほとんどがこの基準値を達成しなければならないが、これにより少なくとも2250万

注4　Water Pollution Program Enhancement Act
注5　Ground Water Rules

第13章 新たなる課題

のアメリカ人の健康を守ることができる。しかし、ヒ素の基準値を多少なりとも引き下げることで、年間約1350億円（15億ドル）が必要になる。飲料水を地下水源に頼る中西部の州とニューイングランドの水道がもっともこの影響を受けると見られている。基準を満たすための提案されているBATはイオン交換、活性アルミナ、逆浸透、改良凝集ろ過、改良石灰軟水法、および電気透析（極性転換方式（EDR）などである。

もう1つの重要な課題は放射性元素（主としてアルファとベータ放射性物質、ラジウム、およびウラン）の残留である。残留する放射性物質の処理は同位体の問題も含め、化学的に複雑な問題だ。処理にかかるコストの大きさも計り知れない。その他の規制の見直しとしては、アルミニウムの基準値設定、鉛と銅の基準値の改定、クロロホルムの最大汚染濃度設定（これは消毒副生成物規制の一部でもある）などがある。これらはすべて、高度なろ過処理技術を使用するか、従来の技術に取って替わる方法を見出さなければ達成できないだろう。

予想される消毒およびその副生成物（D／DBP）規則の第2段階とそれに伴なう地表水処理長期達成規則（LTESWTR）注6を達成するための計画を立てるにあたり、水道業界は、現在、特別な注目を集めている。EPAはまだ規則の策定を行なっている最中だが、連邦諮問委員会による協定書には、水道業界が新規制への対応計画を立てはじめるために充分な詳細が示されている。この中には、消毒副生成物に関するデータの評価とそれを減少させるための処理技術や代替処理技術の評価も盛り込まれている。

規制は特定の処理技術や設備投資の需要をつくり出す重要因子だが、現実的な問題はそれにかかるコストでありその資金調達である。州政府水道整備基金（DWSRF）注7は自治体と事業

注6 Long-Term Enhanced Surface Water Treatment Rule
注7 Drinking Water State Revolving Fund

法人が水事業への資金提供を行なうことに注目している。DWSRFから規制達成に必要な融資を受けることができ、処理容量の拡張や水資源保護にもこの資金を利用することができる。

これまでに、米国議会はDWSRFプログラムとして3240億円（36億ドル）の資金を提供した。2002年度末までに、EPAにより2100件の融資がなされ、450以上のDWSRFプロジェクトが作動しはじめている。さらに飲料水のインフラに742億円（8億2500万ドル）が2002年度のDWSRF予算としてEPAにより要求されている。支出に必要な総額には到底及ばないものの、DWSRFの資金は技術を成熟させるために重要だ。結果的にはこの資金が、水業界にとって民営化の推進や新しい処理技術やインフラの開発といったさまざまなセグメントの原動力となる。

効果的な微生物ろ過や滅菌方法は、さらなる注目を集めそうである。費用対効果のある分析および情報収集の必要性から、水質監視と検査の分野もまた、高成長のノンゼロセグメントだ。

消毒およびその副生成物（D／DBP）規則の第2段階における試案では0.070mg／ℓのクロロホルムの最大許容汚染度目標（MCLG）と塩素殺菌による副生成物についても設定している。これはMCLGが発癌性汚染物質について設定する最初のノンゼロ基準である。この試案はさらに、分配システム全般における消毒副生成物（DBP）ピークレベルに関する総合計画を要求しており、現在の総トリハロメタン（TTHM）基準を達成するための時間的枠組みを設定している。地表水処理第二次長期達成規則（LT2ESWTR）[注8]の試案は病原菌に対処するための暫定的な規則を強化するためのもので、この試案では、初めてクリプトスポリジウムの監視と紫外線（UV）消毒の過程を義務付けている。

注8　Long-Term 2 Enhanced Surface Water Treatment Rule

258

非点源（ノンポイント）汚染規制

水質汚染は大きく分けると、2種類の汚染源に行き着く。1つは管路などの固定したポイント、すなわち点源に起因する汚染と、もう一方は非点源のそれである。点源の汚染は農業活動や都市流水に起因し、間接的かつ拡散しやすい状態で水質に影響する。非点源の汚染は固定源からの環境汚染は、規制体系によって強固に管理された状態にあり、EPAは現在、非点源からの水質汚染に着手しはじめている。この分野に注目すると、非点源汚染の管理は今後、10年に及ぶ水質保護における課題であり、新しい投資分野でもある。

現在、米国内水域に課されている廃棄物負荷の半分以上は非点源排出からくるものと見積もられる。非点源排出からの環境に対する影響を考えれば、点源と同じ割合で規制策定に盛り込まれるべきだが、EPAは、歴史的に非点源排出を規制する権限は与えられていない。このタイプの環境汚染は州の責任と考えられていたのだ。

非点源排出からの汚染は、点源排出と同様の経済的特性を示さない。責任を特定し、何らかの活動を行なうことで、つねに隔離制御できるような排出源ではないからだ。このため、経済による解決策では支配できない分野ともいえる。しかし、点源排出と非点源排出間の許容量交換などの市場的解決策がいくつか現われてきており、点源の許容量を増加させるためにも非点源の規制は強化されるべきである。この関連からEPAは非点源の水質汚染を対象とした大規模な一連の基準を公布している。

EPAはこの非点源排出の管理強化で、この分野と合わせて流域管理での規制の遅れを取り

戻そうとしている。当面の課題は都市からの雨水流出制御の改善策に取り組んできた。そして最終的な規制は、各自治体が適切な場所に雨水流管理システムを建設するというプロジェクトである。雨水流出源は非点源排出の水質汚染における主要な原因であるからだ。

雨水が汚染物質を運搬していることで大きな問題が引き起こされているのである。堆積物、肥料、農薬、炭化水素や、他の有機化合物、鉛などの重金属が水系に流れ込むことにより、沿岸の生物分布が退化し、淡水域の富栄養化が進んでいる。これに加え、重力利用の集水設備では雨水による氾濫や逆流を起こす。その結果、排水施設で処理されるのは一部分にすぎず、他はもっとも近い川などの水域へ迂回していく。また、地下に流入する雨水の増加で地下水層深度は悪い意味で上昇し、地中でろ過される水量の減少を招く。その結果、地下水における汚染物質の希釈が充分にされなくなるのである。氾濫によって未処理の汚染物質が水域に流れ込み、逆流によって家庭用の収集システムにも影響を及ぼす。

氾濫と逆流はもっぱら浸水と流入によって引き起こされ、新しい建設技術や新しい構成部品（パイプ素材、継ぎ手部品、成形マンホール）を使っているにしても、絶え間なく問題を起こしている。1950年代からの対処法は雨水ピーク時の受容量を標準時の8倍にする方法であったが、わずか数年後に、下水道は暴風雨時には満杯の状態を示すようになった。マンホールの蓋がボルトで固定されているため、加圧された大量の下水が処理施設へ流れ込んでいった。今日でも、雨水流出に関連する問題、下水の氾濫による衛生上の問題に対しては、かなり無計画であるため非難の対象となっている。収集用の本管や氾濫用の放水路の設置は地域的な対

260

第13章 新たなる課題

処法でしかない。EPAは、下水の氾濫と衛生を制御する方法の標準化に水処理業界と共同で取り組んでいる。排水処理施設と収集システムの関係者は、氾濫による衛生問題を排出許容量に反映させることや、水質浄化法（CWA）の規制に合わせられる現実的技術や環境リスクの検討をしている。

インフラの優先順位決定に使われるEPAの報告書[★2]によれば、米国は次の20年で、排水処理における必要条件を満たすだけで約12兆円（1400億ドル）を要するという。それを構成するおもな3つの分野は、下水の氾濫とその合流制御に約4兆円（450億ドル）、排水処理に約4兆円（440億ドル）、新しい下水道建設に2兆円（220億ドル）である。さらに、EPAは現在の排水収集設備を改良するのに約9000億円（100億ドル）、非点源排出制御に約8100億円（90億ドル）、自治体の雨水流出制御に約6300億円（70億ドル）を見積もっている。

投資の観点からすると、非点源による水質汚染を制御するためのインフラ改良はいくつかの分野に分けることができる。それらは、コンクリートや鋼管、トンネルや高密度ポリエチレンのような上下水網で使用される基礎的素材の分野、また、バルブや逆流制御装置、ポンプなどの付属品分野である。

確実に成長するもう1つの分野は関連する新技術の分野である。すなわち、非点源汚染処理の高度な新技術を提供できる企業は有望だ。また、興味深い分野としては雨水や農業排水などの特定非点源の問題に対応する新技術がある。たとえば、重金属類や有機化学物質を吸着できる堆肥媒体を粒子状化したものが特許を取得しているし、汚水が放射状に流れるようにしたフ

[★2] U.S. EPA : "Clean Water and Drinking Water Gap Analysis Report," (EPA 816-R-02-020, 2002); "Closing the Gap: Innovative Responses for Sustainable Water Infrastructure," (2003 EPA Water Infrastructure Forum).

イルターカートリッジにろ過材を入れたものを駐車場や高速道路の脇に設置する技術などもある。これらは、従来の雨水流処理法より少ない面積で効率的に処理する方法として有望視されている。農業排水の量と複雑性を考慮して、ろ過システムはとくに栄養物、堆積物、セレニウムおよび残留殺虫剤を除去するように設計されている。非点源汚染はろ過、精密ろ過、および分離技術を専門とする企業にかなりの機会をもたらすだろう。

有望視されるもう1つの分野は、非点源汚染の処理におけるシステムの有効性を監視、測定する分野である。リアルタイムでのデータ収集と監視プログラムで、将来、より効果的に非点源汚染を制御できるようになるだろう。また、下水の制御もピーク流量に合わせた過剰設計から、最適なピーク容量で処理できるような設計・運用になるだろう。

制度上あるいは経済上のさまざまな理由、とくに規制等によって非点源水源の水質問題が指摘されているので、水資源としての価値は調査されていない。しかし非点源汚染は現在の点源汚染と同様のレベルで取り扱われるべきであり、EPAも雨水流出の問題を手始めにこの領域の対処に取り組んでいる。ただし、これにかかるコストは膨大だ。また、関連する規制の詳細を決定するにはまだしばらく時間がかかりそうである。最善策を決定し、本質的な問題に対処するには、構造改革と技術革新が必要だろう。

水の再利用

排水の処理水からつくられる飲料水について、市民が消極的であまり知りたがらないのは当然であろう。しかし、すべての水は、結局は再生されたものである。つまるところ水の循環は

第13章 新たなる課題

閉鎖システムだからだ。水の再利用の概念は、地下水への再補給から産業用、そして飲料水に至るまで、さまざまな用途に応用することが可能である。しかし、共通のテーマは経済性にある。たとえば逆浸透によって再生された高純度の水をトイレで使用する意味はない。水の再利用における成長の鍵を握るのは、給水のニーズごとに区別した処理を行なうことである。

マクロな視点では、水は従来、補給可能ではあるが枯渇しうる資源として考えられてきた。しかし水源に対する度重なる悪影響のために、ミクロレベルにおける水の経済的地位は変化している。水の再利用は、需要と供給の不均衡および各地域における妥当な水バランスを達成するための実現可能な方法として注目されているのだ。

水の再利用は、一般的に排水をある程度まで処理した後、限られた用途で利用する場合が多い。例を挙げると、緊急時の給水、水不足のための貯水、水汚染対策のための効率的利用などである。水の再利用には、偶発的、間接的または直接的な場合が存在する。偶発的な再利用とは、特定の計画は存在せず、水環境内の結果として自然に起きているものである。このような利用のパターンは、多くの川の流れに沿って起こっている（上流で排水が川に流され、下流でふたたび取水され利用される場合）。そして事実上、水源としての一般的かつ必然的手段となる。

これがすなわち、希釈による水質汚染の解決例であろう。

一方、間接的な水の再利用とは計画された事業のことである。その1つの例が、再生された排水を地下水へ再補給することであり、処理済みの都市下水を枯渇した帯水層へ人工的に補給することがますます一般的になっている。直接的な水の再利用はパイプにより直接、次の使用

者に処理水が運ばれる方法である。この場合の水の再利用先は大部分が産業用か農業用である。しかし間接的でも直接的でも、飲料を目的にした水の再利用はこれから成長しうる分野だ。とくに米国西部では地下水獲得競争が増加するにつれ、水の効率的な利用に関する革新的方法の必要性が高まっている。全米研究評議会の帯水層への再補給に関する委員会[注9]は、供給飲料水よりも健康リスクが高いとは報告されていないが、より質の良い水源が入手できないときにのみ利用するべきであると勧告されている。

再利用分野での成長が見込まれるのは、水の前処理である。排水を地下水へ再補給するには、水質の悪化と事後処理を最小限にするために、充分な前処理を行なう必要があるからである。排水がもたらす放出水域の富栄養化に対する規制が強化されることで、自治体はもちろん産業界も水の再利用に大きな関心を示すだろう。

非飲料用途での水の再利用は米国のいくつかの地域で確立しており、他の地域からも注目されている。再生水の規制における枠組みは連邦レベルでは存在せず、各州は灌漑などの非飲料用途における基準を設定する責任がある。これらの基準が化学物質やクリプトスポリジウムなどの病原微生物から人の健康を守るために適切かどうか、が現在の争点である。

米国水道協会（AWWA）と水環境連盟（WEF）は、2001年に水再利用会議を開いた。ここでは水の再利用における最新技術とその応用が議題となり、灌漑、産業用あるいは都市用に、再生水が非飲料用途として使われるようになったものの、市民の受容性や再生水が飲料用に使用される場合の安全基準はいまだ確立されていない。これを考えると、水再生の分野で成

注9　National Research Council's Committee on Ground water Recharge

264

第13章　新たなる課題

長しそうな技術は水の消毒と膜処理であろう。

飲料水の規制に比べると、再生水の水源がもつ問題についての標準化はばらばらに設定されてきた。その中に、再生水を飲料水に変換する場合のウイルスや有機物質制御について言及しているものはない。したがって、再生水の利用には汚染制御を中心とした追加基準を早急に設定する必要がある。

州のガイドラインによる再生水で地表水を充当している現在、水再利用のもっとも進んだ方法は2系統配水システム（飲料水と再生水を別々のパイプで配る）だ。水の再利用の規制でリーダー的存在のカリフォルニア州では、再生水をろ過消毒することを義務付けている。アーバイン地域では、再生水を芝生やプール用水に再生水利用を拡大しようとしている。カリフォルニア州とフロリダ州では、飲料用と非飲料用の2種類の配水系を同じサービスエリアに給水することはごく一般的になっている。2系統配水システムの短所は経済的な問題だ。サンディエゴでは、2系統配水システムでは単位当たりの価格がかなり高くなることがわかった。2系統配水システムの構築に必要なコストはこの費用を賄えない価格では2系統配水システムは成り立たない。

2系統配水システムの利点は、飲料水供給業者が、同じ技術を使って再生水を扱うことができるということである。今後、他の消毒技術や高度なろ過方法が開発されれば水再利用の制度化は無視できないものとなる。さらに、信頼性や環境的影響などの非価格的な要因が決定に重大な影響を及ぼすであろう。

水再生システムの大規模な設備はカリフォルニア州アーバインとフロリダ州セントピーター

265

ズバーグにある。これらのシステムが補助金なしで建設されたという事実は、設備の経済性の高さを示している。再生水技術の開発後、すぐにこの両設備は建設され、水の品質を互いに競い合っている。古い設備を改装するより低いコストで設置できるので、今後2系統配水システムは増加すると見られる。

将来の水需要を考えると、水の再利用は経済的にも必然であることは明確である。水再生は、まだ投資の対象として一般的な水業界のセグメントになっていないが、この分野は、民営化、配水システム、殺菌技術、膜処理、インフラの一部など、既存セグメントに広く関連している。市民がリサイクル倫理の一部として再生水を受け入れるとき、再生水はすべての水消費における効率的な給水方法として恒久的な地位を確保するだろう。

節水

近年の水道業界の主要な課題の1つは節水である。環境保護や給水にかかるコストの問題など議論の絶えない水道事業体にとって、合理的な最後の選択肢は需要を抑えることである。「節水」という概念は水供給業界で取り上げられ、業界団体の年次総会でもその注目度は上がっている。水業界でも力を注いでいる運動であるが、いったい誰が節水で利益を得るのだろうか？水資源に関する節約の問題は、水事業に特有の性質が組み合わさった複雑な問題である。なぜ節水を行なうのか？ たしかに地球上の水のわずか0.3％だけが人間の消費に利用可能な淡水だが、それでもこの量（約400万km²）は非常に大きい。一般に節水の理由は、他の天然資源のように地球上の水資源に限りがあるからではなく、むしろ、供給コストの問題にある。

第13章 新たなる課題

節水の概念には「使用者が意図しない節水」と「使用者の意図的な節水」の2種類があり、それらを区別することは大切である。前者は、より正確には配給と呼ぶべきもので、1970年代後半のガソリンの配給制のように市当局によって決められる。一方、後者の使用者の意図的な節水は構造的に行なわれるもので、経済的動機による節水である（支出の抑制）。後者のほうは水事業にとって重大である。なぜなら、これは需要の減少を意味するからである。

節水に関連する投資機会を見出すことは、さまざまな環境保全対策を分析することでもある。その一例が、検針分野（使用量を測定する分野）に存在する潜在的な投資機会である。水使用量の検針は使用した水量に応じて使用料を消費者に請求するために行なわれるが、使用量が多いと料金が上がるため、節水には非常に重要な意味をもつ分野である。水使用量の測定は当たり前のことと考えられているが、米国のいくつかの大都市では、計測しないところも部分的に存在しており（たとえば、人数に対して一定料金を請求する場合）、蛇口数の割合にかなりの大きさを占めている。水量計メーカーのバッジャー・メーター社（Badger Meter Inc.）やメーターサービスプロバイダーのアイトロン社（Itron Inc.）などは節水と直接関連する企業だ。ヘルス・コンサルタント社（Health Consultants Inc.）はメーター試験や漏水検出などのサービスを提供している。

住宅による水利用の63％は屋内での使用である。そのうちの約75％は浴室とトイレでの使用であり、これらは都市用水における節水のおもな対象になっている。ロー・フフッシュやウルトラ・ロー・フラッシュと呼ばれる節水トイレは従来の水洗量（1回につき約13ℓ）の19〜28％を節水することが可能である。トイレの節水に役立つさまざまな装置の有効性は認められて

おり、他にもミニ・フラッシュ、フルーガル・フラッシュ、フラッシュ・セーバーなどがある。この分野への投資としては、エルジャー社（Eljer Inc.）のような大手衛生器具メーカーに投資するのがもっとも良い。あるいは農業用の革新的な灌漑技術をもった企業への投資も節水関連に投資する別の近道で、バーモント・インダストリー社（Valmont Industries）とリンゼイ・マニファクチャリング社（Lindsay Manufacturing）の2社は中央ピボットシステムと側方移動システムなどの灌漑設備市場では、米国の2／3以上を保有している。

住宅での節水は、その物理的な水量だけではなく、水の調達、運搬、処理、および配水に関連するコストの節約にもなる。水消費の85％を占める農業用水は、水の分配とはあまり関係がなく、地下水への依存度が大きいため環境の影響を受けやすい。これに対して産業用水は生産工程における内部コストの影響を受けやすい。すなわち、住宅以外の分野で節水を進めるのは難しく、水需要が増大している都市なら住宅での節水で需要増を補うことが可能となる。

ただし、経済と環境の両方にインパクトを与えるレベルで水需要が減少しなければ節水の意味はあまりない。最初は短期的な水不足を補う目的で始められた節水は、今や長期的な関心事となった。しかし、これを制度化する場合には節水することが消費者にとって利益になるようにしなければならないし、水の価格政策に伴なう政治的思惑を考慮すると、今後どうなるかはわからない。資源配分の経済原則にしたがえば、給水にかかるコスト（処理や輸送など）を顧客に課す場合には、「使用における限界価値の原則」を「限界費用価格の原則」に組み入れなければならない。注10

限界費用価格は水道業界で広く認識されているが、わずかな水道事業体しか実際にそれを料

注10　水が希少なら水の価値は高く、多量にあれば水の価値は低いという効用を考慮した価格原則。

第13章　新たなる課題

金体系に組み入れていない。安定した収入への不安と株価への不安が、サービスに見合った料金を徴収するべきであるという論理よりもしばしば先行してしまう。実際には、所在地や水使用パターン、サービスなどの実用的な要因から、すべての顧客に対する限界原価は同じにならないのである。住宅用顧客に対してはその消費特性によって、水供給にかかる実際の価格を反映する料金体系にすべきであるし、こうした方法を採用することが水価格による環境保全対策の原動力として貢献するのである。

水質規制の強化により、水供給にかかる実質コストの上昇は避けられない。このため、節水は今後もさらに進むと考えられる。節水の影響が価格決定に反映されれば劇的な効果をもたらすと考えられ、これが現実化すると今までの水道とは別の方法で水を得ることが魅力的になる。また現在、水道市場を動かしている価格とは別の現実（水質への不安）から考えると、新たな価格決定により需要に変化が起きることは確実である。

ここで、最初の疑問である「誰が節水から利益を得るか？」に戻りたい。それは、末端処理（POU）技術だ（たとえば家庭用節水装置）。給水業界がまさに設置しようとしているものであるが、同時にあまり乗り気でない理由も明白であろう。

ナノテクノロジー

ナノテクノロジーは取り立てて新しいものではなく、ナノろ過はさまざまなろ過方法の1つである。定義上は逆浸透（RO）もイオン間で起きるナノレベルの分離であるが、分子レベルのナノろ過に比べるとROは、はるかに小さいレベルである。水業界におけるナノテクノロジ

注11　すなわち、現状の料金を維持してしまう。

ーは、汚染物質の基本的なろ過以外にも、ナノ材料のさまざまな応用が考えられる。ナノテクノロジーと同様に重要なナノ処理として、水からナノ粒子を取り除く処理が巨大な潜在市場である（いまだ未知の部分があるが）。排水のナノ処理市場は、排水処理の巨大な成長サブセクターになる可能性を有している。

藻類の毒素

雨水流出、非点源汚染、下水からの排出はすべて水質への脅威である。これらすべてが影響して藻の出現が増加している。水源の富栄養化による藻の増加が自治体にとって深刻な問題となっているのである。都市流出水、農業での肥料の使用の影響、そして不充分な排水処理で起きる栄養素の増加が藻類の発生を促進し、この藻によってつくり出される毒素が野生動物、水生の生物相、さらに人の健康にも害を及ぼしているのだ。現在、規制策定や処理設備の運転にかかわる人びとの関心を集めている。

有害な藻類の発生頻度と停滞時間は、ともに近年急増している。シアノバクテリア（藍色細菌）の毒素は水の富栄養化によって引き起こされる。富栄養化とは、湖などの水系（河口域や流れの遅い水域）で、過度の植物生長をもたらす栄養物の増加である。この栄養物は多く場所に起因する。農業地、ゴルフ場、芝生などに使われる肥料、土中栄養物の腐食、排水処理設備からの放出などであり、さらに不適切な流域管理による水流の停滞や干ばつによっても悪化する。人口が増加すれば、藻類の濃度が高い表流水ですら将来の需要に充てなければならない。

米国環境保護庁（EPA）の汚染物質候補リスト（CCL）は規制の対象に、淡水の藻類

270

第13章 新たなる課題

（の毒性）を微生物汚染として含めている。しかし、はっきりとした毒素は特定されておらず、2001年5月に飲料水に含まれることで健康にリスクを起こしそうな藻類の毒素を特定するために科学者の一団が召集された。EPAは、現在リストの再検討を行なっており、最終的な毒素は未規制汚染物質監視規則（UCMR[注12]）の下で監視されることになるだろう。淡水のシアノバクテリアはその1/3が有害な毒素を発生させ、飲料水における健康への害が懸念される毒素として、ミクロシスチン、肝臓毒シリンドロスパモプシン、およびアナトキシンが最優先順位の3項目として委員会により特定された。

肝臓毒シリンドロスパモプシンはカンザス州、オクラホマ州、フロリダ州といった大西洋岸の水域で広がっている亜熱帯性の毒素で、米国水道協会（AWWA）が米国とカナダにおける水道水源の80％にミクロシスチンに対する陽性反応が出たことを報告している。また、浄水処理水からも検出されている。フロリダ州では浄水処理水に90μg/ℓの肝臓毒シリンドロスパモプシンが検出された。さらに、ピース川から取水しているいくつかの郡からの処理水には、ミクロシスチンが安全値の5倍含まれていることが判明した。飲料水用の処理では、凝集/沈殿/ろ過の過程で、90〜99・9％の藻類を取り除くことができると報告されているが、溶解した毒素を取り除くほど有効ではない。毒素は正常細胞中に保存されているため、ミクロシスチンなどには細胞の物理的除去が理想的である。しかし、正常細胞から放出される肝臓毒シリンドロスパモプシンのような毒素にはそれほど有効ではない。

藻類毒素の毒性メカニズムは非常に多様で、その毒性は一般的に肝臓、神経、皮膚などのタンパク質合成を阻害する。藻類の毒素、分布、頻度に関する研究では、肝臓に影響する毒素が

注12 Unregulated Contaminant Monitoring Rule

271

もっとも一般的であるとされている。動物と疫学の研究では少量のミクロシスチンを長期間取り続けると健康障害を起こし、肝臓癌や腫瘍の原因になると報告している。また、肝臓毒シリンドロスパモプシンは肝臓に主要な害を及ぼすが、最近の研究では、発癌性があり、遺伝子毒性（胎児発生に影響）があることもわかった。動物実験では、この毒素は肝臓、腎臓、副腎、肺、心臓、脾臓、胸腺など広範囲に影響し、組織障害を引き起こすことが知られている。毒素判定のための指標（マーカー）があまりないため、藻類の毒素が健康に被害を及ぼすことの理解は遅れているが、藻類の存在とその毒素の出現は、今後の規制課題となることは明白だ。

世界保健機関（WHO）がミクロシスチンの飲料水中の濃度を1μg／ℓとしたガイドライン発表して以来、EPAもその科学的根拠を見直して藻類に関する規制を急いでいる。CCLの項目に入れることを決定するためには、汚染物質として藻類の毒素が健康に与える影響についての情報を収集する必要があるが、目下、規制策定の障害となっていることは、分析的検出と監視の方法を開発しなければ得られない情報（藻類の出現に関するデータ）の不足である。

クロロフィルaの測定

ガスクロマトグラフやイムノアッセイが実験室で利用されつづけるかぎり、検出・測定の需要は巨大である。実験や分析の費用はどんどん高くなり、UCMR下で必要となるような大規模調査での常時モニタリングを提供できなくなる。そこで藻類の繁殖を監視する方法の1つに光合成色素、とくにクロロフィルaの測定がある。これにより植物プランクトンの量を計ることができる。長期の監視、管理の目的ではクロロフィルaによる藻類の生物量指標がもっとも

第13章 新たなる課題

広く利用されている。

最近のLED技術の進歩で、蛍光による方法が野外での測定に実用化されている。外部光源で活性化されると、葉緑素は、可視スペクトルの一定領域の光を吸収し、より長い波長の蛍光を発する。その蛍光強度を測定することで、葉緑素の濃度を推測でき、毒素生産性の藻類を早期発見することができる。飲料水中の藻類毒素量を測定するのにはクロロフィルaを利用すればよい。最終的には、水質基準に関連する環境下での栄養物を監視するためにもクロロフィルaを利用するべきだとEPAは勧告している。

藻類とその毒素は、EPAが最近調査を進めている規制項目である。EPAは藻類の毒素が従来の処理方法をほとんどすり抜けてしまうことを認め、水事業者や規制当局者にはガイドラインを提供して除去方法を確立する方向に動き出している。水質分析や計測機器関連の企業、また迅速な検出と監視管理を行なう企業がこの分野での利益をいち早く手中に収めるだろう。

医薬品と化粧品類（PPCP）[注13]

水業界でPPCPと呼ばれる医薬品および化粧品（パーソナルケア）類は、医学界では内分泌かく乱物質として知られている。近年、ヨーロッパと米国の両方で、PPCPの痕跡量が地表水、飲料水、廃水流出物のサンプルから検出された。PPCPとは人やペット用の薬品化合物（おもに市販の薬）と香水、ローション、日焼け止め、洗剤などの市販製品である。今日、専門家はこれらの多くの物質を詳細なレベルで検出する技術をもっており、飲料水用基準の千分の1のレベルでこれら化合物が検出されている。検出方法の向上でさまざまなPPCP関連

注13 Pharmaceuticals and Personal Care Products

の化合物がもっと低いレベル（通常1兆分の1の桁）でも見つけられている。飲料水の水質基準はおよそ、その千倍に相当するppbのレベルで通常設定されているが、PPCPの低量かつ長期間の摂取が健康に害を及ぼすかどうかを判断することが現在の重要な研究課題である。

飲料水中に検出される物質は、必ずしも人に有害であるとは限らない。これらの微量物質は原水中に極小のレベルで検出されるかもしれないが、人が定期的に摂取する薬や飲食物あるいは他の媒体を通して、これらの物質をより高濃度に摂取しているかもしれない。それに比べると、水源から検出される量は微量だ。PPCPは私たちの社会と環境では一般的なものであり、多くの発生源が存在する。PPCPと人の健康に関する研究はつぎの2つの領域に焦点が置かれている。

・現状で飲料水中に極小レベルで検出されているPPCPを長期間摂取した場合の累積的影響
・PPCPがいったん環境に入り込んだ場合に本来の目的とは異なった反応を起こす可能性

専門家はPPCPと他の有機化合物を除去する現状の処理方法が有効であるか研究中である。PPCPのもつ複雑な化学構造により、1種類の方法であらゆるPPCPを取り除くことは不可能だ。現在研究されている技術は、化合物を物理的に除去する膜や活性炭での処理方法、分解除去するオゾンやUVの利用などである。

なおEPAのCCLは現在、PPCPをその項目に含んではいない。表13-1に戦略的な水関連投資の対象企業を示した。

第13章 新たなる課題

表 13-1 戦略的な水関連の投資先

企業名	上場記号／SEDOL	水業界のセグメントあるいはブランド	おもな水事業分野
Crane	CR	流体制御（Barnes, Deming）；処理（Crane Environmental）	ポンプ；水中型，下水用廃液処理；Chchrane，環境用製品
Met-Pro Corp.	MPR	製品回収／汚染制御；流体制御；ろ過／浄化	下水設備の臭気対策および地下水処理でのガス対策（Duall／Strobic）；RO，淡水化，水再利用向け遠心ポンプ（Fybroc）；POU，産業用ろ過装置（Keystone）および専売化学薬品（Pristine Water Solutions）
Ahlstrom	B03L388	破砕処理	ろ過，ナノアルミナ繊維
Robbins & Myers	RBN	流液管理；Moyno, Tarby	排水；空洞ポンプ，泥土粉砕機，脱水土処理システム
Bayer AG	BAY 2085652	水処理薬品；Bayer Crop Science（農業）	持続可能な水管理；干ばつ制御，水効率の良い穀物品種の改良；パイプコーティングの新技術
Monsanto	MON	農業	農業用水利用の効率化；耐干ばつ品種
Ashland Corp	ASH	Drew Industrial	自治体および産業用の水処理
DOW Chemical	DOW	DOW Water Solution; Rohm & Hass, Film Tec, Dowex, Adsorbsia GTO	RO膜生産の大手（淡水化），イオン交換樹脂，汚染物質除去担体（脱ヒ素用），水再生および汚水処理

第3部 21世紀の水

第14章 資産（アセット）クラスとしての水

Water as an Asset Class

投資対象として水を扱うためには、水が関連している枠組みを分析して市場における業種分類を行なうことが必要であり、これは証券業界では当たり前の手順である。しかし、水についての業種分類はあまり簡単ではなく、現段階でははっきりと分類できるのは、サービス、代替投資、天然資源、商品、インフラであるが、ここでは単純に「水」と分類する。水には、石油や金などの主要商品と関連する長期的な収益予測を可能にする一連の価格データがない。水は、現在予想されるリスクとリターンによって、市場で試されはじめている段階なのだ。資産としての価値がベータ特性[注1]で決定されるなら、水はまだその範疇には入っていない。したがって、アルファリターンに頼る場合、一般的な資産クラスより高収益を期待するなら、水の株に直接投資するか、水に関連する上場投資信託（ETF）を選択するしかないだろう。

現在、投資家は2つの収益源（配当と株価）からの利益およびリスクを調整するインデックス・ファンド（たとえば、上場指数投資信託）や派生商品（たとえば、先物やオプション取引）を利用することができる。

本章では、この課題について説明する。

注1　アルファやベータとは証券業界の専門用語である。ベータ特性あるいはベータとは、個別の投資信託などの利益が一般的な市場指数（たとえば、日本では日経平均株価指数）に連動する傾向を示す値である。また、アルファリターンあるいはアルファとは、個別の投資信託などの利益が「投資信託などの運用者の技量」による傾向を示す値である。

水は資産クラスか？

「水は資産クラスか？」というよりも、むしろ、「資産クラスとしての価値をもたせるべきか？」という質問のほうが適しているだろう。結論に達する前に、2つの質問について考えてみよう。第1は、「資産クラスの定義とは？」である。そして、第2は、「資産クラスとして認識されるための要因は何か？」である。結論はいかようであれ、水は「資産クラスであるべき」なのだ。

そして、「それはなぜか？」と質問されるなら「投資家にとって必要だから」というのが答えだ。経験的に投資家の傾向を見ると、投資家は安定性よりも、時流が示すもっとも資産価値のあるものを選びがちである。言い換えると、投資運用行為とは、安定性が保証されるものを選ぶよりも、投資資産の配分を適切に設定することに大きく関連する。事実、典型的なファンドにおける収益は、その90％が「投資の資産配分を適切に決定すること」によるという研究報告がある。[★1]資産配分とは、運用上の戦略的分散のことである。異なった市場で独自に働く有価証券（または複数の有価証券）に投資することで、ポートフォリオリスクと不安定性を減少させることが目的である。しかし、これには、どのような資産クラスのものが投資に向いているかを知っておく必要がある。また、どの時点でも、それらの相対的な動きを理解できることが重要だ。では、ポートフォリオのどのぐらいの割合をどのような資産クラスに割り当てれば良いのだろうか？ これには、次の質問について考えてみる必要がある。

★1　Roger G. Ibbotson and Paul D. Kaplan, "Does Asset Allocation Policy Explain 40 Percent, 90 Percent, or 100 Percent of Performance?" Financial Analysts Journal (January/February 2000).

資産クラスとは何か？

資産クラスには数えきれないほどの定義が存在する。非現実的なほど狭い定義からとてつもなく大きな定義まで、その幅は広い。従来の定義は広い意味での定義である。基本的な資産クラスの定義は「同じような特徴をもつ金融商品の分類」のことで、株式、債権、現金、および同等のものを指す。しかし、新しい投資媒体の激増で、金融界に変化が起きている今日、この定義はあまり役に立たない。むしろ新しい生物分類のリンネ式分類学が、「クラス」を定義するのに役立つ。リンネ式生物分類では、「クラス（網：class）」は「目：phylum」と「門：order」の間の分類を定義する。この論理を利用すると、資産クラスとは個人投資家用以上、機関投資家用以下のものとして定義される。しかし、どのような分類体系においても、同じ分類中での重要な要素は、そのレベルで共有する詳細な特性の中にある。

分類を進めていくと、株式、債券、現金、および同等の金融資産、という大きな意味での分類は「クラス」というよりも「界：kingdom」のレベルだろう。狭い定義が、上場投資信託であるとすれば、地球上に無数にいる「種：species」と同じほど多数の投資対象が発生する。「カテゴリ（投資の種類）」は資産クラスになるか？ これには、より詳細に区分することが必要だ。

また、この分類を使って現在存在する投資手段をすべて包含することは難しい。機関投資家は、投資戦略の調整のために、広範囲な選択肢の中から「代替投資用」のカテゴリを設定している場合が多い。このカテゴリは商品、未公開株式、不動産、天然資源などで、ここに水も含まれるようになってきている。

278

第14章 資産クラスとしての水

調査によると、以下の要素が資産クラスとなるための決定に重要な要素である。

① 明確に資産として定義できること
② 一貫し、かつ独立した資産価値の動きを示すこと（ベータ）
③ 総合的にポートフォリオ・リスクを減少させる能力があること
④ 相関性が低いかまったくなく収益の分散化を図れること

したがって、伝統的な意味では、現在、水が資産クラスであるとするには問題が多い。水の「市場」における固有の特性を見抜くことは必要である。前述のように、水自体はまだ一般的に取引される商品ではなく、生水を買うことができる組織的市場はわずかしかない。また、需要と供給を基本にした世界市場も存在しない。したがって投資家は、特定の水道会社株を購入するか、または他のものと組み合わさった水のファンド（上場投資信託など）に投資するしかない。しかし、水はいずれその価値と特性によって、間違いなく資産クラスの地位を得るだろう。水が資産クラスに入るかどうかという現在の議論はともかく、投資配分を決定する場合、水は資産クラスとして扱われるべきである。水はどのようなポートフォリオにおいても、無視できないテーマなのである。

ここで、「相関」と「関係」は統計学的にはまったく異なることを心にとめておいてほしい。2つの言葉の定義が不充分なので混乱しがちである。投資家は値動きの関係を測定するために、2つのセキュリティ（有価証券）、または2つの資産クラスにおける相関について説明しがちだ。

株式欄から無差別に選んだ銘柄を分析するとすれば、エコノミストとしての私の分析は、最新のポートフォリオ理論が出す結果とつねに非常に近い。経済理論は「限界収益」を基準として現象を説明するが、それとは対照的に、投資理論は「平均的な収益」を基準として現象を説明する。投資理論では、極端な事象は、それ以外の他の事情が同じであれば、SD（標準偏差…この場合は平均的な収益のこと）とはかけ離れた事象として処理される。現代の財政危機はSDがもはやリスクの測定には妥当でないという現実を示している。

統計的データ分析では、2変数の相関係数が、その直線相関における「強さ」と「方向」を定量化するのに使われる。金融データ分析では、2つのセキュリティ（有価証券）や資産クラス間の相関が「値動きの因果関係」を測定するものとして誤解されやすい。ベータは市場価格（おょびその不安定度）とともに変動するが、相関は参照対象の特定の株価（あるいは上場投資信託）に関連して変動する。資産クラスとは「同様のベータ特性をもっている投資対象のカテゴリ」のことである。また、定義上、アルファは資産クラスにおいては「ゼロサムゲーム（だれかの利益は、別のだれかの損失）」である。すなわち、1人の投資家のアルファ利得は別の投資家のアルファ損失になるのだ。水への投資対象としては（水関連企業があまりにも断片化していて複雑なため）、インデックス（指標）を作成し上場投資信託（ETF）をつくることぐらいが精一杯である。資産クラスが同様のベータ特性をもっている投資対象のカテゴリであるなら、現状の数少ない水の上場投資信託だけでは、資産クラスとはいえないだろう。

投資業界は、現代ポートフォリオ理論の問題として、投資運用の現代理論を超えるような理論を懸命に模索している。その目的は、新しく、より大きなアルファリターンを得るためであ

注2　Exchange-Traded Fund

第14章 資産クラスとしての水

る。残念ながら、金融業界は理論を発展させずに、単純にアルファリターンを生み出すような資産クラスを創設した。そして、結局、平均水準へ逆戻りする日がいつかはくるのである。

──水のファンド

水業界への直接投資に加えて、「水ファンド」などの構造化された投資対象が増えたことで、投資家の選択肢は増加し続けている。それまで、水の最初の上場投資信託（ETF）である、2005年の「パワーシェア水資源ポートフォリオ」[注3]以来、水投資への関心は増大している。低いリスクと高いリターンが得られる機会は、電気やガスや水などの基本的な業界で見られるようになってきた。広範囲の市場で不安定性が拡大して以来（リーマンショック以来）、多くの投資家が、より安定した成長を見通せるテーマを探している。ダイナミックな水事業は、このテーマとして最適であり、投資信託業界からの注目を集めている。

短期的であろうと長期的であろうと、成長と価値増大とを求める投資は、不安定性とさまざまな投資利益から根本的な影響を受ける。投資家は、企業の長期的利益が市場の期待を上回ると予想して、成長株に投資するのである。成長株は一般にゆっくりとした安定的な収益率を示す。そして、将来、どこかの時点でその価値が認められる（価値が急に上がる）という期待を背負っている。水業界における魅力の1つは、多くの水関連株が非常にユニークな株価と成長性を組み合わせてもっていることである。こうした株価には、水の本質性と増大する消費量という特性が影響している。そして、世界的な水事業が市場主義に移行するときには、加速的な

注3　PowerShares Water Resource Portfolio

281

利益による成長を実現するだろう。

──上場投資信託（ETF）

インデックス（指標）投資は今日の投資環境では一般的なツール（投資対象）である。インデックスとは、あらかじめ設定されている規則によって選択された、株の「バスケット（集合体）」である。インデックスは資産クラス、特定の市場、または、特定の業界の財政的、また は経済的な能力を示す機能としての働きをもつ。よく誤解されがちだが、ETFを形成することは、すなわち資産クラスを形成することではない。それらが市場で売買されるようになれば、適切な選択と並んだ選択肢を投資家に提供している。インデックスを利用した水への投資は、世界的な水事業に投資するまたとない機会を投資家に提供している。

水業界は大規模な国際企業はもとより、多くの小資本の専門企業から成り立っている。また、非常に断片的で多様な構造をもっており、この構造がインデックスの構築メソドロジー（方法論）に影響している。ETFなどの、租税効率がよく、現金化が容易な投資対象は人気がある。

投資家は、詳細な情報を得たうえで決断ができるように、対象となるインデックスのメソドロジー（方法論）を完全に理解しておく必要があるだろう。さまざまな水のインデックスやそのメソドロジーを理解し、それらのもつ世界的な水事業の潜在力を測り、相対的なメリットを客観的に分析することが重要なのだ。投資家は、特定のETFが自らの投資目標と一致水の投資家のための多くの選択肢がある。

注4　これらはインデックス（指数や株価指数）設定時に、組み込まれる個別の株（あるいは会社）をどう評価するか、を決める考え方である。"Index Mathematics - Methodology, Standard &Poor's, 2009"を参照されたい。
①時価総額加重：組み込まれる個別の株式の株価と株式量を掛け算した値を合計する加重方式
②基本加重：組み込まれる個別の会社の評価を、その基本的価値によって加重する方式（基本的価値とは、たとえば、売上、利益、キャッシュフロー、配当、従業員数、投資収益率などを勘案したもの）
③等価加重：組み込まれる株式を均等に加重する方式
④ハイブリッド加重：いくつかの加重方式を組み合わせた加重方式

第14章 資産クラスとしての水

しているかどうかを判断するために、ETFの基本的な構成要素や投資スタイルと準資産クラスとしての問題点（通貨変動問題や時価総額など）を理解することが重要である。

メソドロジーにおける加重

インデックス構築メソドロジーにおける、インデックス構成要素に対する重み付け（加重）は重要である。加重にはいくつかの基本的な方式がある。時価総額加重、基本加重、等価加重、そして、ハイブリッド加重などである。注4 一般的に時価総額方式はあまり評価されていない。時価総額加重によるインデックス構築メソドロジーは、本質的に非効率的であり、しばしば収益不振につながる。時価総額加重インデックスの短所は、水業界のインデックスでは拡大されがちなことである。それは、水関連の世界的企業が、多くの場合、多角経営をしているからである。

時価総額加重インデックスは、公正価値以上で取引されている株を過大に加重し、公正価値以下で取引されている株を過小に加重してしまう。このため、過大や過小による誤差が大きくなり、時価総額加重インデックスの性能を悪くしている。この結論は、とくにロバート・アーノットなどのアナリストによって経験的に検証され、支持されてきた。彼らの理論では、インデックス構成要素の公正価値が不明であるため、発生する誤差を定量化できない。したがって、こうした場合は誤差をランダム化してインデックスを構築するべきであるとしている。

アーノットは「インデックスでの等価加重は誤差をランダム化する良い方法である。しかし、半分の株は過大評価され、あとの半分は過小評価される。実際の公正価値よりも上回る物もあり、また、下回る物も出てくる」と言っている。★2 時価総額加重のもつ問題の半分しか解決でき

★2 Robert D. Arnott, Chairman, Research Affiliates, LLC. Quote appears in an interview on the Pimco website: www.pimco.com/LeftNav/Product+Focus/2005/Arnott+Fundamental+Indexing+Interview.htm .

ていないのだ。等価加重方式で解決できない短所を軽減するために、アーノットのインデックス基本構築方法論が導入された。アーノットはさらに、「等価加重は、問題の一部を解決するが、別の非常に重大な問題を引き起こす」とし、「等価加重のインデックスは、容量に制限され、不安定度が高く、結局、市場で安定しているいくつかの企業だけが取引高を上げることになる」と加えている。アーノットにとっては、客観的基準に基づく基本加重方式が、時価総額加重方式に代わる手段なのだ。いくつかのインデックスは時価総額加重方式を避けて、変形された等価加重方式を採用している。これらでは、インデックスは、基本加重された水関連企業のセクターを含むように変形され、セクター内の構成要素は等価加重される。

このようにすれば、時価総額加重への疑念が緩和されるだけでなく、セクターに割り当てられた基本加重全体に根ざして、セクター内のそれぞれの株に等価加重される短所も軽減される。ただし基本加重はセクターレベルで適用されるので、企業の規模に等価加重されるアーノットの方法はセクターでは利用できない。水事業のファンダメンタルズ（基礎的条件）はインフラにおける資金不足の規模、規制による相対的影響、水の価格、最善の処理方法（ＢＡＴ）、資源持続可能性における傾向、などに関連している。こうした基礎的条件と等価加重の組合せにより、アルファとの誤差の分散化は、さらにランダム化され、投資収益が最大化される。

審査の頻度

インデックスが再調整・再構成（審査）される頻度も、考慮されるべき要素の1つだ。一般に、審査の頻度が高いほどインデックス提供者によるインデックス維持は上質なものとな

第14章 資産クラスとしての水

る。ETFマネージャによる頻繁な再調整によって、誤差（一般的に時間差によって生ずる）が効果的に見出させる。なお、再調整は利益を考慮して加重されなければならない。水事業における合併・買収の急増、未公開株式に参加する機会、変化しつつある業界には大きな不確実性があるので、より高い頻度の調整が望ましいことは直感的にも理解できる。前述したように、水事業における多くの局面で顕著な構造改革が進行中であり、これからも加速することが予想される。買収、スピンオフ、また新規株式上場（IPO）の数も上昇中である。さらに、この傾向は次の10年間に、水に投資する機会をつくりながら、急速に加速することが予想される。上場証券取引所における例としては、アメリカン・ウォーターワークス社（American Water Works）、カスカルN.V.社（Cascal N.V）、ミューラー・ウォータープロダクツ社（Mueller Water Products）、ジーエル&ブイ社（GL&V）、アエコム・テクノロジー社（AECOM Technology）、ベイズン・ウォーター社（Basin Water）、ポリポアー・インタナショナル社（Polypore International）、スエズ・エンバイロンメント社（Suez Environment）、およびIDEテクノロジーズ社（IDE Technologies）などである。これらは、業界中でも主要なプレーヤーであり潜在価値の高い投資対象である。水の投資家はできるだけ早くETFに反映されることらの投資機会をつかんで欲しい。

水の領域

インデックスの構成要素となる水関連株が形成する、「領域」を調査することもまた重要である。水インデックスに、ある企業を組み込むか否かの判断の要素として、規模要件と流動性

要件はほぼ同等に重要である。実際に「どの企業の株式を組み込むか」については、さまざまな方法がある。スタンダード＆プアーズ社のグローバル水インデックス（S&P Global Water Index）は、事業説明文に水に関する記述があればその企業を機械的に取り上げる方法を取っている。国際証券取引所の水インデックス（ISE Water INDEX）とパリセイズ社の水インデックス（Palisades Water Indexes）は、水業界における企業の質的な審査を選択条件の一部としている。

しかしながら、ISE Water INDEX は国際市場で取引されるどの水道企業も含んでいない。インデックスに外国企業を包含することは、水のセクターを投資信託に割り当てる場合、慎重に考慮すべき事柄である。海外の上場企業を含んでいるのは、Palisades Global Water Index（PIIWI）と S&P Global Water Index である（表14‒1）。

Palisades Water Index（ZWI）は、米国における水関連企業の株取引状況に関する代理指標として初めて発行されたインデックスである。標準的な水インデックスとして設立され、パワーシェア・水資源ポートフォリオETF（PHO）[注5]と連動している。世界の水関連企業のインデックスが Palisades Global Water Index（PIIWI）で、こちらはパワーシェア・グローバル・水ポートフォリオ（PIO）[注6]と連動している。グローバルなインデックス構成要素は世界的な水道企業から選択される。つまり、多くの投資家に、容易に投資できない外国水道企業への投資機会を提供しているのだ。パリセイズの水インデックスは、相互関係をもつ水インデックスを補完するように設計されているので、このインデックスを補完的に使ってグローバルな水事業への投資機会を最適化できる。また、水のセクターに投資する際の選択肢も提供している。

注6　PowerShares Global Water Portfolio　　　注5　PowerShares Water Resource Portfolio ETF

286

第14章 資産クラスとしての水

表14-1 ETFベースの主要水インデックス

特徴	Palisades Water Indexes[a]	S&P Global Water Index[b]	ISE Water Index[c]
加重方式	基本条件の修正，ドル等価加重	修正型時価総額加重	修正型時価総額加重
再調整／再構成の頻度	3カ月ごと	毎年	6カ月ごと
分類方法	6つの基本水セクター	2つのクラスター	なし
データベース	Palisades' proprietary water	Mechanical search of S&P Capital IQ	個別にデータ収集
投資方式	時価総額，流動性，水関連性を要する	時価総額，流動性を要する	時価総額，流動性を要する
構成要素	セクター，コンポーネントにより決定	時価総額ランキング	時価総額ランキング
維持（保守）方法	Palisades'による水事業分析	S&P Globalの水テーマ委員会	ISEによる審査（毎半期）

出典：Water Tech Capital, LLC，およびETF/インデックスプロバイダー情報

注：
(a) スティーブ・ホフマンはPalisades Water Indexes LLCの共同設立者であり、Palisades Water Index™とPalisades Global Water Index™の開発者である。（これらのIndexはPowerShares Water Resource Portfolio ETF（シンボルPHO）とPowerShares Global Water Portfolio ETF（シンボルPIO）にそれぞれ関連するPowerShares Capital Management LLCの使用認可を得ている）PowerSharesはPowerShares Capital Management LLCのトレードマークである。The Palisades Water Index™とPalisades Global Water Index™はPalisades Water IndexAssociates LLCのトレードマークである。
(b) S&P Global Water Index™はStandard & Poor's Inc.のトレードマークである。
(c) ISE Water Index™はInternational Securities Exchange, Incのトレードマークである。

表14-2 水ファンドの例

ファンドの名称	種類	インデックス（指数）/マネージャー/系列
Aqua International Partners, LP	PE	Texas Pacific グループ
Aqua Terra Asset Management LLC	PE	Boenning & Scattergood 社
Claymore S & P Global Water	CGW	ETF；S&P Global Water Index
Clean Water Asia	ヘッジ型	Clean Resources Asia Management パートナーズ社
First Trust ISE Water Index Fund	FIW	ETF；ISE Water Index
Global Water & Infrastructure	ヘッジ型	Perella Weinberg パートナーズ
KBCAM Eco Water Fund	ヘッジ型	KBC アセットマネジネント
Kinetics Water Infrastructure	KWINX	ミューチュアル・ファンド
PFW Water Fund	ミューチュアル型	Crowell, Weedon 社
Pictet Global Water Fund	PGWRX	Pictet アセットマネジネント
PowerShares Global Water Portfolio	PIO	ETF；Palisades Global Water Index
PowerShares Water Resources Portfolio	PHO	ETF；Palisades Water Index
SPDR FTSE/Macquarie Global Infrastructure 100	GII	ETF；Macquarie Global Infrastructure 100 Index
The Water Fund	ヘッジ型	Terrapin アセットマネジネント
TRF Mater Fund（ケイマン諸島），LP	普通株型	Water Asset Management 社；官/民の水関連会社
SAM Sustainable Water Fund	ヘッジ型	サステイナブルアセットマネジネント

以上の論議は別として、水のテーマを利用するための、「正当な」ETFというものは存在しない。さまざまなインデックスETFの属性には目的の投資スタイルに一致するものがあるかもしれない。それは、それぞれの目標に応じて判断されるさまざまなファンドも存在する。これらはETFに加え、水事業に投資するよう設計されているさまざまなファンドも存在する。これらはETFに加え、水事業に投資するよう設計されているさまざまなファンドも存在する。未公開株式ファンド、また、ミューチュアル・ファンドとしてそれぞれ異なった構造をもっている。したがって、投資家はファンドの管理能力、ファンドの投資の方法、あるいはファンドの特性をみずから判断する必要があるが、ほとんどの情報は許可された投資家と機関投資家だけしか利用できない（表14-2）。

世界的な水事業の成長を見通すなら、公開型の水ファンドも非公開型の水ファンドも、増加し続けることは疑う余地がない。ただ1つの危険性は、水ファンドが長期にわたって魅力的な存在である間は、収益を過剰に期待してしまうことである（魅力と収益は同じではない）。

第3部 21世紀の水

第15章 Climate Change and the Hydrologic (Re)Cycle
気候変動と水の（再）循環

気候の変動は、水事業がいつも直面する現実である。地域的な異常気象は、長期的な地球温暖化とは意味合いが異なり、気象条件における短期的な異変のことで、今や、かつて前例のない現象が起こっている。長期的な気候変動によってもたらされる気象の時間的・空間的な変化は、平均値とは別のところで起こっているのである。こうした状況は水資源にも影響を及ぼすため、その管理には以下を考慮する必要がある。

・制度上の対応
・取水源変更の必要性
・対応可能なインフラの設計
・水質への影響
・さらに不確実な状況を想定した計画の立案

不確実性への対応計画

温暖化の影響に関して、水業界の一致した見解は、気象変化における不確実な要因が増加し

290

第15章 気候変動と水の（再）循環

ているということである。温暖化の原因について議論するのは本書の意図ではないが、水業界としては無視できない多くの統計的事実が存在する。それらは、地球温暖化ガスが過去65万年でもっとも高いレベルであること、2006年までの過去8回の5年周期が、米国では過去100年で記録的に暖かい周期であったこと[★1]、米国西部では雪による降水量が減少し、雨が増加していること、などである。季節ごとの降水量の変化は、降水量の年間平均より重要な場合がある。降水量に変化はなくても、高い気温で蒸発が促され、土壌水分、河川流、そして湖水面などに減少が起き、乾燥が進行するからである。

水事業を計画する者は、予測モデルを開発する場合、歴史的な統計を考慮する必要がある。しかし、気象変化に左右される気温、河川流、残雪などに関する長期的要素は、もはや従来からの推定がほとんど通用しなくなっている。このことは、プラント設計、容量の問題点、システム信頼度、水質について重要な意味をもっている。

水質への影響

今日、大気の温暖化を疑う科学者はほとんどいない。大部分の科学者は、気候変化のスピードが加速していることや、この温度変化の結果がますます破壊的になるかもしれないことにも同意している。気象変化は、水循環にかなりの影響を及ぼすため、水資源への影響も避けられない。そして、局地的干ばつ、洪水、貯水量の減少、連続する記録的気温上昇といったことが注目されている。それは、単なる水量の問題ということよりも多くの問題が山積しているからである。大気の温暖化により水質が悪化し、伝染病が世界中に広がりやすくなっているのだ。

[★2] 2006 Annual Climate Review: U.S. Summary, June 21, 2007, National Climatic Data Center, NOAA.

[★1] R. Spahni, J. Chappellaz, T. Stocker, et al.: "Atmospheric Methane and Nitrous Oxide of the Late Pleistocene from Antarctic Ice Cores." Science 310(5752)(November 25, 2005):1317〜1321.

温暖化は水循環を加速するため、大気の加熱とともに、天候は一部でより極端な変化を引き起こしやすくなる。暖かい大気は海水を加熱し（蒸発が加速される）冷たい空気よりも大量に湿気を含むようになる。過剰な水分が凝縮すると、強力な嵐が頻繁に発生する。海洋が加熱されるということは、陸地もまた加熱され、地域によっては非常に乾燥するところが出てくる。

こうした乾燥は気圧の傾きを拡大し、風を起こす。そして、強力な嵐へと発達する。温暖化が原因で変化する気圧と気温の傾きは、洪水や干ばつが起きる場所や時間にも影響するのである。

人的に起こされた気象変化は、オゾン層を減少させる地球温暖化ガスとともに、地球の熱発散バランスを変化させる。オゾン層の減少と、加熱される大気の両方によって予測されることは、海温の上昇、農業への影響、氷河の溶解、海面の上昇などであるが、一見身近でない影響も同じように有害である。洪水と干ばつが頻繁に起きるような気象変化は、伝染病の出現と蔓延を促進させる。重篤な感染症のいくつかは水を媒体とする伝染病なのだ。

温暖化が気象変化に影響して、干ばつと洪水が激しく、かつ頻発するようになった。「干ばつは水を媒体とする伝染病を起こしやすい」というとわかりにくいが、安全な給水量の減少で、汚染物質の濃度がより高くなるのである。また、干ばつ中には安全な飲料水が減少するため、水系感染症が発生する危険性を伴っているために、温暖化がもたらす大きな気象変化のほうが気温上昇それ自体よりも重要な問題なのである。

洪水はさまざまな意味で伝染病の温床となる。洪水が下水やその他の病原菌（クリプトスポリジウムなど）を発生源から押し流し、その汚水が飲料水へ混入する場合がある。肥料が洗い流されて給水に混入することも考えられる。肥料と下水が暖たまった水と混ざり、有害な藻を

292

第15章 気候変動と水の（再）循環

発生させる引き金となることもあるし、他の藻は魚介類を汚染し、やがてそれが消費者へと渡ることもある。これらの藻はさまざまな病原菌を拡散させるが、中でもコレラ菌は脅威である。

1990年代後半には、暖められたインド洋の海水によって、激しい降雨が起こり、これが原因となって、北東アフリカでコレラが蔓延した。ホンジュラスでおきたハリケーン・ミッチの余波では、何千件ものコレラが報告された。また、空前の規模の降雨によって引き起こされた洪水と一連の低気圧もモザンビークやマダガスカルなどで蔓延したコレラの原因となった。米国では、コレラは他の病原菌ほど大きな脅威ではないにもかかわらず、毎年、水による感染症は90万件に及び、900人が死亡している。自治体の給水に影響する伝染病の大発生は、干ばつと洪水の両方に関連しているのだ。また、大規模な氾濫は下水の漏出による汚染をもたらす。近年、ウィスコンシン州で春に降った大規模な雨で、最近の米国史上最大規模（40万人の感染と100人の死亡）の水系感染症が発生した。これはクリプトスポリジウムによる汚染が原因であった。

気象の変動と健康への潜在的影響を調査する国の機関は、水による感染症についての研究を最優先している。降雨や雨水流出によって起きる水系伝染病の発生には大腸菌などが関係している。微生物病原菌は人や動物のし尿から発生し、大腸菌、カンピロバクター、サルモネフ菌、赤痢菌などのバクテリアや、小型で円形のノロウイルス、A型肝炎ウイルスなどのウイルス、そして、クリプトスポリジウムやジアルジアといった原虫も含んでいる。干ばつと洪水の期間には、こうした微生物汚染の水が広がるため、感染状況は悪化しやすい。

異常気象が自治体の上水道に与える影響は深刻さを増している。米国の気象データによれば、大雨の量は、20世紀初頭では、1年の総降水量の平均8％未満であったのに対し、20世紀末では10％まで増加している。この傾向が続くかどうかは明らかではないが、温暖化における異常気象が米国内の天候に起こす変化の頻度や規模、また、地理学的分布に大きく作用するとしたら、飲料水と廃水の両システムに大きく影響するであろう。

最近、米国で発生した2105件の水系感染症は、その20～50％が大規模な降雨と関連している。水系感染症と嵐の関連性は多くの場合、地表水と地下水の両方で、統計的にはっきりと認められる。感染の発生は地表水に多い。温暖化による健康被害は、その危険性への準備が大きく影響する。現在の規制の多くはこうした問題に直接的また間接的に焦点を合わせたものである。

安全飲料水法（Clean Water Act）とその推進活動はともに流域管理に焦点を合わせる必要性を強調している。雨水流出は多くの場合、産業界の課題である。そして、病原菌の制御は規制と処理技術の課題である。また、上下水インフラの経費も気候の変動状況によって影響されそうである。異常気象の可能性を考慮に入れてインフラを構築し、改修すれば、異常気象の被害は何十億ドルも節約できる。要するに、増加する気候変動とその規模は世界的な水事業のサービスや製品に全面的な影響を及ぼすのである。

干ばつの出現

投資家が水に関連する異常事態を考える場合、まず思い浮かべることの1つが、干ばつである。テキサス州の2006年の夏は気象記録に残るものであった。米国気象庁は、その年の1

★ 3 T. Karl, N. Nicholls, and J. Gregory: "The Coming Climate." Scientific American(May 1997): 133～149.

★ 4 J. Rose, S. Daeschner, D. Easterling, F. Curriero, S. Lele, J. and Patz: "Climate and Waterborne Disease Outbtreaks." Journal AWWA 92(9) (September 2000):79～86.

月から6月までの期間は1895年の記録開始以来、もっとも熱い期間であったと報告している。この期間の平均気温は過去の記録の平均よりも5.7％も高かった。また、降水量は1998年以来もっとも低く、前半6カ月間の降水量は、過去100年の平均より25％も低かった。事実上、アリゾナ州とアラバマ州を含むグレートプレインズ地域（北アメリカ大陸の中西部、ロッキー山脈東側を南北に広がる台地状の大平原）全体が、「やや干ばつ（D1）」から「極端な干ばつ（D4）」までのレベルを経験した。その年は、米国の2/3が、乾燥したか、非常に乾燥したか、あるいは、かなりの干ばつ状態であった。

干ばつは米国だけには限らない。中国政府の水資源機関によると、最近の高温と厳しい干ばつで、中国内の15州では飲料水不足から1800万人が土地を離れた。中国は世界で2番目の淡水埋蔵量を保有するが、急増する人口によって1人当たりの水賦存量は世界で2番目に低く、平均で約2200m³である。一般に認識されている水の「ストレス」量（水不足、サービスの低下、不作、および食料不足などから定義される）は、1人当たり1700m³である。2025年までには、干ばつによってもっとも被害を受けるのは農業だ。中国での干ばつは何百万haもの耕作地を破壊したと報告されている。前述したように、農業用の灌漑は世界中の利用可能な淡水のもっとも大きな消費部分を占めているのである。

世界的に見ると、干ばつによってもっとも被害を受けるのは農業だ。中国での干ばつは何百万haもの耕作地を破壊したと報告されている。前述したように、農業用の灌漑は世界中の利用可能な淡水のもっとも大きな消費部分を占めているのである。

多くの水道事業体の課金体系の下では、より大量の水が消費されるほど、水道事業体の収益は拡大する。常識的には、干ばつ時にはより大量の水が野外で消費されるので、水道事業体への収入もそれに伴うと思われがちだが、実際には提供エリア内での降水量パターンに応じ、

そこの水道事業体の株価は上下する。大規模で多様な地域に展開する水道事業体のほうが天候のリスクに強いと考えられている。水質規制を水道事業体に課す以前には、水道の株価は、しばしばその提供エリアの特定降雨量に依存していた。

現実的には、水道事業体は、もはや干ばつを増収の機会には使えなくなっている。干ばつはしばしば使用制限に通じるだけでなく、多くの水道事業体は「水の保護」を奨励するために、極端な大量使用に対する罰則規定を料金体系に導入しているからだ。干ばつ時の料金的救済に経費がかかるので、水質規制のための経費が影響を受けてしまう。結局、価格抑制が行なわれている干ばつ被害地域の水道事業体では、水質規制への対応が遅れることになるのだ。

干ばつの発生を予想して事前に多くの井戸を掘っておくことで、被害を軽減することができる。レイン・クリステンセン社（Layne Christensen）のような井戸掘削業にはそれなりに注目しておくことが重要である。この業種の需要は、人口増加と地域の拡大、住宅地の開発、水質の悪化、地表水の減少など多くの要因に左右される。地下水は、飲料、灌漑、そして産業用の水を得るための、地球の重要な天然資源である。米国はもとより、世界の多くの地域では、地下水がもっとも重要な飲用水源であり、農業生産のための重要な灌漑水源でもある。

一方、干ばつは諸刃の剣にもなり得る。米国では、グレートプレインズにおける最近の干ばつが小麦、牛肉、トウモロコシの生産高に影響し、注目を集めた。当座の対応は多くの井戸を掘ることなので、レイン社の株が注目された。しかし、水の価格の問題とオガララ帯水層（Ogallala Aquifer）の衰退で、灌漑の水利用には制限が加えられた。たとえばネブラスカ州では、新規の井戸掘削を一時停止し、オガララ帯水層の水を使うプラット川流域での農業生産を中止

296

第15章 気候変動と水の（再）循環

した。今後、水不足地域でも人口が増加し、水質規制の対象となる不純物や汚染物質が増加していく中、新しい水処理材料やろ過技術はもとより、水再利用などのサービス需要が高まるだろう。それはこれからも継続すると思われる。

干ばつへの投資

「貴重なもの」という観点で水への投資を考えるとき、干ばつ、すなわち水不足、そして投資のチャンスというストーリーを思いつくだろう。しかし、投資の機会としての干ばつは、慎重に扱わなければならない。干ばつは見た目よりかなり複雑な問題なのだ。投資家は、干ばつが単純な水不足だけではなく、水関連企業の株価に影響し、その価値を上昇させることを理解できるだろう。広範囲の干ばつが地球上のありとあらゆる地域で発生するように、水事業に関連する企業への影響度もさまざまである。投資機会としての規模は、干ばつや水不足を扱う制度上の対応にかかっている。

干ばつの状態を見通したうえで、投資機会を判断することが重要である。私たちが石油など他の資源から学んだように、「不足」はある一団から別の一団への経済的やりとりが、やみくもに行われることにはならない。石油のように複雑な構造の市場をもつ資源でも、市場機構自体が問題点となる場合がある。こうした理由から、厳しい干ばつ（とくに温暖化の影響による）の財政的「棚ぼた」状況を、制度的に対応することによって、1つのセクターから別のセクターへ移行させることができるはずである。すなわち、井戸掘削から集中的な水資源管理に、また、地下水源の枯渇から水の再利用や再生、淡水化に移行することである。

第3部 21世紀の水

第16章 水投資家のための展望
Forward-Looking Thoughts for Water Investors

たとえ複雑な経済体制が細部にわたるまで解き明かされたとしても、変わることのない事実は「すべての文明の基礎は天然資源に依存している」ということである。水の投資環境は複雑だ。また、水にはそれがどう定義されようと水固有の本質的価値がある。

一般に、人間中心主義と環境中心主義が水に対する主義の両極である。自然は人類のために利用されるべきだという信念がある。もう一方には、地球環境に焦点を置くことが存在そのものの意味であり、人間も単に自然の一部であるとする信念がある。この本の中で、しばしば述べているように、こうした対照的主義は、経済学と環境学を真っ向から衝突させることになる。しかし、これによって対立が生み出されるべきではなく、またその必要もない。

水は内在的価値をもっている非常に特異な物質だ。倫理学者は「他には存在しない独自の内在的価値を有するものは、その価値が認められなければ、存在しないのと同様である」と主張している。このような無益な議論は別として、水の価値における（経済に関連する）実用的側面では、その内在的価値は「水の利用」という形で人類に深く関わっている。また、生命を中心に考えると、水の内在的価値はすべての生物の存在に関わる。このように、水の内在的価値に関する思想は投資の前提条件になる。この内在的価値は、値段付けできる評価から、値段では

第16章 水投資家のための展望

評価できない段階まで、非常に幅広いものである。

最近、水の価値を石油と同様に捉え、水関連企業の有望性を石油産業の発展に例えることが流行している。しかし、まずは内在的価値に関していくつかの観点から考察してみることが重要だ。1つは、石油の内在的価値の定義を水にも当てはめていくことである。また、もう1つは、石油にまつわる経済を水に当てはめてみることである。そして、水の場合には避けられるような問題が、石油の内在的価値への誤った認識によって起こされていないかを考えてみる。これらのことは、投資の基本的分析において重要である。すなわち水関連企業に関しては、その株価とは別に、企業自体の隠れた価値を決定しなければならない。しかし、すべては「石油と水における類推が妥当なものである」とする前提に基づいている。

水は次の石油になるか？

誰もがそうであるように、投資家も意思決定に際して、YES/NOで答えられる単純な質問を好む。著者自身もこうした質問には楽しんで答えるほうだが、事はそんなに簡単ではない。読者を失望させるといけないので、「水は次の石油になるか？」という問いに、私としては「多くの点で、水が次の石油になり得る」と答えたい。つまり、水は石油のように世界経済の発展に重要であり、また国際的な優位性や紛争の原因にもなるだろう。

現段階では、投資を目的としたこの質問への答えはいくつかの課題を含んでいる。また、投資の観点からすれば、水業界の力学と企業の能力の相関関係を引き出せる時間を考慮することも必要である。

水と石油の関係性は以下の通り。

- 石油は再生できない資源であり、再利用は不可能である
- 水は補給可能な資源であるが、利用できる量には限界がある
- 石油は私有財（所有者がいる）であり、商品（取引されている物）である
- 水は公共財として認識されている
- 地下資源として埋蔵されている石油は、譲渡可能な所有資産である
- 水利権は、それが法的に有効な場合のみ所有資産となる
- 石油の価格は需要と供給により決定される
- 水の価格は人工的（政策的）に設定される
- 石油は経済商品である
- 国連は、水の利用を「人間の権利」としている
- 石油は代替手段のあるエネルギー資源である
- 水の代替物は存在しない

ここまで本書を読んだ方は、世界的な水市場に影響を及ぼす要因をある程度知ることができただろう。水ビジネスを現代の石油産業における発展に例えるメリットは別として、ここでは個々の判断における枠組みが形成されることを願う。まず、「不足」を出発点としよう。

――水不足という「神話」

商品である石油と資源である水との間で、その類似性に関してしばしば「不足する」ということが共通して取り上げられる。石油が集合的に不足すること（世界的に不足すること）はあり得るが、水が集合的に（あらゆる場所で）不足することはあり得ない。水の地域的分散状況がさほど大きくないことは科学的な事実なのである。たしかに時間的あるいは地域的な水不足は存在する。また、水は究極的にはあらゆる生物を支える資源として量的な限界があることも事実だ。

もし、あなたがツンドラで生まれ育ったなら、生活するうえで木を必要としないだろう。あなたが森林で生まれ育った後にツンドラに移住すると、ツンドラでは木が不足していることになる。砂漠で生まれると、あなたは利用可能以上の水を要求しないだろう。しかし、熱帯雨林に生まれ育った後に砂漠に移住するのなら、水をもっていったほうが良いだろう。

一見、この逸話には好戦性と傲慢ささえうかがえる。しかし、この認識は本質にかなり近い。水不足という「神話」の意図は、それをやみくもに広めることではなく、伝統的な知恵への挑戦なのである。水資源管理に関する問題は、科学者ではなく、管理者や政治家の手にある。この神話は「たとえ話」として利用してみたが、だからと言って、飲料水が不足する状況に人類

が立ち向かう必要がないというわけではない。ともかく、「水不足」は強調され過ぎたようだ。地球全体で水が不足するということはあり得ない。問題は、水の「分配の失敗」にあるのだ。世界の多くの人びとにとって水は公共財として認識されている。しかし、複雑で、かつ偏在するこの資源については、お決まりの救済方法がない。水が不充分になると、水に経済価値が生まれるが、水と石油では不足に対応する市場のあり方がかなり違っている。

需要と供給

ほとんどの投資家は、石油市場の「複雑性」を認識している。商品としての石油は、莫大な金融基盤をもつ資産クラスである。石油の需要と供給は、非常に流動的であり、リアルタイムで価格に反映する。水の需要と供給曲線の動きと、それぞれの曲線における変化との差について詳細を議論する意図はない。その理由は、水の需要と供給に関わる要因があまりにも多いからで、それらの要因とは、新規供給のコスト、気象変化、水資源保護、技術革新、食料生産などである。計量経済学的に見ると、石油と水の大きな違いは、水の価格が、その需要量にあまり影響されないことである。★1 しかし、それも変わると考えられる。水危機に直面する今日、水は、「ダイヤモンドと水」のパラドックスに象徴されるような不可解な物質ではなくなってきた。石油埋蔵量と同じ意味での水不足とは、地下水（枯渇する可能性がある資源）やアクセスできる淡水量の不足である。しかし、繰り返しになるが、本質的に水は、石油不足と同じ意味で不足することはあり得ない。水不足が起きても、需要と供給の均衡を保つ価格決定のメカニズムは存在しないのだ。けれども水は、経済発展を抑制する主要商品として、急速に石油

★1　S. Hoffmann: "Estimating Residential Demand for Water in the City of Denton." Unpublished Master's Thesis, University of North Texas, December, 1986.

302

第16章　水投資家のための展望

と同じような存在になりつつある。そして、水の代替物はまったく存在しない。

経済財としての水

資源、必需品および公共財としての水については第3章で充分に議論した。第3章での結論は、現在と将来の状況を前提にしている。基本的には、水が明らかに経済的価値を有する。しかし石油と比べると、水（清潔な水）には市場商品としての兆候はほとんどなく、水利権の市場もまったくないと言ってよい。このように、水の需要と供給は、価格均衡における利益とは無関係に存在している。価格なしの私有財が効率的に機能している市場は、経済学的にはどこにも存在しない。

水が、生計、地政的安定、経済発展のための基本的なものであるという見解に立つと、水と石油が類似していることへの疑問はあまりない。それは地球上に偏在する主要地下資源は地域紛争の原因にもなる。これは水の政策立案者がエネルギー政策に学ばなければならない重要な点であるが、不足への解決策は水も石油も同じなのだろうか？

——混ざりあう水と石油

分子レベルでは、双極性の水分子と非極性の石油は、化学的に混合させることはできない。しかし、政治的、経済的、環境的に、混合させることは必要である。水とエネルギーが手をつないでいくという事実は、それらが類似しているということよりも、私自身は、次の石油として、水が特別なも

のだとは見ていない。投資家は、水が純粋な経済財として扱われることを期待してもいるが、地域紛争、環境破壊、不安定な価格といった、石油が落ちいった問題を避けようともしている。「水戦争」の未来について多くの書物がある。石油戦争が進行中であり、水にまつわる紛争もやってくるだろう。そもそも人間は戦争する理由を欠いたことは一度もない。しかし、水の価格に地域的リスクによる割増金が課されるようにはならないだろう。

まず、第1に、水業界は、石油業界がすでに環境対策として行なっている奨励金ベースの解決策（成功例と失敗例の両方）を多数収集し、それから学ぶことができる。第2に、エネルギーは水の生産に必要である。そして、石油に関するどのような環境対策も結局は、コストの形となって水に跳ね返ってくる。第3には、気象変動は水と炭素の両方にかかわる問題である。水循環と炭素の生物化学的循環は温暖化の議論が示すものより、はるかに密接に関連している。なぜなら石油は炭素循環の一部でしかないが、水の循環はすべての水の移転を支配している。

環境的観点での水と石油の相互関係は、水の投資家にとって、さまざまな意味で重要である。平均気温と平均降雨量は各地域での気候を決定する要因である。高い気温は温暖化における正のフィードバック・ループとして作用する。地表水の蒸発が促進されると、さらに温暖化は進行する。温暖化は、指数関数的に増える正と負のフィードバック・ループが両方で複雑化し、それらの総合的影響はまったく計り知れないものとなる。

石油の価格は不安定であるが、水ではこのような価格の不安定化はまだ起こっていない。石油には市場があるから価格が変動するのであり、水には市場がないので価格は変動しない。水はさまざまな商品に使われているのでリスクとして作用するかもしれないが、水そのものとし

第16章 水投資家のための展望

ての商品リスクはない。石油価格の不安定性を排除することはできないが、ガスなどの代替エネルギーがあるので、需要における不安定性は管理しやすい。ただし、水を石油と同じような激しい浮き沈みにさらしてはいけない。試しに石油産業界の利益における議会の審問に関する書類上で、「石油」の代わりに「水」という言葉を用いてみてほしい。もし、われわれが世界的な水問題の現実に取り組まなければ、これからの数十年、制度上の不始末を水道料金の値上げによって尻拭いすることを何度も繰り返さなければならないだろう。価格によって需要と供給のバランスを取るしかなく、枯渇した資源（水）を割り当てることになるだろう。これにより、猛烈な価格上昇が起こり、利益の再分配を計る政治的意図から、かつての石油への過剰利益税の課税と類似した状況を引き起こすかもしれない。しかし、水でボロ儲けできると期待して水道株や水関連株を買いに走る前に、水の価格の大幅値上げによって引き起こされる富の再分配が、より危機的な別の形を取って現われてくる可能性を考慮してほしい。それらは、食物価格、地域紛争、環境破壊、そして世界的な経済危機だ。

水と世界的経済危機

読者には、現在、水への投資理論として、次世代ポートフォリオ理論である新しいニューロ金融系路（neurofinancial pathway）が構築されつつあることを認識して欲しい。この本の目的は、歴史的な投資機会の前兆とその潮流を伝えることである。そして、現在の金融危機は、世界的な水事業における従来の推移をただ促進するだけである。現在進行中の動きは、金融危機を経済危機に移行させているだけのことである。そして、経済危機は、社会あるいは企業

に影響し業界を再編成（収束）する方向へ向かわせるだろう。今回の金融危機の影響が水業界だけに影響するということではない。すでに弱体化していた国家の中には監禁状態（何もできない状態）に近づいているものもある。

資本主義の教訓はこうした状況から学ばれるのだろう。こうした教訓は、資本主義を洗練し、基本的価値観を変えるかもしれない。しかし、いわば自然淘汰され、生き残って安定した構造は存続するだろう。2008年の歴史的な経済危機が、どのような制度上の変革をもたらし、どのような経済体制上の更新を伴なうかは、いまだ不明である。

文化的な収容能力

増加する人口に対する地球全体における水の収容能力について、その概念を前に述べた。収容能力とは一定の地域が支えることのできる生息動物（人を含む）の最大数で、地球の収容能力は科学的根拠に基づく。これまでも、そして、将来的にも、人間の発明と技術によって地球の収容力は一貫して拡大し続けている。投資戦略のテーマとして水を見ている投資家には、この概念は漠然としているだろう。しかし、ここには2つの非常に重要な理由が存在する。第1に、究極的に言うと「地球の水資源で、何人の住民が生きることができるか」という科学的な制約条件と関係する。第2は、より肝心なことなのだが、収容能力の概念が「生存する」という意味なら、そこには相対的な違いが出てくる。言い換えれば、収容能力は、地球上の生存可能な人口を最大にすることなのか？　それとも、小さくても、より持続可能な人間の集団の生活の質をある程度最適化しようとするべきなのか？

306

第16章 水投資家のための展望

収容能力の相対的な理論として、「文化的」な収容力という概念が知られている。文化的収容力は、定義上、「実在的」な収容力よりも小さな数字になる。それは、単なる生存より高い生活水準を達成するという意識的な決断を含んでいるためである。つまり、より多くの人口を支えることを犠牲にして、個人的生活をより上質にしようということである。この概念は、選択項として方程式の中に組み込まれる。この選択は、それぞれの文化的価値観に依存する。

そして、文化的価値とはまさに私たちの社会構造や発展への原動力なのである。文化的価値観は経済危機によって抜本的に変わりつつあり、経済的、政治的な動向も水制度における変革を支持している。しかし、ここにより大きな課題が出てくる。それは、文化的な価値を変えつつある世界的経済危機に、世界がどう対応するべきか、また、どのようにしてさまざまな種類の統治機関に核心的な価値観を普及させるかである。

――水の制度的次元

水における制度的次元は、水事業の成長因子の1つとして進展し、水への投資もそれにより容易になっている。個人収益を優先する経済は、個人収益と社会収益の間に不一致が起きやすい。2008年以来続く、信用や資金繰りの悪化による厳しい財政調整が、この優先順位を逆にし、個人収益の優先度は下がり、社会収益の優先度は上昇している。

個人収益と社会収益のバランスが逆転したことは、水を公共財としての方向に向かわせることになるだろうか？ その答えは「可能であるが、それが実際に起きるとは思われない」である。

そのかわり私は、金融システムの世界的な統治機関が再評価され、他の制度より上位の次元に

307

拡張されることを期待している。これはまだ、制度上で認識されてさえいない。現在の水政策に関わっているのはばらばらに存在する非政府団体で、正当な機関がこれに取って代わることを期待したい。オバマ新政権によるインフラ改善のための新たな法的枠組みは、水政策に影響する制度の新たな例である。こうしたものすべてが、たびたび私が説明するところの「過渡期にある水事業」での変化の前兆なのである。この歴史的な世界経済の状況から、水投資家のために、いくつかのポイントを提示する。

① 官民両方が厳しい信用不安に直面しているため、官民共同事業を模索することになる
② 資金調達の手段として、自治体は投資家向けに、安定的で、おそらく水道料金値上げにつながる特別目的の上下水道債券の発行を考慮すべきである
③ 行政機関が「水道経営で許可している収益率」を高めに改定することを認めるかもしれない
④ 資金調達コストの増大によって、上下水道事業体はその料金を水の市場価格に近づけざるを得なくなる
⑤ 非課税の地方債に対する魅力は、おそらく民主党政権下ではさらに強まるだろう
⑥ 上下水道地方債への投資は、投資家がリスクなしで水道事業体に投資できる魅力的な機会であるが、上下水道事業体が地方債で得た資金を過剰に資本投資（設備投資を含む）した場合は、利益上マイナスに影響することがある
⑦ 水道事業体の財務状態が合理化される影響で、水業界での企業合併は急速に進むだろう

水インフラの資金調達

水関連企業への投資に関わる世界的な水インフラ需要については、第12章で説明した。米国では、水インフラはその多くが耐用年数の末期に近づいている。その更新のための資金調達は、水の専門家にとっては難問である。米国経済を底上げする手段および政治的政策によって、インフラへの投資は少なくとも次の4年間は財政的な追い風を受けそうであるが、この計画が水かあるいは他のインフラプロジェクト（電気、道路、鉄道など）になるかは、まだ不明である。

「新しい」ニュー・ディール政策

進行中の景気回復計画の主要部分は、インフラのための公共支出と雇用の増大である。ニュー・ディール政策時の雇用促進局と同様の構想で、連邦政府がインフラプロジェクトに融資できる新システムをつくることが計画されている。この計画の主要部分として官民共同体制が政策立案者によって考慮されている。現状では水道の民営化が程遠いので、それが実現するまでの間は民間から資金調達するメカニズムを進化させつつ長い道のりを歩むことになるだろう。

上下水道事業体にとって、支出の焦点となる分野は、給配水、水量確保と水質改善、下水流出を防ぐための構造の修正、下水道の新設と修理、雨水用のインフラなどである。

地方債

株式投資を水投資の中心をに置いてきたが、それは、株式が収益につながりやすいからである。もちろん、他にも転換優先株や債券など多くの投資媒体が存在する。さらに、規制順守やインフラ需要のためだけに、あるいは確実な財源確保の方法として、非課税地方債が発行されるのであればそれは投資家にとって興味深いものとなる。これらが投資として魅的となった理由は、税率の変更や、金融市場において多くの混乱を引き起こした経済危機である。

地方債市場は世界一大きい証券市場の1つであるが、しばしば多くの投資家によって見落とされがちな資産クラス（投資対象）である。これはたぶん、新発債についてあまり知られていないうえに、その発行過程も知られていないからだろう。地方債は一般に、上場市場で売買されておらず、店頭市場で売買されている。こうした地方債は、償還期限、流動性、利回りに基づいて値付けされるが、現在、もっとも重要な要素は財政危機後の「信用度」である。利回りは本来、地方債を分析するうえでもっとも重要視されるが、信用度と兼ね合わせると釣り合いの取れない場合もある。自治体によっては、財政への信用度は厳しいのが現実である。

地方債はおもに、一般財源債と歳入債に分類される。上下水、雨水流システムやプロジェクト用の地方債にもこの両種がある。一般財源債を発行するのは債券返済のための徴税権をもっている自治体である。歳入債は、利付債券（固定金利）で、上下水プラントの拡張や新設などの特殊プロジェクトへの融資を目的として発行される。

現在、変動は大きいが、一般に地方債は国債よりも高い利回りになっている。しかし、歴史上、これまでになく高いレベルなので持続性はない。理論的には地方債と国債の利回りが平

310

第16章 水投資家のための展望

均水準まで回復することは、米国国債の利回りを上げることと地方債の利回りを下げることとの組合せによって引き起こされる。米財務省は世界的な財政危機対策での思い切った対策によって、劇的な成果を上げ、安全圏へと脱出した。しかし、とてつもない「救援」や多数の救済措置（ベアスターンズ、AIG、シティコープなどへ）、そして金融市場を崩壊させるような資金注入と信用保証の連発で、米国財務省も安全圏にあるとはいえなさそうである。投資家が、米国政府に依存する地方自治体は安全であると評価するのは論理的ではなく、また、非課税の利子について無視することも合理的ではない。投資機会をつくり出すのは勝ち負けを決める資産クラス配分の戦略ではなく、関係の分離である。

また、別な観点からすれば、財政危機（所得、資産、消費税に影響を与える）は、地方債市場での資金調達を困難にするので、ぎりぎりの自治体予算をさらに悪化させる。このため、代替社債に比較して歴史的に低かったデフォルト率（債務不履行率）が上がるかもしれない。つまり、債務不履行時に支払われる利息と元本の保証である、保証保険は大きな問題である。

格付機関は言うまでもなく、地方債保険業者は、サブプライムローンで起こったような総崩れには免疫がなかったので、地方債より危険な債権にまで保証していた。既存水道債券への投資家は、これから出てくるリスクに用心する必要がある。しかし、別の意味で、投資機会になる場合もある。水という安定的な需要がある上下水道は、変動する地域経済にそれほど影響されない。むしろ料金徴収の効率性に影響される（しかし、精彩を欠く現在の新規不動産開発市場に強く依存している上下水道の債券には注意したほうが良い）。

私の意見では、政府にとって比較的容易に資金調達ができた時代には、その資金の投資先は、

地味な上下水道プロジェクトよりは「政治的に見栄えのする公共事業への投資」が主流であった。空港拡張や有料道路が価値のないプロジェクトだと言っているわけではない。ただ、低い借入れコストが地方自治体や都市によって不均衡に配分されたことを言っているのだ。ともかく、水事業に制度上の変化を起こす非常に有効な引き金となる。

——グローバル化する水政策

現在注目されているもう1つの課題に、地球規模での水資源管理がある。水の内在的価値を高く評価する生態系中心の考え方からすれば、全世界でその価値を共有しなければならない。理想的には異なった政権下にあっても人間としての一定の生活水準は保たれるべきである。

カーボンフットプリント（炭素の足跡）とウォーターマーク水に「京都議定書（温室効果ガスの排出削減）」が到来するかどうかは難しいが、会議で議論されたいくつかの主要な課題は、その方向への変化に向かってヒントを与えている。一例は、流域管理（分水界管理）である。これは、流域内での、人の健康に対するあらゆる脅威を生態系的に集約し、管理する方法である。流域を単位とした標準化された水規制は実行可能である。生態系中心の方法論に基づけば、流域標準を管理する機関は以下のようなことを進めることができる。

① 環境面で、より効果的な結果を出すこと

第16章 水投資家のための展望

② 市場原理による水の取引の機会を提供すること
③ 水質向上にかかるコストを削減すること
④ 日次最大負荷量（TMDL）のより効果的活用を促進させること（TMDLは水の供給力を決めるのに直結しているため、すべての分水界全体の総TMDL量が地球全体の水の供給力を決めるのではないだろうか）

一方、もう1つの問題は「文化的な収容」という概念である。それぞれの流域における環境、文化、経済、政治上の特色を考慮に入れなければならない。ただし、これらのことは標準化できない。しかし、こうした概念が市場価値の一部を踏まえた水管理に役立つかもしれないし、市場や効率性といったものも、世界的な水政策の尺度として機能することになるだろう。

水のためのキャップ＆トレード[注1]

オバマ大統領の選挙戦前のコメントは一部の人びとを驚かせた。そのコメントは「温室効果ガス排出のキャップ＆トレードを100％競売にする」というものであった。それはすなわち電力料金を「急騰」させるであろうから、一部の人びとは驚いたのである。水質規制にもキャップ＆トレード方法を取り入れようとする試みが復活した。環境問題を市場によって解決することで、価格上昇が必然的に起きると聞くと、私の興味はつねに刺激される。「水資源を割り当てる」という方法は新しいものではない。そして、即座に2つの質問が出てくる。第1に、水の割り当てシステムは、水の内在炭素市場の勢いが水市場にも及ぶのではないか。第2に、

注1　Cap & Trade
たとえば温室効果ガスの場合、ある国の指定量以上の排出について、別の国が指定量以下の排出しかしていないのなら、その余裕部分を金銭で取引するしくみを言う。

的価値を確立するのに望ましい効果をもたらすのではないか。

最初の質問はおもに政治的なものである。水質規制が必要になったことと同様に、水の制度の政治的な変革期が到来している。インフレーションが再来しない限り、水道料金を上げることは難しいだろう。それまでの間に、インフラプロジェクトを進める方法の1つは「資金調達に市場の力を使い、しかし実際の管理は公共部門が行なう」ことである。経済学者は、価格が付けられない限り、どのようなものやサービスにも内在的価値は存在しないと信じている。また、価格は固有に存在せず、その物の需要と供給の反映として存在すると信じている。水について機能する市場がない現在、使用済みの水の排出元は、みずから処理を行ない、汚染物質を減少させるか、別の場所から比較的低い価格の水質汚濁チケットを購入するかを、選ぶことができるといった具合に。こうしたプログラムはTMDLプログラムとともに、現在、米国環境保護庁（EPA）に移行しつつある流域管理と統合することができる。水質基準を達成するコストが決定できれば、水の内在的価値を確立するために、別の要素を加えることができる。現状、水規制は、補助金などのインセンティブか、市場原理によるところが大きい。そして、これらをまとめる最終的な言葉は「市場を基本とする規制」である。つまり、規制は制度（政府、それに準ずる機関による）の枠組み内で、市場効率性に置きかえられるのである。これは、自由市場主義に固執しているのではないし、人権としての水を否認しているわけでもない。水に関する制度に修正を加えることは、政治的な制約をある程度取り払い市場の力を認めることである。市場の力（市場で価格を決めること）が、政治的な対立を排

314

第16章 水投資家のための展望

除して、関係者にとっての望ましい効率化を実現する。

キャップ＆トレードシステムが、水にも適切に適用されれば、水の内在的価値を確立する望ましい価格体系を作り出すために役立つだろう。そして、価格に含まれる内在的価値が、さまざまな水の分野に、より強固な基盤を提供するだろう。また、価格に含まれる内在的価値が、水が資産クラスとなるときに、関連する株式の分析と評価に使われるだろう。

「水株」を選ぶ

水に投資する正常な方法は上場企業への株式投資である。しかし、今は適当な時期ではない。私たちは、しばしば、特定の水関連株式に組込まれた規制、技術、構造などを投資の根拠とするが、現在の信用恐慌状態の下では、ただ利回りばかりに注目が集まっている。その1つは地方債で、とくに、自治体の上下水道債券である。

水インデックスベースの上場投資信託（数年前までは利用できなかった）は、非常に魅力的な機会を投資家に提供している。しかし、研究熱心な投資家であれば、株式の選択でそれ以上に収益を増大させることができるだろう。それにしても、広範囲な水業界では、個々の銘柄選択に関連する複雑さをすべて理解することは容易なことではない。とりあえず水関連の企業に投資する場合には、独自の方法論と投資手段を考慮することが重要である。

地球上にある何百もの公開企業の中で、「純粋に」水の企業に投資することは、不可能ではないが、かなり難しい。これが業界の現状である。しかし、読者がたった1つ心に留めるとす

315

れば、それは「水を取り巻く状況が変化しなければならない」という事実である。変化があれば、必ず投資機会があるのだ。

それぞれの水分野に企業を分類する目的にもかかわらず、それぞれの分野にすべての企業を含むことはできない。水関連に興味をもつ投資家に、企業選択を的確に支援をすることが目的ではある。しかし、水事業とは直接関係ない売上のある企業も取り上げられている。水に関連する企業の株を選別してリストを作成する際に、特定の水のセグメントの企業が充分取り上げられているなら、そのセグメントの売上比率が少ない企業を含む必要性はない。

明確なセグメントの1つは「ポンプ」である。水ポンプの企業は数多く存在するので、それほど水に関係していない企業はリストに含まれていない。水関連の企業のもう一方には、淡水化の企業がある。しかし、その数は少ない。投資先としても重要なセクターに属するこれらの企業の潜在力は大きい。言い換えれば、潜在力が大きければ大きいほど、投資対象としての価値は高くなる。さらに、水事業の状態を考えると、水のテーマと特定の企業との相関関係がより顕著になる傾向は、投資家にとっては前進である。投資家には水の研究、分析、時事などに関する情報を集めて利用することを薦めたい。また、水に関係する企業の新規上場（IPO）は逃さないほうが良いだろう。

話題性の高い証券の売り買いを薦めているわけではない。こうしたよくある証券会社などからの「お知らせ」に対しては、明らかな部外者と思われる企業を排除し、投資範囲を絞ってあるかどうか見定めることが大切である。どのような投資も、それぞれの投資家の特定の状況に依存しているからだ。さらに、本書に記載したリストには、投機的な要素は含まれていない。

316

第16章 水投資家のための展望

米国上場株に関しては、ピンクシート（店頭株相場帳）の株や店頭株は除いてある。しかし、もっとも信頼度の高い外国企業の上場株は含まれている。その企業の所在国で、直接その株式を購入することを推奨したい。

確実な株式投資を目指す場合、関連する多くの水インデックスを調べることが適切な方法である。特定の企業が複数の水セグメントで掲載されている場合には、その企業の水業界への高い関連性が把握できる。このように、水の株式を選び出すための方法がまったくないわけではない。

私が最初に水に投資しはじめたとき、唯一の投資対象は水道事業体であった。当時は、水処理を行なう企業はわずかで、淡水化の良さをPRする企業もまったくなく、水インフラ事業に対する意識も薄かった。また、水をまったく別個の成長セグメントとして事業戦略を展開するグローバル企業も存在しなかった。

──内在的価値

株式市場の不透明さについては言うに及ばない。世界的な金融市場は、現時点で混乱期に入っている。マクロ経済における未来の予測を邪魔するさまざまな逆風との戦いである。広い意味では、証券化の死滅、金融市場の冷え込み、無数のデフレ圧力、政府による頻繁な介入への不安、これらは長期的動向である。そして、株式評価にも、数年の単位で影響しそうである。ふた桁に迫る失業率、景気刺激力を欠く低い金利、昏睡状態の消費者、そしてらせん状に後退する世界経済。

下降する経済状況に甘んじるよりも、むしろ世界経済における持ち直しの兆しとオバマ政権の政策に目を向け、水株の底値がどうなるか調べるほうが適切に思える。前にも述べたように、多くの水株は、すでに産業株のように取引されている。したがって、生きるために水を必要とするという根源的な事実にもかかわらず、水株に安全地帯は存在しない。また水が不景気に強いとも決して言えない。そして、世界中で使用される膨大な量の水に「価格弾力性を持たせるべきではない（価格が変動しないようにするべきだ）」という論理が支配している限り、水の市場価格は存在しえないのである。現在の財政状況と水株との興味深い事実はこうした相反する点に起因している。それは、水ビジネスのもつ内在的価値は、水株の時価を説明できるのであろうか？ ということである。

言い換えれば、多くの企業の収益が低迷し、後退する経済状況下で、水関連企業が合理化を図れる場所があるのだろうか。結局、ひと桁の株価収益率（低い株価収益率）は、収益予想としては意味があるが、どのような予想も無意味と思われるほど不確実性が高い環境では、あまり役には立たない。

内在的価値とは理論的なものでしかないが、少なくともこの底知れない負のスパイラル状況下では、何らかの安らぎを提供する基本的な価値と言える。しかし、内在的価値には、さまざまな意味がある。「内在的価値」の定義は、概念的には明確であるが、現実的な意味に欠けている。株価の内在的価値とは、市場価格や額面とは対照的に、株そのものの実績値である。株の市場価格における１つの見方は、投資家が「どのくらい、その企業のために支払っても構わないか」と思う価格である。そして、ここではその企業の内在的価値が現実の価値になるのである。今

第16章 水投資家のための展望

日の市場では、(景気後退後はとくに)「現実の価値」が意思決定に際して重要になっている。

エコロジー(生態学)での内在的価値とは、人工的な物をいっさい使用せずに、環境と生命体が独立して保持している価値である。地球上の生命を維持する分子としての水は、水の内在的価値の定義と近いが、経済価値に組み込むうえではあまり意味がない。事業法人(つまり、その株)の基本的分析では、その内在的価値は市場価値とは別で、量的な要素(予想利益、収入、キャッシュ・フローなどの)と質的な要素(運用、知的所有権、ブランドのような無形資産など)の両方に基づいている。質的な要素の多くは市場価格には正確に反映されていない。これが、現在、選ばれている方法論なのである。

事業法人の内在的価値を調べることは重要である。それにより、その株が過剰評価されているか、過小評価されているかがわかる。一方、水の「市場」価格はまったく存在しないため、水株の内在的価値を「構築する」ことはとりわけ難しい。

結論は、「水の内在的価値」と「水株の内在的価値」とはまるで異なるということだ。したがって、水株の内在的価値は明らかに将来の収益につながることを見越して主観的に計算される。質的な要素とは、市場でのリーダーシップ(ブランド)、規制に対応できる技術力、水資源管理の趨勢、水事業への集中度、投資家の水株要求度、制度上の新しい試み、水需要との相関性などである。しかし、こうした要素がどのように判断されるにしても、多くの水株は考えられる内在的価値より低い価格で取引されている。これは長期的投資家にとって判断の分かれるところだ。

エコロジーの時代——再来か、終焉か

「エコロジー」の進展と「水への投資」との矛盾に誰も気がついていないと思わないでほしい。「エコロジー」、それは私が水の研究をし続けているこの25年間、つねに不安の種であった。結局は、人間性不在の事柄（株式投資）を長年研究してきた結果として、水で利益を得ようという本を出版することよりも効果的な発表方法があるだろうか。皮肉なことだが、工業化時代に少なくとも一度、エコロジーの時代が存在していたことを指摘したい。次のエコロジー時代が前回の単なる続きでないことを期待しよう。環境保護運動は素晴らしいことではあるが、少なくとも、この本の範疇を超えている。★2 「浅いエコロジー」か「深いエコロジー」かは関係なく、事の真髄はとにかくエコロジーにあると私は信じたい。

「水への投資」における基本的な考え方は、世界人口の増加と世界経済が水ビジネスのほとんどあらゆる分野を急速に発展させているということである。それらは、インフラ、水処理法、新技術、給水の代替法、民営化などである。しかし、かつてない地球規模の経済発展にもかかわらず、環境問題は無視されてきた。産業界はなぜ、地球にとっての清潔な水という基本的命題にあまり集まらないようにしてきたのだろうか？　いったい、鳴り物入りで報道されたエコロジーブームに何が起きたのだろうか？

われわれの市場経済がもつ大きな欠陥の1つは、増え続ける資源利用にさまざまな環境コストを課してこなかったことだ。放射能の危険性、遺伝子の多様性の損失、気候の変動、大気汚染、水質汚染などである。たとえば、1人の人間が河川を汚染すると、それは川下にいる人間

★2　エコロジーの歴史については、Donaldｂ Worsterの"Nature's Economy"またはRobert McIntoshの"The Background of Ecology"を参照されたい。

第16章 水投資家のための展望

に影響する。また、1人の消費者が地下水源からポンプで水を吸い上げると、他の消費者の水を汲み上げるコストに影響を及ぼす。こうしたコストを含まないわれわれの経済は、誤った指標によって楽観的見通しに影響を与え、社会は危機的状況に立たされているのだ。

こうした第三者や外的な影響がもたらす市場の失敗は、経済の適用をやめ、エコロジーを取り入れ、環境問題での政府の介入を支持する理由によく挙げられる。個人と社会の利益が対立する場合、私的な意思決定では、最適な配分が行なわれない。「外部不経済性」は、市場にはない代替手段を正当化する際に、経済学者が使うもっとも強力な議論の1つである。

政府介入が必要な場合、制御よりむしろ財務管理に関与しなければならない。残念ながら、水の管理あるいは関連機関は、現実と価格を分離したり、これら2つの異なった判断を最善にする努力をしたことがない。むしろ社会と個人のコスト（または利益）の不一致は、関係機関がつくる「規制」に起因している場合がある。環境を犠牲にして前進する経済が世界に広まっていて、世界の貿易の「規制」はそれを押し進めることになる。

問題は、経済活動が拡大するにしたがって「経済のグローバル化がわれわれの天然資源に与える影響」をほとんど無視していることである。こうした見落としの理由は、自然界のしくみを単純な機械として説明して満足することにある。つまり、生態学的考慮が不足しているのだ。

機械を単純な管理のみで事足りるとしてきた。いまや簡単な観察で、何かが正常に動作していないことがわかる。そして、その代償はとてつもなく大きい。エネルギー、鉱物、そして水が人間の使用で消滅するということではなく、それらが以前の濃度や品質では存在しなくなるということだ。貯蔵された資源を急速に使っている社会は

もう持続できない事態に直面している。世界経済に関わる者はこの危機的状況を計算に入れなければならない。

グローバル化はエコロジーと相反するものではない。意味が薄れた国境、そして、しだいに「単一の世界市場」が形成されつつあることは、自由市場への過程のように見えるがそうではない。より大胆に言えば、インターネットと情報の自由な流通によって加速されるグローバル化が、世界の生命環境に深刻な影響を及ぼしている。産業革命以来、「市場」は生活水準を上げるためのメカニズムと考えられてきた。すなわち「経済成長が、経済にかかわる全員の生活水準を上昇させる充分な手段」であった。環境問題は、一般に所得配分の問題とはあまり配慮されていないが、じつは密接に関連している。この事実は、開発途上国ではあまり配慮されていないようだ。

グローバル市場が経済というパイを分割しはじめるとき、多くの開発途上国が「生態系問題は豊かな国が対処すべきである」と思っている。しかし、21世紀には、こうした主張は取り下げなければならない。ドナルド・ウォースターの「エコロジーの時代」での比喩を借りれば、「経済学（economics）が20世紀を統治し、エコロジー（ecology）が21世紀を統治する」。

しかし、われわれは好調なスタートを切っていない。現実的には経済が重要な役割を果たさなければならない。それには経済とエコロジーが融合するパラダイム変換によって、自然との相互関係をより理解しやすくすることが重要なのである。経済社会は生物学的見地と融合しなければならない。これが生態系中心主義の本質である。歴史上、今ほどそれが明白なときはない。そしてまた、今ほどそれが危機的なときもない。

第16章 水投資家のための展望

たとえ環境対策について、どんなに懐疑的になったとしても、水の代替品がまったく存在しない事実からは逃れられないのだ。その価値は石油とはまるで比べものにならない。水は世界中でもっとも貴重な資源なのである。宇宙の塵から「土の惑星」になったわれわれの地球、その本当の姿は「水の惑星」なのだから。

テルブホス・スルフォン／ Terbufos sulfone
 ホスホロジチオアート（phosphorodithioate）殺菌剤が分解した物質。親物質（テルブホス）は殺虫剤として使用。

チオジカルブ／ Thiodicarb 　　殺虫剤として使用。

チオファネート - メチル／ Thiophanate-methyl 　　殺菌剤として使用。

ジイソシアン酸トルエン／ Toluene diisocyanate 　　プラスチック製造で使用。

トリブホス／ Tribufos 　　殺虫剤、綿の枯葉剤として使用。

トリエチルアミン／ Triethylamine
 他の物質の生産、除草剤、農薬、消費者製品、食品添加物、写真化学的、およびカーペットクリーナーの安定剤として使用。

水酸化トリフェニルスズ（TPTH）／ Triphenyltin hydroxide（TPTH） 　　殺虫剤として使用。

ウレタン／ Urethane 　　塗料の成分。

バナジウム／ Vanadium
 自然界に存在し、他の物質の生産でバナジウム五酸化物として、触媒として一般的に使用。

ビンクロゾリン／ Vinclozolin 　　殺菌剤。

ジラム／ Ziram 　　殺菌剤。

出典：EPA（2008）

水質汚染物質一覧

ノルマル・ニトロソピロリジン（NPYR） ／ N-nitrosopyrrolidine（NPYR）
ニトロサミンの一種で、化学研究で使われる。水の殺菌副生成物の場合もある。

ノルマル・プロピルベンゼン ／ n-Propylbenzene
織物染色で、メチルスチレンの製造、印刷溶剤として使用。アスファルトとナフサの成分である。

o-トルイジン ／ o-Toluidine 　　染料、ゴム、製薬品、農薬などの生産で使用。

オキシラン、メチル ／ Oxirane, methyl - 　　他の物質の生産に使用される工業化学物質。

オキシデメトンメチル ／ Oxydemeton-methyl 　　殺虫剤として使用。

オキシフルオルフェン ／ Oxyfluorfen 　　除草剤として使用。

過塩素酸塩 ／ Perchlorate
自然生成、化学合成で生成される。米国で製造されている過塩素酸塩の大部分はロケット固体推進剤の主要成分として使用。

ペルメトリン ／ Permethrin 　　殺虫剤として使用。

PFOA（ペルフルオロオクタン酸） ／ PFOA（perfluorooctanoic acid）
ふっ化重合体（テフロンなど）、消防泡、クリーナー、化粧品、グリース、潤滑剤、塗料、艶出し、粘着剤、および写真フィルム（C8 など）の分散剤と界面活性剤として使用。

プロフェノホス ／ Profenofos 　　殺虫剤とダニ駆除剤として使用。

キノリン ／ Quinoline 　　医薬品（マラリア薬）、他の物質の生産、香味剤として使用。

RDX（ヘキサヒドロ-1,3,5-トリニトロ-1,3,5-トリアジン誘導体）
／ RDX（Hexahydro-1,3,5 -trinitro-1,3,5-triazine）
爆薬として使用。

sec-ブチルベンゼン ／ sec-Butylbenzene
被覆組成のための溶剤、有機合成、可塑剤、および界面活性剤として使用。

ストロンチウム ／ Strontium
自然界に存在し、炭酸ストロンチウムとして花火製造で、触媒として鉄鋼生産、鉛捕集剤として使用。

テブコナゾール ／ Tebuconazole 　　殺菌剤として使用。

テブフェノザイド ／ Tebufenozide 　　殺虫剤として使用。

テルル ／ Tellurium
自然界に存在し、ナトリウム亜テルル酸塩として細菌学と薬学で一般的に使用されている。

テルブホス ／ Terbufos 　　殺虫剤として使用。

メタミドホス／Methamidophos　殺虫剤として使用。

メタノール／Methanol　工業溶剤、ガソリン添加物、不凍液として使用。

臭化メチル（ブロムメタン）／Methyl bromide（Bromomethane）
殺菌剤、くん蒸剤として使用。

メチルtret-ブチルエーテル／Methyl tert-butyl ether
ガソリン、イソブテンの製造におけるオクタン価向上剤、抽剤として使用。

メトラクロル／Metolachlor　除草剤として使用。

メトラクロルエタンスルホン酸（ESA）／Metolachlor ethanesulfonic acid（ESA）
アセトアリニド殺虫剤が分解した物質。親物質（メトラクロル）は除草剤。

メトラクロルoxanilic酸（OA）／Metolachlor oxanilic acid（OA）
アセトアリニド殺虫剤が分解した物質。親物質（メトラクロル）は除草剤。

モリナート／Molinate　除草剤として使用。

モリブデン／Molybdenum　一般的に化学試薬として使用。

ニトロベンゼン／Nitrobenzene
アニリンの生産、また、塗料、靴墨、床みがき剤、メタル艶出し、爆薬、染料、農薬、および薬（パラセタモールなど）の製造における溶剤として使用。再蒸留したミルバン油は、石鹸の安価な香料として使用。

ニトロフェン／Nitrofen　除草剤として使用。

ニトログリセリン／Nitroglycerin　製薬、爆薬の生産、およびロケット推進剤として使用。

n-メチル-2-ピロリドン／N-Methyl-2-pyrrolidone
化学産業で溶剤、殺虫剤として使用。食物の梱包時にも使われる。

ノルマルニトロソジエチルアミン（NDEA）／N-nitrosodiethylamine（NDEA）
ニトロサミンの一種で、ガソリンと潤滑剤の添加物、酸化防止剤、プラスチックの安定剤として使用。水の殺菌副生成物である場合もある。

N-ニトロソジメチルアミン（NDMA）／N-nitrosodimethylamine（NDMA）
ニトロサミンの一種で、かつてロケット燃料の生産に使用。工業溶剤と酸化防止剤として使用されているほか、水の殺菌副生成物の場合もある。

ノルマル・ニトロソ-di-ノルマル・プロピル・アミン（NDPA）／N-nitroso-di-n-propylamine（NDPA）
ニトロサミンの一種で、水の殺菌副生成物の場合がある。

ノルマル・ニトロソジフェニルアミン／N-Nitrosodiphenylamine
ニトロサミン化学試薬。ゴムやポリマーの添加剤。水の殺菌副生成物の場合もある。

水質汚染物質一覧

キャプタン／Captan　　殺菌剤。

クロロメタン（塩化メチル）／Chloromethane（Methylchloride）　　発泡剤、他の物質の生産で使用。

クレソデム／Clethodim　　除草剤として使用。

コバルト／Cobalt　　以前、薬（塩化コバルト）や殺菌剤として使用。

クメンヒドロペルオキシド／Cumene hydroperoxide　　他の物質の生産で使用される産業化学物質。

シアノ毒素（3）／Cyanotoxins（3）
シアノバクテリアが生産する毒素。研究によれば、毒素は、アナトキシン-a、ミクロシスチン-LR、およびCylindrospermopsinである。

ジクロトホス／Dicrotophos　　殺虫剤として使用。

ジメチパン／Dimethipin　　除草剤、および植物成長調整剤として使用。

ジメトエート／Dimethoate　　農業向けの殺虫剤。果樹園、野菜園、林業で使われている。

ジスルホトン／Disulfoton　　殺虫剤として使用。

ジウロン／Diuron　　除草剤として使用。

エチオン／Ethion　　殺虫剤として使用。

エトプロップ／Ethoprop　　殺虫剤として使用。

エチレングリコール／Ethylene glycol　　不凍液として繊維製造業で使用。殺虫剤使用は停止された。

エチレン酸化物／Ethylene oxide　　殺菌剤と殺虫性くん蒸剤として使用。

エチレン チオ尿素／Ethylene thiourea
ポリクロロプレン（ネオプレン）とポリアクリレートゴムの加硫など、他の物質の生産で使用されている。殺虫剤としても使用されている。

フェナミホス／Fenamiphos　　殺虫剤として使用。

ホルムアルデヒド／Formaldehyde
殺菌剤として使用。水の殺菌副生成物でもあり、自然生成される場合もある。

ゲルマニウム／Germanium
通常、二酸化ゲルマニウムとしてトランジスタ、ダイオードおよび電気メッキで使用される。

HCFC-22
解熱剤、低温溶媒、ふっ素樹脂（とくにテトラフルオロエチレン高分子類）として使用。

ヘキサン／Hexane　　溶剤として使用。メタン系炭化水素として自然生成される。

ヒドラジン／Hydrazine
ロケット推進剤などの他の物質の生産、酸素および塩素化合物として使用。

1,3- ブタジエン／1,3 – Butadiene　　ゴム製造で使われる産業化学物質。

1,3- ジニトロベンゼン／1,3 – Dinitrobenzene　　他の物質の生産に使用される産業化学物質。

1,4- ジオキサン／1,4 – Dioxane
　　紙、綿、繊維製品、自動車の冷却剤、化粧品、シャンプーの製造工程で使われる溶剤あるいは溶剤安定剤。

1- ブタノール／1 – Butanol　　他の物質の生産、塗料溶剤と食品添加物として使用。

2- メトキシエタノール／2 – Methoxyethanol
　　合成化粧品、香水、芳香、スキンローションなどの消費者向け製品で使用。

2- プロペン -1- オール／2-Propen-1 – ol　　他の物質の生産、および調味料と香水の製造で使用。

3- ヒドロキシカルボフラン／3-Hydroxycarbofuran
　　カルバメートと農薬が分解した物質。親物質であるカルボフランは殺虫剤として使用。

4,4'- メチレンジアニリン／4,4'-Methylenedianiline
　　他の物質の生産、腐食抑制剤、ポリウレタンの硬化剤として使用。

アセフェート剤／Acephate　　殺虫剤。

アセトアルデヒド／Acetaldehyde　　他の物質の生産、農薬、食品添加物として使用。

アセトアミド／Acetamide　　溶剤、溶解化剤、可塑剤および安定剤として使用。

アセトクロル／Acetochlor　　除草剤として使用。

アセトクロルエタンスルホン酸（ESA）／Acetochlor ethanesulfonic acid（ESA）
　　アセトアニリド農薬が分解した物質。親物質のアセトクロルは除草剤として使用。

アセトクロルオキサニル酸（OA）／Acetochlor oxanilic acid（OA）
　　アセトアニリド農薬が分解した物質。親物質のアセトクロルは除草剤として使用。

アクロレイン／Acrolein　　水中除草剤、殺鼠剤および工業化学物質として使用。

アラクロルエタンスルホン酸（ESA）／Alachlor ethanesulfonic acid（ESA）
　　アセトアニリド農薬が分解した物質。親物質のアラクロルは除草剤として使用。

アラクロルオキサニル酸（OA）／Alachlor oxanilic acid（OA）
　　アセトアニリド農薬が分解した物質。親物質のアラクロルは除草剤として使用。

アニリン／Aniline　　工業化学物質で、爆薬、ゴムなどの合成における溶剤として使用。

ベンスリド／Bensulide　　除草剤として使用。

塩化ベンジル／Benzyl chloride
　　他の物質（プラスチック、染料、潤滑剤、ガソリンなど）の生産で使用。

ブチルヒドロキシアニソール／Butylated hydroxyanisole　　食品添加物（酸化防止剤）。

水質汚染物質一覧

水質汚染物質に関する詳しい情報については第 13 章を参照すること。

表 A.1　微生物汚染候補

カリチウイルス属／ Calicivirus　　軽い胃腸の病気を引き起こすウイルス（ノロウイルスを含む）。

カンピロバクター・ジェジュニ／ Campylobacter jejuni　　軽い胃腸の病気を引き起こすバクテリア。

赤痢アメーバ／ Entamoeba histolytica　　短期的あるいは長期的な胃腸の病気を引き起こす寄生原虫。

エシュリキア属大腸菌（O157）／ Escherichia coli（O157）
　　胃腸病と腎不全を起こす毒素生産性バクテリア。

ヘリコバクター・ピロリ／ Helicobacter pylori　　潰瘍と癌の遠因となるバクテリア。胃でみつかる。

A 型肝炎ウイルス／ Hepatitis A virus　　肝疾患と黄疸を引き起こすウイルス。

レジオネラ属ニューモフィラ菌／ Legionella pneumophila　　吸入すると肺病を引き起こすバクテリア。

ネグレリア・フォーレ／ Naegleria fowleri
　　髄膜脳炎を起こす寄生原虫。浅く暖かい水や地下水で見つかる。

サルモネラ菌／ Salmonella enteric　　軽い胃腸の病気を引き起こすバクテリア。

ソンネ菌／ Shigella sonnei　　軽い胃腸の病気と血性下痢を引き起こすバクテリア。

コレラ菌／ Vibrio cholera　　胃腸の病気を引き起こすバクテリア。

表 A.2　化学汚染物候補あるいは CCL3 候補

a- ヘキサクロルシクロヘキサン／ a – Hexachlorocyclohexane
　　6 塩化物（六塩化ベンゼン）。殺虫剤として使用された。

1,1,1,2,- テトラクロルエタン／ 1,1,1,2 – Tetrachloroethane
　　他の物質の生産に使用される産業化学物質。

1,1- ジクロロエタン／ 1,1 – Dichloroethane　　溶剤として使用される産業化学物質。

1,2,3- トリクロロプロパン／ 1,2,3 – Trichloropropane　　塗料製造で使われる産業化学物質。

LEED	Leadership in Energy and Environmental Design	エネルギーと環境設計のリーダーシップ（米国グリーン建築審議会）
MCL	maximum contaminant level	最大許容汚染度
MCLG	maximum contaminant level goal	最大許容汚染度目標
MF	microfiltration	精密ろ過
MTBE	methyl tertiary butyl ether	メチル tert-ブチルエーテル
NF	nanofiltration	ナノろ過
NGO	nongovernmental organization	非政府組織
NOAA	National Oceanic and Atmospheric Administration	米国海洋大気庁
NPDES	National Pollutant Discharge Elimination System	国家汚染物質排出除去制度
NPDWR	National Primary Drinking Water Regulation	国家第一種飲料水規制
NSDWR	National Secondary Drinking Water Regulations	国家第二種飲料水規制
O&M	operation and maintenance	運転管理
PCE	tetrachloroethylene	テトラクロロエチレン
POE	point of entry	組込方式（ポイントオブエントリー方式）
PPCPs	pharmaceuticals and personal care products	医薬品および化粧品類
POTW	publicly owned treatment works	公共浄水施設
POU	point of use	浄水器方式／戸別処理、末端処理
POUR	point of use-reuse	個別再利用（機器）
PWS	Public Water System	公共上下水道
RfD	reference dose	参考摂取量
RO	reverse osmosis	逆浸透
SDWA	Safe Drinking Water Act	安全飲料水法（安全飲料水条例）
SRF	State Revolving Fund	州政府整備基金（州政府回転基金）
SSO	sanitary sewer overflow	下水道越流水
SWRO	seawater reverse osmosis	海水逆浸透
SWTR	Surface Water Treatment Rule	表流水処理規則
TCE	trichloroethylene	トリクロロエチレン
TCR	Total Coliform Rule	大腸菌群数規則
TDS	total dissolved solids	全溶解性蒸発残留物
THM	trihalomethanes	トリハロメタン
TMDL	Total Maximum Daily Load	日次最大負荷量（水質総量規制制度）
TOC	total organic carbon	全有機炭素
TTHM	total trihalomethanes	総トリハロメタン
UF	ultrafiltration	限外ろ過
UV	ultraviolet	紫外線
VOCs	volatile organic chemicals	揮発性有機化合物
WEF	Water Environment Federation	水環境連盟
WHO	World Health Organization	世界保健機関
WMA	Watershed Management Area	管理流域
WTO	World Trade Organization	世界貿易機関
WWTP	wastewater treatment plant	排水処理施設

略語一覧

略語	英語	日本語
ADRs	American Depositary Receipts	米国預託証券
ADSs	American Depositary Shares	米国預託株式
AMR	automatic meter reading	自動検針
AWWA	American Water Works Association	米国水道協会
BAC	biologically active carbon	生物活性炭
BAT	best available technology	最善技術
BMP	best management practice	最善管理
BOD	biochemical oxygen demand	生物化学的酸素要求量
BOD5	5-day biochemical oxygen demand	5日間生物化学的酸素要求量
BRIC	Brazil, Russia, India, China	ブラジル、ロシア、インド、中国
CAA	Clean Air Act	大気浄化法（大気汚染防止法）
CCL	Contaminant Candidate List	汚染物質候補リスト
CSO	combined sewer overflow	合流式下水道越流水
CWA	Clean Water Act	水質浄化法
CWSRF	Clean Water State Revolving Fund	州政府水道整備基金
D/DBP	disinfectant/disinfection by-product	消毒／消毒副生成物
DBP	disinfection by-product	消毒副生成物
DBPR	Disinfection By-Product Rule	消毒副生成物規則
DDD	disruptive decentralized development	分散型開発
DE	Diatomaceous Earth	珪藻土
DO	dissolved oxygen	溶存酸素
DWS	Drinking Water Standard	飲料水基準
EDR	electrodialysis reversal	極性転換方式電気透析
EPA or U.S. EPA	Environmental Protection Agency	（米国）環境保護庁
ESWTR	Enhanced Surface Water Treatment Rule	表流水処理強化規則
ETF	exchange-traded fund	上場投資信託
GAC	granular activated carbon	粒状活性炭
GC	gas chromatography	ガスクロマトグラフ
GC/MS	gas chromatography/mass spectrometry	ガスクロマトグラフ／質量分析計
GIS	geographic information system	地理情報システム
GWDR	Groundwater Disinfection Rule	地下水消毒規則
GWR	Groundwater Rule	地下水規則
HAA	haloacetic acid	ハロ酢酸
HDD	horizontal directional drilling	水平傾斜掘り
HF	hyperfiltration (reverse osmosis)	ハイパーフィルタレーション（逆浸透）
I/I	infiltration and inflow	浸透と流入
ICR	Information Collection Rule	情報収集規則
IPO	initial public offering	新規株式公募
LAACE	Latin America, Africa, Central Europe (regions)	ラテンアメリカ、アフリカ、中央ヨーロッパ

＜著者紹介＞

Steve Hoffmann（スティーブ・ホフマン）

　スティーブ・ホフマンは、25年以上にわたり水業界で活動する資源エコノミストで、彼の専門知識は広く世に認められている。彼はまた、水業界を専門とする投資コンサルティングを行なうWater Tech Capital 社の創立者でもあり、世界的な水ビジネスへの潜在的な投資機会をもっとも早くから認識していた投資家の1人である。1987年に彼が執筆した「Water：The Untapped Market」で述べていたとおり、水の質と量の問題が世界的に出現し、水がもつ経済価値が投資機会を増大させることとなった。

　ホフマンは米国水道協会と水環境連盟の長期にわたる会員であり、水道料金の設定、技術の商品化、経営戦略の分析、水政策などの分野で、コンサルティング、管理、財政などに多様な経験をもつ。水業界の企業で数多くの管理職を勤めるかたわら、正式な投資顧問としても活躍している。

　ホフマンは水業界のトピックについて執筆や講演を手広く行なっている。また、U.S. Water News' Water Investment Newsletter の編集に14年以上貢献している。2005年に Invesco PowerShares 社によって発売された初の水上場投資信託の追跡指数、Palisades Water Index の共同設立者でもある。

＜訳者略歴＞

種本 廣之（たねもと ひろゆき）

第一環境㈱システム開発部長

1975年　国際基督教大学教養学部理学科卒業

1980年　慶應義塾大学大学院経営管理研究科修士課程修了（MBA）

日本IBM㈱、モルガンスタンレー証券㈱、鐘紡㈱情報システム研究室などを経て現職。

おもな翻訳書に、「戦略的コストマネジメント」（日本経済新聞社）がある。

E-mail:tanemoto@hotmail.co.jp

＜翻訳協力＞

木村 文恵（きむら ふみえ）

1975年　国際基督教大学教養学部理学科卒業

2000年　米国ワルデン大学教育学修士課程修了

㈱インテック、インターナショナルスクール教員を経てバイリンガル教育活動に従事。

- 本書の内容に関する質問は，オーム社雑誌部「(書名を明記)」係宛，書状またはFAX(03-3293-6889)にてお願いします．お受けできる質問は本書で紹介した内容に限らせていただきます．なお，電話での質問にはお答えできませんので，あらかじめご了承ください．
- 万一，落丁・乱丁の場合は，送料当社負担でお取替えいたします．当社販売管理課宛お送りください．
- 本書の一部の複写複製を希望される場合は，本書扉裏を参照してください．
[JCOPY] <(社)出版者著作権管理機構 委託出版物>

水ビジネスの世界　－ポスト「石油」時代の投資戦略－

平成 23 年 3 月 10 日　　第 1 版第 1 刷発行

著　者　Steve Hoffmann
訳　者　種本廣之
発行者　竹生修己
発行所　株式会社 オーム社
　　　　郵便番号　101-8460
　　　　東京都千代田区神田錦町3-1
　　　　電話　03(3233)0641(代表)
　　　　URL　http://www.ohmsha.co.jp/

© オーム社 2011

組版　志岐デザイン事務所　　印刷・製本　日経印刷
ISBN978-4-274-50327-6　Printed in Japan

困ったときに役に立つ！ 実務のための用語事典のご案内

水質用語事典

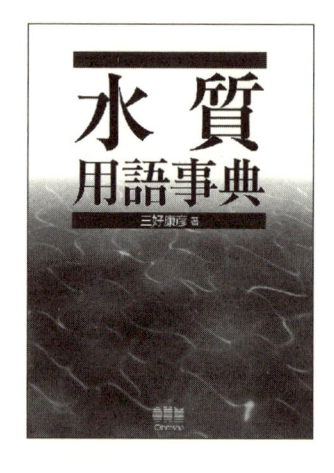

◎三好 康彦 著
◎A5判・268頁

　水質保全業務に携わっている実務者から多くの相談を受けている著者が、実務者が直面している業務上の問題点などを考慮してまとめた用語事典。見出し用語を約1,300語収録している。
　水質保全業務を行ううえで欠かすことのできない化学の知識から、現場で使用されている分析・測定方法、処理技術に関連した用語までを網羅し、ていねいに解説している。

大気ダイオキシン用語事典

◎三好 康彦 著
◎A5判・304頁

　大気保全業務やダイオキシン処理関連業務に携わっている実務者から多くの相談を受けている著者が、実務者が直面している業務上の問題点などを考慮してまとめた用語事典。
　大気保全、ダイオキシン処理の基礎となる化学や物理の知識から、現場で使用されている分析・測定方法、処理技術に関連した用語までを網羅し、ていねいに解説している。
　環境分野の資格試験（公害防止管理者、環境計量士、廃棄物処理施設技術管理者、技術士環境部門など）の受験対策にも活用できる一冊。

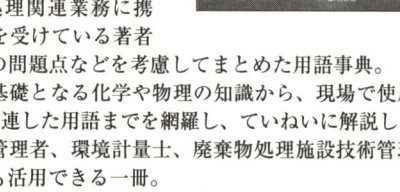

もっと詳しい情報をお届けできます。
◎書店に商品がない場合または直接ご注文の場合も右記宛にご連絡ください。

ホームページ　http://www.ohmsha.co.jp/
TEL／FAX　TEL.03-3233-0643　FAX.03-3233-3440